U0285613

中等职业教育化学工艺专业规划教材编审委员会

主　　任　邬宪伟

委　　员　（按姓名笔画排列）

丁志平　王小宝　王建梅　王绍良　王新庄
王黎明　开　俊　毛民海　乔子荣　邬宪伟
庄铭星　刘同卷　苏　勇　苏华龙　李文原
李庆宝　杨永红　杨永杰　何迎建　初玉霞
张　荣　张　毅　张维嘉　陈炳和　陈晓峰
陈瑞珍　金长义　周　健　周玉敏　周立雪
赵少贞　侯丽新　律国辉　姚成秀　贺召平
秦建华　袁红兰　贾云甫　栾学钢　唐锡龄
曹克广　程桂花　詹镜青　潘茂椿　薛叙明

中等职业教育化学工艺专业规划教材

全国化工中等职业教育教学指导委员会审定

精细化工工艺

焦明哲　王娟娟　主编
丁志平　　　　主审

化学工业出版社
·北京·

本书主要介绍了精细化学品所涉及的领域如表面活性剂、食品添加剂、香料、胶黏剂、化妆品、石油加工助剂、合成材料助剂、涂料等的产品性能、特点以及典型产品的单元反应和生产方法。最后一章介绍了精细化工废水的特点和废水处理的原则，还专门介绍了相关精细化工废水治理的实例。书后附有涂料代号、有机化合物环境数据、污染物最高允许排放标准等，可供读者参考。

本书为中等职业学校化工工艺专业教材，亦可供从事精细化工专业的技术人员参考。

图书在版编目（CIP）数据

精细化工工艺/焦明哲，王娟娟主编．—北京：化学工业出版社，2013.1（2024.8重印）

中等职业教育化学工艺专业规划教材

ISBN 978-7-122-15818-5

Ⅰ.①精…　Ⅱ.①焦…②王…　Ⅲ.①精细化工-工艺学-中等专业学校-教材　Ⅳ.①TQ062

中国版本图书馆CIP数据核字（2012）第267033号

责任编辑：旷英姿　　**文字编辑**：林　媛

责任校对：蒋　宇　　**装帧设计**：王晓宇

出版发行：化学工业出版社（北京市东城区青年湖南街13号　邮政编码100011）

印　　装：北京盛通数码印刷有限公司

787mm×1092mm　1/16　印张12¾　字数310千字　2024年8月北京第1版第4次印刷

购书咨询：010-64518888　　售后服务：010-64518899

网　　址：http://www.cip.com.cn

凡购买本书，如有缺损质量问题，本社销售中心负责调换。

定　　价：35.00元

版权所有　违者必究

序

“十五”期间我国化学工业快速发展，化工产品和产量大幅度增长，随着生产技术的不断进步，劳动效率不断提高，产品结构不断调整，劳动密集型生产已向资本密集型和技术密集型转变。化工行业对操作工的需求发生了较大的变化。随着近年来高等教育的规模发展，中等职业教育生源情况也发生了较大的变化。因此，2006 年中国化工教育协会组织开发了化学工艺专业新的教学标准。新标准借鉴了国内外职业教育课程开发成功经验，充分依靠全国化工中职教学指导委员会和行业协会所属企业确定教学标准的内容，注重国情、行情与地情和中职学生的认知规律。在全国各职业教育院校的努力下，经反复研究论证，于 2007 年 8 月正式出版化学工艺专业教学标准——《全国中等职业教育化学工艺专业教学标准》。

在此基础上，为进一步推进全国化工中等职业教育化学工艺专业的教学改革，于 2007 年 8 月正式启动教材建设工作。根据化学工艺专业的教学标准以核心加模块的形式，将煤化工、石油炼制、精细化工、基本有机化工、无机化工、化学肥料等作为选用模块的特点，确定选择其中的十九门核心和关键课程进行教材编写招标，有关职业教育院校对此表示了热情关注。

本次教材编写按照化学工艺专业教学标准，内容体现行业发展特征，结构体现任务引领特点，组织体现做学一体特色。从学生的兴趣和行业的需求出发安排知识和技能点，体现出先感性认识后理性归纳、先简单后复杂，循序渐进、螺旋上升的特点，任务（项目）选题案例化、实战化和模块化，校企结合，充分利用实习、实训基地，通过唤起学生已有的经验，并发展新的经验，善于让教学最大限度地接近实际职业的经验情境或行动情境，追求最佳的教学效果。

新一轮化学工艺专业的教材编写工作得到许多行业专家、高等职业院校的领导和教育专家的指导，特别是一些教材的主审和审定专家均来自职业技术学院，在此对给予专业改革热情帮助的所有人士表示衷心的感谢！我们所做的仅仅是一些探索和创新，但还存在诸多不妥之处，有待商榷，我们期待各界专家提出宝贵意见！

邬宪伟
2008 年 5 月

前　言

本教材编写是根据《中等职业学校化学工艺专业教学标准》，由全国化工中等职业教学指导委员会领导组织编写的全国化工中等职业教育教学教材。

精细化学品种类繁多，本书从中选择了与人类生活息息相关的表面活性剂、食品添加剂、香料、胶黏剂、化妆品、涂料，与工业生产联系紧密的石油加工助剂、合成材料助剂等八个类别的成熟工艺，以通俗易懂的语言，介绍了精细化学品的作用及生产过程。从循环经济，清洁生产，绿色环保的角度出发，介绍了精细化学品生产过程中污水的处理方法。

教材内容编排上，每章均有明确的学习要求。在“想一想”栏目中，通过简单的提问，让学生阅读教材后即可回答，以激发学生学习的兴趣；每章后的小结，有利于学生复习；每章后的参考文献，为学生在职业生涯发展过程中，提供工作过程中寻求新工艺、新方法时的参考资料。

在教材内容处理上，尽可能避开繁杂的反应式，以科普性的叙述方法为主。通过阅读理解，掌握相关的精细化学品的功用及原理。在介绍生产工艺时，以经典的成熟的工艺流程为主，重在建立工艺的概念，理解各工段的作用，为今后工作中阅读、理解工艺流程图奠定基础。

本书由安徽化工学校焦明哲、陕西省石油化工学校王娟娟主编，南京化工职业技术学院丁志平教授主审，焦明哲负责全书统稿。其中，王娟娟编写1、2，广州市信息工程职业学校李冬梅编写3，焦明哲及安徽化工学校张丽编写4～9。在本书编写过程中，安徽机械工业学校开俊副校长、安徽化工学校余天文老师给予了大力的支持和帮助，在此一并表示衷心的感谢。

由于编者水平有限，不妥之处在所难免，敬请读者和同仁指正。

编者

2012年10月

目 录

1 表面活性剂

表面活性剂是具有两亲结构的化合物，分子中一般含有两种极性截然不同的基团，分别具有亲水性和亲油性。由于表面活性剂独特的结构，使得它具有多重功能，如润湿、增溶、乳化、洗涤、发泡、抗静电、杀菌等。因此发展非常快，表面活性剂的应用已经渗透到所有工业领域。表面活性剂一般应用时用量较少，但对改进生产技术、提高工作效率和产品质量的作用非常显著，因此有“工业味精”的美称。

目前，表面活性剂的品种多达几千种，应用较广的主要品种（除肥皂外）有以下几类：

① 十二烷基苯磺酸钠（商品名 LAS）；

② 脂肪醇聚环氧乙烷醚（商品名 AEO）；

③ 脂肪醇聚环乙烷醚硫酸盐（AES）；

④ 脂肪醇硫酸盐（FAS）；

⑤ α-烯烃磺酸盐（AOS）；

⑥ 仲烷基磺酸盐（SAS）。

学习要求

（1）学习表面活性剂的结构特点；

（2）掌握表面活性剂的基本性质；

（3）认识表面活性剂的作用；

（4）了解表面活性剂的分类及较为典型的表面活性剂；

（5）掌握十二烷基苯磺酸钠的合成原理及生产工艺。

想一想！（在本节中找出答案）

日常生活中我们在洗衣服时要用到肥皂或洗衣粉，为什么用了这些洗涤剂后衣物会被洗得很干净呢？请学完下面的内容回答洗涤的原理。

答案：

1.1 概述

1.1.1 表面活性剂的结构特点及基本性质

（1）界面吸附及定向排列

不同相态的物质相互接触，形成相和相的分界面，称为“界面”。按气相、液相、固相相互之间两两组合，可形成液-气、液-液、液-固、固-气、固-固五种类型。我们又常把液-气、固-气的界面称为表面。

一般把沿与表面相切方向垂直作用于液体表面上任一单位长度的使表面紧缩的力，称为表面张力。液体的表面张力是液体的基本物理性质之一，如图 1-1 所示。

在图 1-1 中，由于汞的表面张力很大，滴落在玻璃上是圆球状，即对玻璃的润湿不好；而水的表面张力较小，滴落在玻璃上是逐渐铺展的，也就是说水对玻璃的润湿性较好。所以表面张力大小的不同会影响到液体的使用。比如在化工生产上，吸收是很重要的分离手段，吸收剂在填料上的喷淋密度会影响到吸收的效果，而喷淋密度会受到吸收剂在填料上的润湿情况的影响，一般表面张力太大，润湿就会不好。有些物质加入很少量就可使溶液（一般为水）的表面张力显著下降，例如油酸钠水溶液浓度很低时（0.1%）就能使水的表面张力自0.072N/m降到0.025N/m左右，能使溶液的表面张力降低的性质称为表面活性。一般碳原子个数大于8的具有两亲结构的物质会成为表面活性剂。只把具有表面活性，加入很少量就能显著降低溶液的表面张力，改变体系界面的物质称为表面活性剂。表面活性剂加入后溶液的一些性质会发生很大的改变，如图1-2所示。

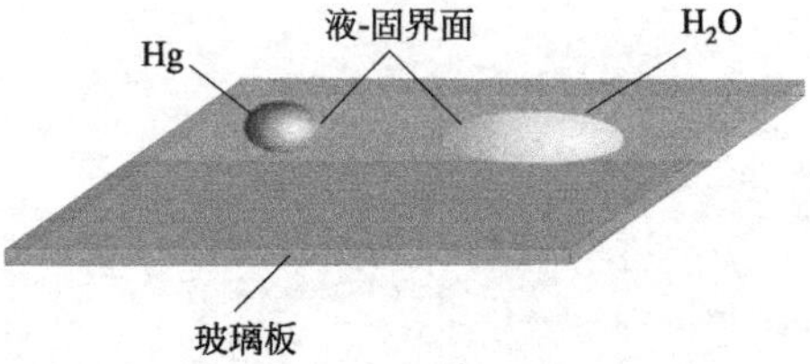

图1-1 表面张力

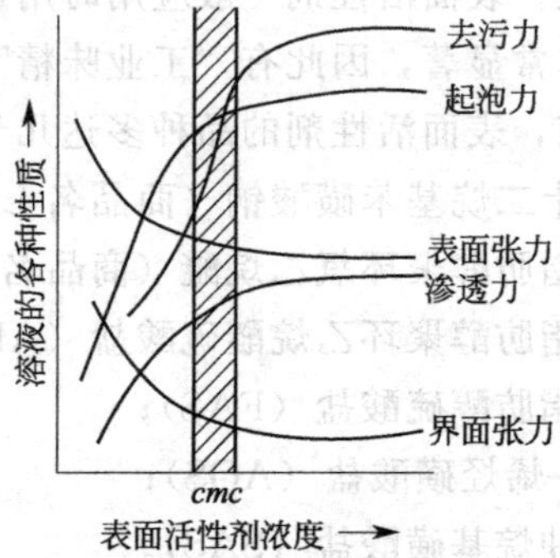

图1-2 表面活性剂及其溶液性质

产生这种现象的原因是表面活性剂在溶液表面处的界面吸附，形成定向排列，降低了溶液的表面张力；在溶液内部形成胶束，如图1-3所示，当然最根本的原因是表面活性剂的既能溶于水又能溶于油的两亲结构。

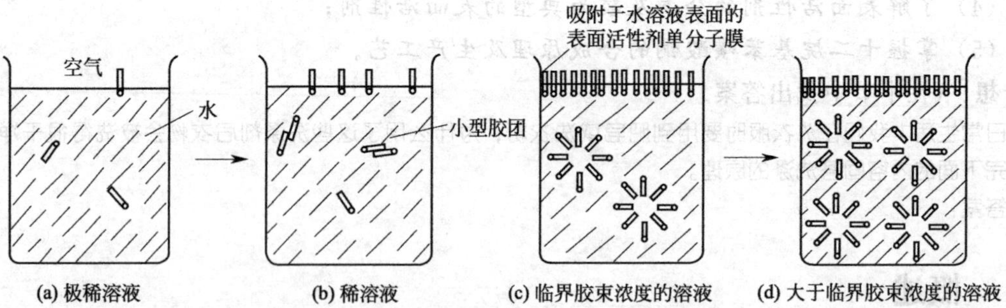

图1-3 表面活性剂浓度变化及其活动情况

表面吸附是指表面活性剂的亲水端插入水中，而亲油端整齐地排列在表面上的现象。表面吸附且定向使得表面活性剂产生润湿、抗静电、杀菌、缓蚀等功能。例如作为织物柔软剂的表面活性剂亲水端插入织物的内部，而亲油端伸在织物的表面处，在表面上定向紧密排列，使织物的手感光滑柔软。

（2）两亲结构

表面活性剂分子可以看作是烃类化合物分子上的一个或多个氢原子被极性基团取代而构成的物质，其中极性取代基可以是离子基团，也可以是非离子基团。所以，表面活性剂分子结构一般由极性基和非极性基构成，具有不对称结构，表面活性剂的极性基易溶于水，具有亲水性质，因此叫亲水基；而长链烃基是非极性基，不溶于水，易溶于“油”，具有亲油性质，因此叫亲油基，也叫疏水基。表面活性剂分子具有“两亲”结构，我们把它称为“两亲”分子。如图1-4所示。

图1-4　表面活性剂的双亲媒结构

一般用作亲油基的是长碳链的烃基，而能作为亲水基的有：磺酸基，硫酸酯基，羟基，醚基，伯氨基，仲氨基，叔氨基，季铵基，羧基等。

每一种表面活性剂的结构是不同的，它的亲水基、亲油基在亲水和亲油的能力上是有差异的，反映表面活性剂亲水、亲油性好坏的指标是亲水亲油平衡（HLB）值。HLB值越大，表示该表面活性剂的亲水性越强；HLB值越小，表示该表面活性剂的亲油性越强。根据表面活性剂的HLB值的大小就可以知道它的作用，如图1-5中所示，表面活性剂在水中的溶解性如表1-1所示。

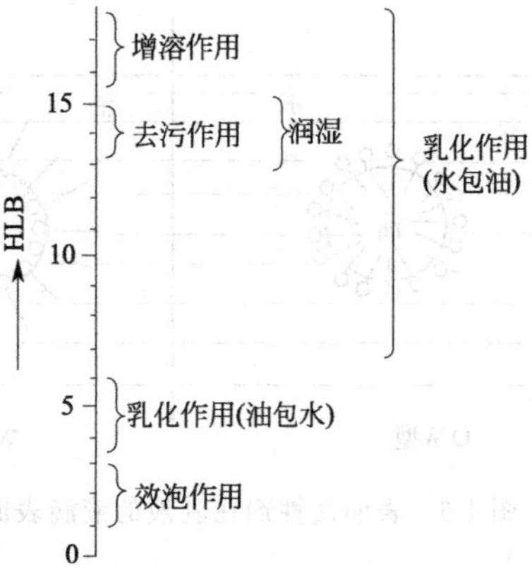

图1-5　表面活性剂的HLB值与作用关系

表1-1　表面活性剂在水中的溶解性

HLB值范围	加入水后溶解情况	HLB值范围	加入水后溶解情况
1～4	不分解	8～10	稳定乳色分散体
3～6	分散得不好	10～13	半透明至透明分散体
6～8	剧烈振荡后成乳色分散体	大于13	透明溶液

其中，W/O型表示一种水分散在油中的乳状液，在这种乳状液中水以液滴的形式分散在连成一片的油中，而O/W型表示另外一种乳状液，油以液滴的形式分散在连成一片的水中。

（3）形成胶束

当表面活性剂在溶剂中的浓度达到一定时，它的分子会在溶液内部聚集而形成胶束，这种形成胶束的最低浓度称为表面活性剂的临界胶束浓度，简称CMC。在临界胶束浓度前后，表面张力、渗透力、去污能力及增溶能力都有很大差异，如图1-2所示。CMC可以作为表面活性剂表面活性的一种量度。CMC越小，则表面活性剂形成胶束的浓度越小，表面活性越好。

由于表面活性剂具有两亲性，在界面上定向吸附排列，在溶液内部能够形成胶束，使得溶液的表面张力大大降低，所以表面活性剂具有多功能性，例如：洗涤，润湿渗透，乳化分散，发泡消泡，增溶，矿物浮选，抗静电，缓蚀，杀菌等。

1.1.2　表面活性剂的作用

（1）润湿和渗透

水能形成氢键，因此具有较高的表面张力，当水滴落到织物表面时，由于织物通常经过后整理，就具有一定的憎水性，水的高表面张力使它形成水珠留在织物上，若在水中加入少量的表面活性剂，就可显著降低水的表面张力，水珠迅速扩散，达到完全润湿，我们把固体表面和液体接触时，原来的固-气界面消失，形成新的固-液界面的现象称润湿，加速润湿用的表面活性剂称为润湿剂。液体渗透到固体物质内部的现象称为渗透，加速渗透的表面活性剂称为渗透剂。润湿和渗透作用实质上都是表面活性剂在界面定向吸附排列，降低溶液表面张力作用的结果。润湿剂、渗透剂广泛应用于纺织印染和农药、医药工业中。

(2) 乳化和分散

两种互相不溶的液体如油和水，在容器中自然地分成两层，密度小的油为上层，密度大的水为下层，若加入合适的表面活性剂在强烈搅拌下，油层被分散，表面活性剂的憎水端吸附到油珠的界面层，形成均匀的稳定的细液滴乳化液。使非水溶性物质（液或固）在水中呈均匀乳化或分散状态的现象称为乳化作用或分散作用。能使一种液体（如油）均匀分散在水或另一液体中的物质称为乳化剂。能使一种固体呈微粒均匀分散在一种液体或水中的物质称为分散剂。用作乳化剂和分散剂的往往是表面活性剂。

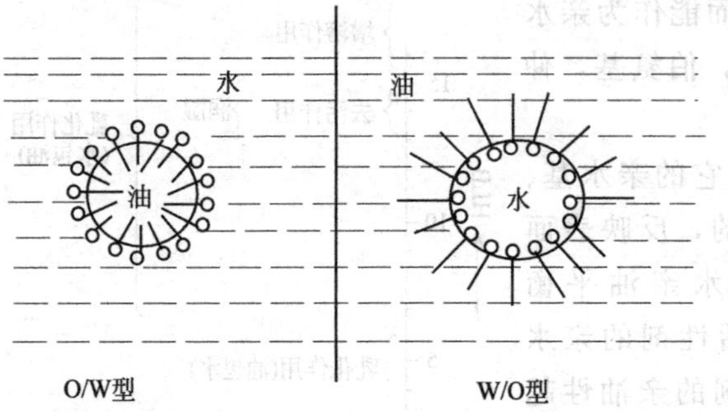

图 1-6 表面活性剂在乳液的液滴表面上的定向排列

油和水的乳化形式有两种；一种是油包水型（W/O），油为连续相，水是分散相；另一种是水包油型（O/W），水是连续相，油是分散相。如图 1-6 所示。乳化分散作用在食品，化妆品等工业中应用较广。

(3) 发泡和消泡

在气液相界面间形成由液体膜包围的泡孔结构，从而使气液相界面间表面张力下降的现象称为发泡作用，这种表面活性剂称为发泡剂。“泡”就是由液体薄膜包围着气体。有的表面活性剂和水可以形成一定强度的薄膜，包围着空气而形成泡沫，用于浮游选矿、泡沫灭火和洗涤去污等。

能降低溶液和悬浮液表面张力，防止泡沫形成或使原有泡沫减少或消失的表面活性剂称为消泡剂。在制糖、制中药过程中泡沫太多，要加入适当的表面活性剂降低薄膜强度，消除气泡，防止事故的发生。

(4) 增溶

一般认为胶束内部和液体烃类有相同的状态，在临界胶束浓度之上，在加有表面活性剂的溶液中加入难溶于水的有机物质时，经强烈搅拌可得到溶解透明的水溶液，将这种现象称为增溶现象，这是由于有机物质进入胶束内部引起的（见图 1-7）。

非极性有机物如苯在水中溶解度很小，加入油酸钠等表面活性剂后，苯在水中的溶解度大大增加，这就是增溶现象。增溶作用与普通的溶解概念是不同的，增溶的苯不是均匀分散在水中，而是分散在油酸根分子形成的胶束中。

(5) 洗涤

从固体表面除掉污物的过程称为洗涤。图 1-8 描述表面活性剂作为洗涤剂由织物表面洗去油垢的洗涤过程。洗涤去污作用，是由于表面活性剂降低了表面张力而产生的润湿、渗透、乳化、分散、增溶等多种作用综合结果。把有污垢的物质放入洗涤剂溶液中，在表面活性剂的作用下，污垢物质先被洗涤剂充分润湿、渗透，使溶液进入被污染物的内部，使污垢

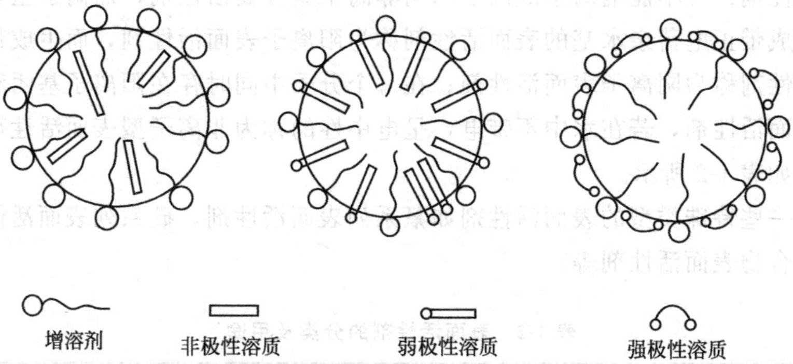

图 1-7 表面活性剂的增溶作用

易脱落，洗涤剂在把脱落下来的污垢进行乳化，分散于溶液中，经清水漂洗而达到洗涤效果。

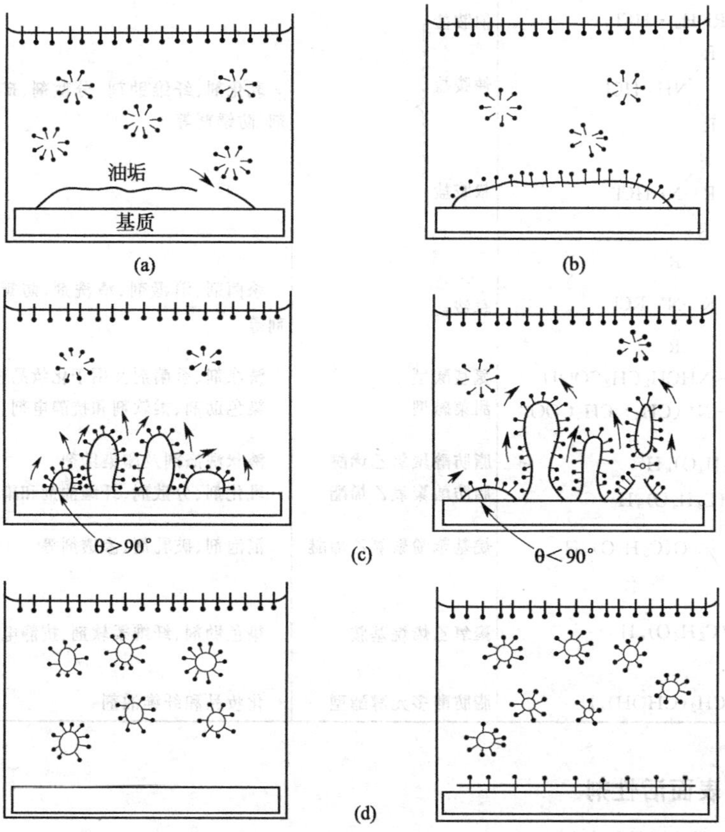

图 1-8 表面活性剂在洗涤过程中的示意图

1.2 表面活性剂的分类和典型表面活性剂性能

1.2.1 表面活性剂的分类

表面活性剂一般按亲水基团结构来分类，表面活性剂溶于水时，凡能电离产生离子的叫离子型表面活性剂；凡不能电离生成离子的叫非离子型表面活性剂；而离子型表面活性剂在水中电离，生成带正电荷亲水基的表面活性剂称为阳离子表面活性剂，而生成带负电荷的亲水基的表面活性剂称为阴离子表面活性剂；在一个分子中同时存在阳离子基团和阴离子基团的称为两性表面活性剂，若在水中不带电，呈电中性的称为非离子型表面活性剂。关于表面活性剂的分类如表 1-2 所示。

另外还有一些特殊类型的表面活性剂如氟系列表面活性剂，硅系列表面活性剂，含硼表面活性剂，聚合物表面活性剂等。

表 1-2 表面活性剂的分类及用途

类别		通式	名 称	主 要 用 途
离子型	阴离子型	R—COONa	羧酸盐	皂类洗涤剂、乳化剂
		R—OSO_3Na	硫酸酯盐	乳化剂、洗涤剂、润湿剂、发泡剂
		R—SO_3Na	磺酸盐	洗涤剂、合成洗衣粉
		R—OPO_3Na_2	磷酸酯盐	洗涤剂、乳化剂、抗静电剂、抗蚀剂
	阳离子型	$RNH_2 \cdot HCl$	伯胺盐	乳化剂、纤维助剂、分散剂、矿物浮选剂、抗静电剂、防锈剂等
		$R_2NH \cdot HCl$	仲胺盐	
		$R_3N \cdot HCl$	叔胺盐	
		$R_3N^+—RCl^-$	季铵盐	杀菌剂、消毒剂、清洗剂、防霉剂、柔软剂和助染剂等
	两性型	R—$NHCH_2CH_2COOH$	氨基酸型	洗涤剂、杀菌剂及用于化妆品中
		R—$N^+(CH_3)_2CH_2COO^-$	甜菜碱型	染色助剂、柔软剂和抗静电剂
非离子型		R—$O(C_2H_4O)_nH$	脂肪醇聚氧乙烯醚	液状洗涤剂及印染助剂
		R—$COO(C_2H_4O)_nH$	脂肪酸聚氧乙烯酯	乳化剂、分散剂、纤维油剂和染色助剂
		R—C_6H_4—$O(C_2H_4O)_nH$	烷基苯酚聚氧乙烯醚	消泡剂、破乳剂、渗透剂等
		$R_2N—(C_2H_4O)_nH$	聚氧乙烯烷基胺	染色助剂、纤维柔软剂、抗静电剂等
		R—$COOCH_2(CHOH)_3H$	脂肪酸多元醇酯型	化妆品和纤维油剂

1.2.2 阴离子表面活性剂

(1) 羧酸盐型表面活性剂

羧酸盐型阴离子表面活性剂的亲水基为羧基（—COO^-），是典型的阴离子表面活性剂。依亲油基与亲水基的连接方式的不同可分为两种类型：一类是高级脂肪酸的盐类——皂类；另一类是亲油基通过中间键如酰胺键、酯键、醚键等与亲水基连接，可认为是改良型的皂类表面活性剂。

皂类表面活性剂中典型的是肥皂，肥皂是以天然动、植物油脂与碱的水溶液加热起皂化反应制得的，其化学反应式为：

$$\begin{array}{lll} R—COOCH_2 & & R\,COONa \quad CH_2—OH \\ R'—COOCH & +3NaOH \longrightarrow & R'\,COONa + \; CH—OH \\ R''—COOCH_2 & & R''\,COONa \quad CH_2—OH \end{array}$$

工业制皂有盐析法、直接法、中和法等，国内目前普遍采用的是盐析法，其工艺流程如图 1-9 所示，主要包括皂化、盐析、碱析、整理和调和等五步制得皂基，而后进一步加工成肥皂和香皂。

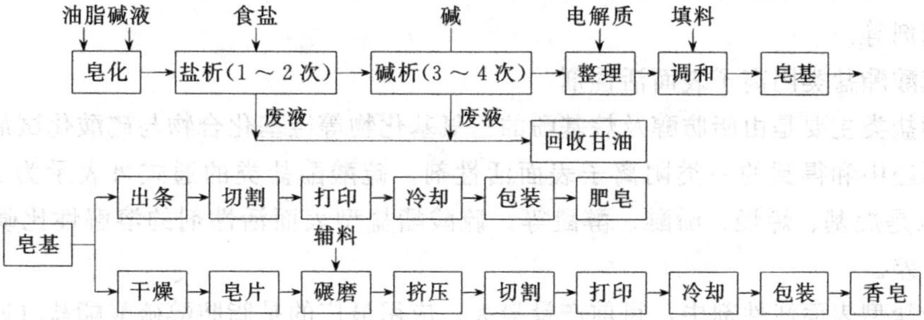

图 1-9 盐析法制皂工艺流程

(2) 磺酸盐型表面活性剂

凡分子中具有 $R—SO_3M$ 基团的阴离子型表面活性剂，通称为磺酸盐型表面活性剂。磺酸盐型阴离子表面活性剂是产量最大应用最广的一类阴离子型表面活性剂，主要品种有烷基苯磺酸盐、烷基磺酸盐、烯基磺酸盐、高级脂肪酸酯磺酸盐、琥珀酸酯磺酸盐等。

① 烷基苯磺酸盐　烷基苯磺酸盐是阴离子表面活性剂中最重要的一类品种，主要有烷基苯磺酸钠、烷基苯磺酸三乙醇胺、烷基苯磺酸钙等，其中烷基苯磺酸钠是目前消耗量最大的表面活性剂品种，也是我国合成洗涤剂的主要品种。

烷基苯磺酸钠的化学结构式为 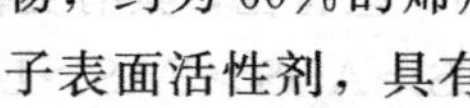 ，其中 $R=C_{12}\sim C_{14}$烷烃。包括直链烷基苯磺酸盐（LAS）和直链烷基苯磺酸钠（ABS）两类。支链烷基苯磺酸钠有良好的发泡力和润湿力，但去污力和生物降解性较直链烷基苯磺酸钠差，已被直链烷基苯磺酸钠替代。

② α-烯烃磺酸盐（AOS）　α-烯烃（$C_{14}\sim C_{18}$）与 SO_3 经磺化反应，然后用 NaOH 水解、中和而得产品称为 α-烯烃磺酸盐（AOS）。其反应包括磺化和中和两个主要反应过程，所生成的产品是多种化合物的混合物，约为 60％的烯烃磺酸钠和 40％的羟基磺酸钠。AOS 是一种高泡、水解稳定性好的阴离子表面活性剂，具有优良的抗硬水能力，低毒、温和、生物降解性好，尤其在硬水中和有肥皂存在时具有良好的起泡力和优良的去污力，毒性和刺激性低，与非离子和其他的阴离子表面活性剂都具有良好的复配性能。

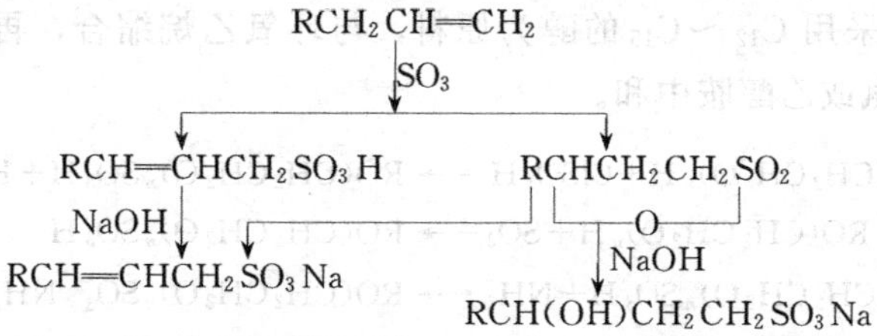

③ 烷基磺酸盐（SAS）　烷基磺酸盐简称 SAS，其通式为 RSO_3M，式中 R 为烷基，平均碳原子数应在 $C_{12}\sim C_{20}$范围内，以 $C_{13}\sim C_{17}$为佳，在同系物中，以十六烷基磺酸盐的性能最好。M 为碱金属或碱土金属，作为民用合成洗涤剂的表面活性剂，其金属离子均为 Na^+。

这种表面活性剂是以 C_{12}～C_{20} 的正构烷烃和二氧化硫及空气为原料，通过磺氧化反应制得：

$$RH+2SO_2+O_2+H_2O \longrightarrow RSO_3H+H_2SO_4$$
$$RSO_3H+NaOH \longrightarrow RSO_3Na+H_2O$$

磺氧化法的产物中以仲烷基磺酸盐为主，伯烷基磺酸盐仅占 2%。仲烷基磺酸盐溶解性强，具有很好的去污力和润湿力，在整个 pH 范围内稳定，耐硬水，耐氧化剂，生物降解性好，主要用于香波、浴液等个人洗浴用品、民用及工业洗涤剂、乳化剂、采油助剂、增塑剂及矿物浮选剂等。

(3) 硫酸酯盐类阴离子表面活性剂

硫酸酯盐类主要是由脂肪醇及烷基酚的乙氧基化物等羟基化合物与硫酸化试剂发生硫酸化作用，再经中和得到的一类阴离子表面活性剂。硫酸酯盐类的通式可表示为 $ROSO_3M$，其中 R 可以是烷基、烯烃、酚醚、醇醚等。硫酸酯盐型表面活性剂的溶解性比磺酸盐型表面活性剂要差。

硫酸酯盐型表面活性剂中，目前产量最大、应用最广的是脂肪醇硫酸酯盐（FAS）和脂肪醇聚氧乙烯醚硫酸酯盐（AES）。

① 脂肪醇硫酸盐（FAS） 脂肪醇硫酸盐也称为烷基硫酸盐，简称 FAS。其化学通式为 $ROSO_3M$，R 为 C_{12}～C_{18} 的烷基，其中 C_{12}～C_{14} 的烷基最理想；M 为钠、钾、铵或有机胺等。通常用氯磺酸或三氧化硫将脂肪醇进行酯化，得到脂肪醇硫酸单酯进一步用氢氯化钠、氨或醇胺中和而成，主要反应式如下：

$$ROH+ClSO_3H \longrightarrow ROSO_3H+HCl$$
$$ROH+SO_3 \longrightarrow ROSO_3H$$
$$ROSO_3H+NaOH \longrightarrow ROSO_3Na+H_2O$$
$$ROSO_3H+H_2NCH_2CH_2OH \longrightarrow ROSO_3^-\,H_3N^+CH_2CH_2OH$$

在各种不同的 FAS 中，十二醇硫酸钠（也称 K_{12}）是很重要的一种，通常为白色粉末，用在牙膏、香波、化妆品中作发泡剂，也可用在农药中作润湿剂、乳化剂等。

② 脂肪醇聚氧乙烯醚硫酸酯盐（AES） 脂肪醇聚氧乙烯醚硫酸酯盐，通式为 $RO(CH_2CH_2O)_nSO_3M$，式中 R 和 M 同 FAS；n 通常为 2～3，简称 AES。由化学式可以看出，AES 与 FAS 不同，其亲水基团是由—SO_3M 和聚氧乙烯醚中—O—基两部分组成，因而兼有非离子和阴离子表面活性剂的一些特性，具有更优越的溶解性和表面活性，且抗硬水性能大大增加，抗硬水性依次为 AES＞AOS＞FAS＞LAS。由于它的溶解性能、抗硬水性能、润湿力均优于 FAS，而刺激性低于 FAS，并且与 LAS 有较好的复配性能，因而可取代配方中使用的 FAS 而广泛使用在香波、浴用品、剃须膏、洁面制品等洗涤产品中。

AES 的生产一般采用 C_{12}～C_{15} 的醇为原料，与环氧乙烷缩合，再进一步进行硫酸化，最后再用氢氧化钠、氨或乙醇胺中和。

$$RO(CH_2CH_2O)_nH+ClSO_3H \longrightarrow RO(CH_2CH_2O)_nSO_3H+HCl$$
$$RO(CH_2CH_2O)_nH+SO_3 \longrightarrow RO(CH_2CH_2O)_nSO_3H$$
$$RO(CH_2CH_2O)_nSO_3H+NH_3 \longrightarrow RO(CH_2CH_2O)_nSO_3^-\,NH_4^+$$
$$RO(CH_2CH_2O)_nSO_3H+NaOH \longrightarrow RO(CH_2CH_2O)_nSO_3^-\,Na^+$$

(4) 磷酸酯盐型阴离子表面活性剂

脂肪醇、脂肪醇乙氧基化物或烷基酚的乙氧基化物与磷酸化试剂反应，可生成磷酸单酯和磷酸双酯，再用碱中和即制得磷酸酯盐表面活性剂。其化学通式可表示为：

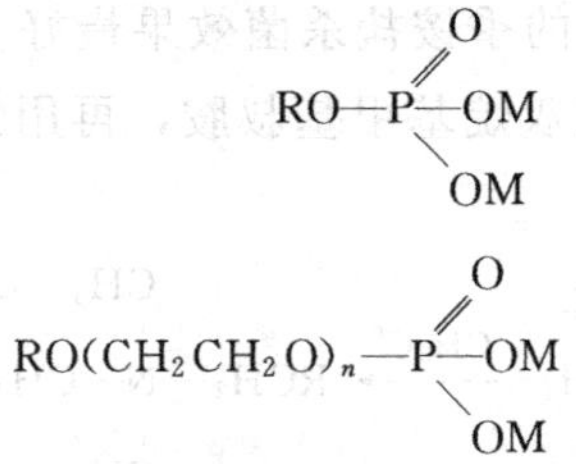

磷酸单酯盐

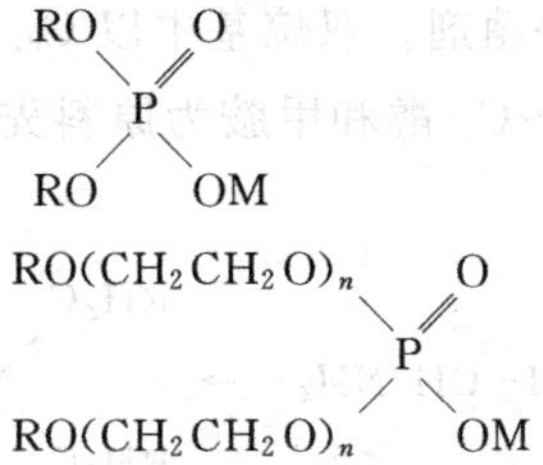

磷酸双酯盐

这一类表面活性剂包括高级醇磷酸酯盐类，高级醇或烷基酚聚环氯乙烷醚磷酸酯盐两大类，由于具有优良的抗静电、乳化、防锈和分散等性能，这一类表面活性剂广泛应用于纺织、化工、国防、金属加工等工业。

1.2.3　阳离子表面活化剂

(1) 胺盐型阳离子表面活性剂

一般按起始胺的不同分为高级胺盐阳离子表面活性剂和低级胺盐阳离子表面活性剂。

高级胺盐阳离子表面活性剂大多由高级脂肪胺与盐酸或醋酸进行中和反应得到：

$$RCH_2NH_2 + CH_3COOH \longrightarrow CH_3COO^- NH_3^+ CH_2R$$

一般这类表面活性剂可用作缓蚀剂、矿物浮选剂、防锈剂等；低级胺盐阳离子表面活性剂则由脂肪酸、油酸等与低级胺如乙醇胺反应后再用酸中和制得，例如工业油酸与异丙基乙二胺在290～300℃反应，将生成物再用盐酸中和，即可得到一种起泡性能优异的胺盐型表面活性剂，其结构式如下：

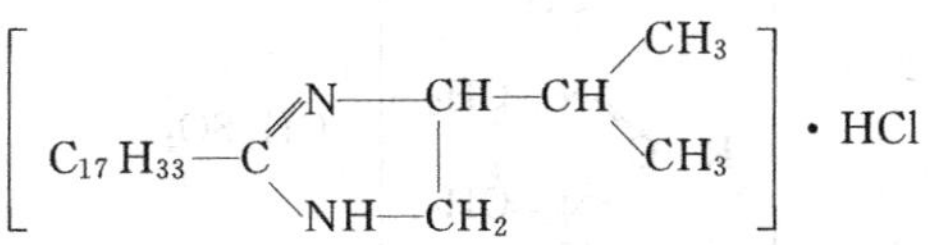

这一类表面活性剂不仅价格远远低于前者，而且性能良好，适于作纤维柔软整理剂等。

(2) 季铵盐阳离子表面活性剂

季铵盐阳离子表面活性剂在形式上可看作是铵离子（NH_4^+）的4个氢原子被烃基所取代，形成$R^1R^2N^+R^3R^4$的形式。4个烷基中，有1～3个是长碳链的（通常为$C_{12}C_{18}$），有1～2个为短碳链的（如甲基、乙基、羟乙基等），季铵盐表面活性剂的结构如下：

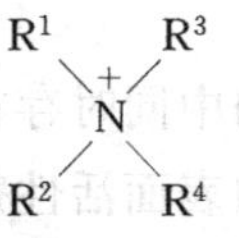

季铵盐和铵盐的区别在于季铵盐是强碱，无论是在酸性或碱性溶液中都能溶解，并解离成带正电荷的脂肪链阳离子；而铵盐为弱碱的盐，对pH较为敏感，在碱性条件下则游离成不溶于水的胺，而失去表面活性。

季铵盐阳离子表面活性剂通常由叔胺与烷基化试剂经季铵化反应制取。反应的关键在叔胺的获得，季铵化反应一般较易实现。季铵盐在阳离子表面活性剂中的地位最为重要，产量最大，应用最广，主要用作杀菌剂、抗静电剂、织物柔软剂等。

比较典型的产品有长碳链季铵盐。

长碳链季铵盐是阳离子表面活性剂中产量最大的一类，含一个至两个长碳链烷基的季铵盐主要用作织物柔软剂、制备有机膨润土、杀菌剂等。

双烷基二甲基氯化铵因具有合成工业简单、生产成本低、无毒、无味、杀菌效果好等优点，成为新一代的杀菌剂。双烷基中以 $C_8 \sim C_{10}$ 的季铵盐杀菌效果最好。$C_8 \sim C_{10}$ 双烷基二甲基氯化铵是以 $C_8 \sim C_{10}$ 醇和甲胺为原料先合成双烷基甲基叔胺，再用氯甲烷 CH_3Cl 经季铵化反应制得：

$$2RCH_2OH + CH_3NH_2 \longrightarrow \begin{matrix} RH_2C \\ RH_2C \end{matrix} N{-}CH_3 \xrightarrow{CH_3Cl} RCH_2{-}\overset{CH_3}{\underset{CH_3}{N^+}}{-}CH_2R \cdot Cl^-$$

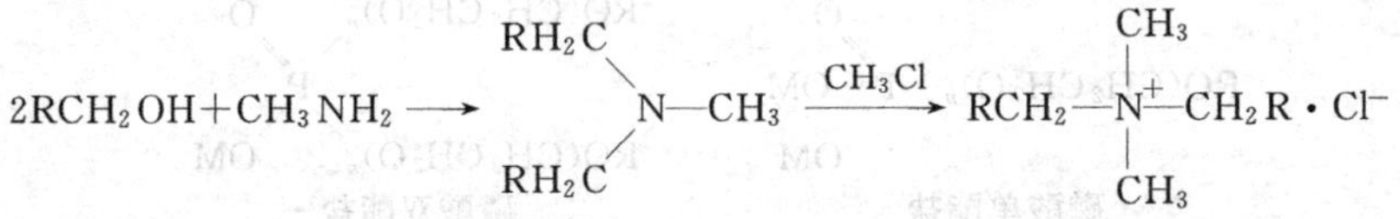

氯化十二烷基三甲基胺（表面活性剂 1231），是由十二烷基二甲基胺和氯甲烷进行季铵化反应制得，其反应方程式如下：

$$C_{12}H_{25}N(CH_3)_2 + CH_3Cl \longrightarrow [C_{12}H_{25}N(CH_3)_3]^+Cl^-$$

表面活性剂 1231 主要用作杀菌剂、合成纤维抗静电剂、抗高温油包水型乳化泥浆的乳化剂等。

另外还有氯化十六烷基三甲基铵（表面活性剂 1631）是由十六烷基二甲基胺与氯甲烷进行季铵化反应而得，其反应式如下：

$$C_{16}H_{33}N(CH_3)_2 + CH_3Cl \longrightarrow [C_{16}H_{33}N(CH_3)_3]^+Cl^-$$

（3）咪唑啉型阳离子表面活性剂

咪唑啉型阳离子表面活性剂指分子中含有咪唑啉环的一类阳离子表面活性剂，是杂环型阳离子表面活性剂中最常用的品种。重要的有高碳烷基咪唑啉、羟乙基咪唑啉、氨基乙基咪唑啉等。咪唑啉型中最常见的负离子是甲基硫酸盐负离子。如烷基咪唑啉硫酸甲酯盐，结构式为：

$$\left[R{-}C \overset{\displaystyle N{-}CH_2}{\underset{\displaystyle N{-}CH_2}{}} \overset{CH_3}{} \right]^+ CH_3SO_4^-$$

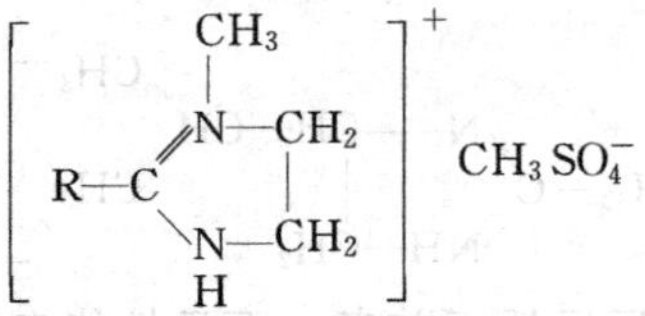

式中，R 为 $C_8 \sim C_{22}$ 饱和或不饱和烷烃。咪唑啉型阳离子表面活性剂具有优良的抑制金属腐蚀、良好的软化纤维和消除静电性能，还有优良的乳化、分散、起泡、杀菌和高生物降解性能。可做高效有机缓蚀剂、柔软剂、润滑剂、乳化剂、杀菌剂、分散剂和抗静电剂等，广泛用于石油开采与炼制、化纤纺织、造纸、工业纺织整理等。

1.2.4 两性表面活性剂

两性表面活性剂是指在同一分子结构中同时存在被桥链（碳链、碳氟链等）连接的一个或多个正、负电荷中心（或偶极中心）的表面活性剂。一般使用的两性表面活性剂阳离子大多是胺盐和季铵盐的亲水基，阴离子绝大部分是羧酸盐，也可以引入羟基或聚环氧烷基来增加化合物的亲水性。两性表面活性剂有甜菜碱型、咪唑啉型、氨基酸型、其中最主要的是咪唑啉型。

两性表面活性剂不刺激皮肤和眼睛，在相当宽的 pH 值范围内都有良好的表面活性，与阴离子、阳离子、非离子表面活性剂都可以配伍使用，因此可用作洗涤剂、乳化剂、润湿剂、发泡剂、织物柔软剂和抗静电剂等。

（1）咪唑啉型两性表面活性剂

这类表面活性剂是以脂肪酸和多元胺为原料经酰化在缩合最后再与能引入阴离子基团的烷基化试剂进行季铵化反应。比如羧甲基咪唑啉型两性表面活性剂的制备：

$$RCOOH + H_2NCH_2CH_2NHCH_2CH_2OH \xrightarrow{脱水} RCONHCH_2CH_2NHCH_2CH_2OH$$

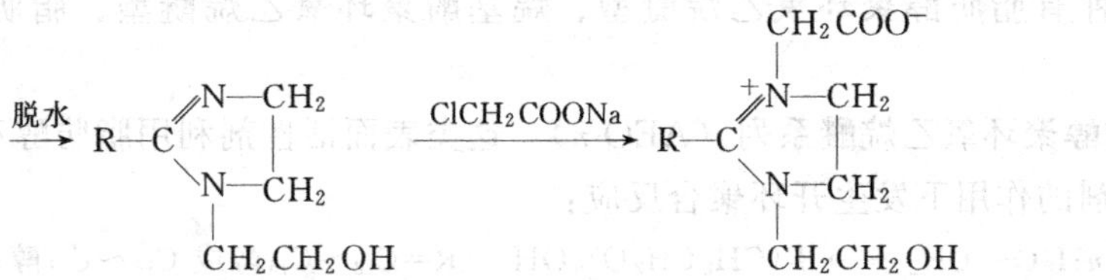

咪唑啉型两性表面活性剂的特性是温和无毒，对皮肤无过敏反应，与阳离子表面活性剂的兼容性好，因此是配制调理香波、气溶胶、泡沫剃须剂、洗手凝胶的重要组分。它还是理想的液体洗涤剂原料、织物柔软剂和抗静电剂，并可配制具有保健功能的液体洗涤剂。与非离子表面活性剂复配，可制成对合成纤维油性污垢有良好去污力的洗涤剂及用于呢绒羊毛等高级衣物的干洗剂。

(2) 甜菜碱型两性表面活性剂

这类表面活性剂最初是从植物甜菜中获得。其中最典型的阴离子为羧酸盐。

产品 *N*-十二烷基甜菜碱（BS-12）的合成如下：

$$ClCH_2COOH + NaOH \longrightarrow ClCH_2COONa + H_2O$$

$$C_{12}H_{25}N(CH_3)_2 + ClCH_2COONa \longrightarrow C_{12}H_{25}(CH_3)_2N^+CH_2COO^- + NaCl$$

(3) 氨基酸型表面活性剂

这类表面活性剂最重要的是 *N*-十二烷基-*β*-氨基丙酸钠，其合成如下：

$$C_{12}H_{25}NH_2 + H_2C{=}CHCN \longrightarrow C_{12}H_{25}NHCH_2CH_2CN$$

$$C_{12}H_{25}NHCH_2CH_2CN + NaOH \longrightarrow C_{12}H_{25}NHCH_2CH_2COONa$$

或：

$$C_{12}H_{25}NH_2 + H_2C{=}CHCOOCH_3 \longrightarrow C_{12}H_{25}NHCH_2CH_2COOCH_3$$

$$C_{12}H_{25}NHCH_2CH_2COOCH_3 + NaOH \longrightarrow C_{12}H_{25}NHCH_2CH_2COONa + CH_3OH$$

这种表面活性剂具有发用化妆品所需要的特殊性能，如低毒性、安全性、无刺激，特别是对眼睛无刺激，泡沫去污性能理想及与皮肤亲和力强，相容性好等。

1.2.5 非离子表面活性剂

非离子表面活性剂不同于离子型表面活性剂，它的亲水基在水中不电离。亲水基主要是醚基和羟基。由于醚基和羟基中氧原子能与水中的氢原子形成氢键，使非离子型表面活性剂溶解于水。醚基和羟基越多，则表面活性剂的亲水性越好。非离子表面活性剂在水中的溶解度随温度的升高而降低，开始是澄清透明的溶液，当加热到一定温度，溶液便浑浊，将溶液开始呈现浑浊的温度称浊点。这是非离子表面活性剂区别于离子型表面活性剂的一个特点，这主要是由于水分子与醚基、羟基等之间的氢链，因温度升高而逐渐断裂，使非离子型表面活性剂的溶解性降低。一般亲水性越强，浊点就越高。因此，可用浊点来衡量非离子型表面活性剂的亲水性强弱。

非离子型表面活性剂，由于没有离子解离，在酸性、碱性以及金属盐类溶液中稳定性好，可以与阴、阳及两性离子型表面活性剂混合配伍，并且具有良好的低泡性、低毒性，所以它在农药、纺织业、印染业、食品及合成纤维等各种领域使用广泛，是产量仅次于阴离子型表面活性剂的种类。

(1) 聚环氧乙烷醚型非离子表面活性剂

聚环氧乙烷醚型非离子表面活性剂是由含活泼氢的疏水性化合物与多个环氧乙烷加成而

得的含有聚氧乙烯基的化合物。是非离子表面活性剂中品种最多、产量最大、应用最广的一类。主要品种有脂肪醇聚环氧乙烷醚型、烷基酚聚环氧乙烷醚型、脂肪酸聚环氧乙烷醚型等。

① 脂肪醇聚环氧乙烷醚系列（AEO-n）　这类表面活性剂利用脂肪醇和环氧乙烷为原料在碱性催化剂的作用下发生开环聚合反应：

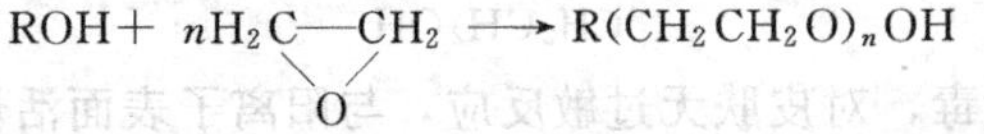

$$ROH + nH_2C—CH_2 \xrightarrow{\quad} R(CH_2CH_2O)_nOH \quad (R=C_{12}\sim C_{14}醇或 C_{16}\sim C_{18}醇；n=3,9,15,25)$$

该表面活性剂是一系列的产品，根据 n 数目的不同，有 AEO-3、AEO-9、AEO-15、AEO-25。该系列产品作为乳化剂、洗净剂、润湿剂、匀染剂、渗透剂、发泡剂等在民用及各种工业领域中均有着极为广泛的应用。AEO-15、AEO-25 等在皮革、印染、造纸以及化妆品工业中均有广泛的应用。

② 烷基酚聚环氧乙烷醚系列（主要为 OP-n）　工业上常用壬基酚和环氧乙烷为原料在碱性催化剂的作用下反应生成：

$$C_9H_{19}—\!\!\!\langle\rangle\!\!\!—OH + nH_2C—CH_2 \xrightarrow{催化剂} C_9H_{19}—\!\!\!\langle\rangle\!\!\!—(CH_2CH_2O)_nH$$

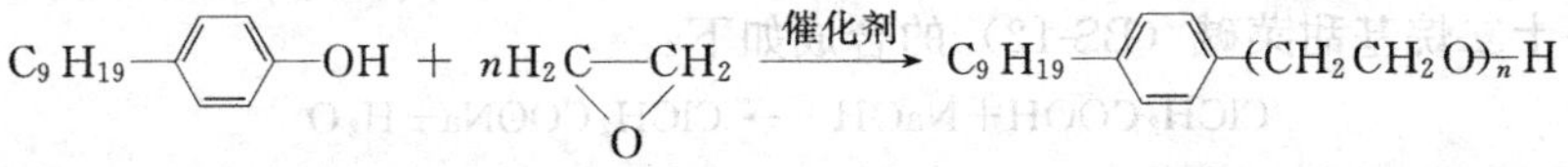

该系列产品可用作民用洗涤剂和工业清洗剂中的主要去污性组分；在石油开采中作为乳化降黏、清蜡防蜡及驱油组分；在农药乳油中作为乳化剂及润湿剂；在高聚物的聚合中用作乳化及稳定剂；在皮革工业中用作脱脂剂；在印染工业中用作匀染剂、洗净剂等。

（2）多元醇型非离子表面活性剂

多元醇型非离子表面活性剂是用多元醇与脂肪酸反应生成的酯做疏水基，其余未反应的羟基做亲水基的一类表面活性剂。

① 甘油脂肪酸酯类　甘油脂肪酸酯分为单酯、双酯和三酯，三酯没有乳化能力，双酯的乳化能力也只有单酯的 1% 以下，单酯中甘油单硬脂酸酯是最常用的，其通式为：

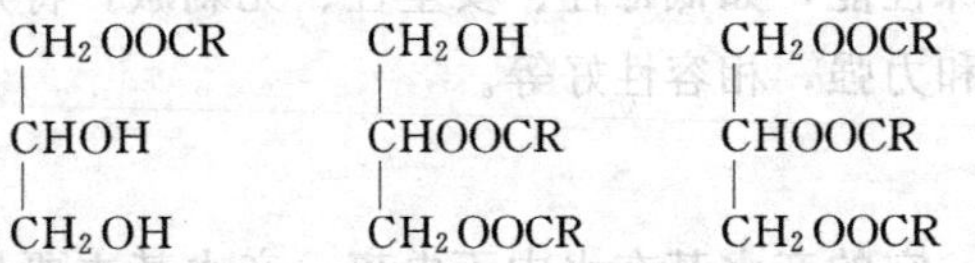

$$
\begin{array}{lll}
CH_2OOCR & CH_2OH & CH_2OOCR \\
| & | & | \\
CHOH & CHOOCR & CHOOCR \\
| & | & | \\
CH_2OH & CH_2OOCR & CH_2OOCR \\
(单酯) & (二酯) & (三酯)
\end{array}
$$

（硬脂酸：R$=$—$C_{17}H_{35}$；油酸：R$=$—$C_{17}H_{33}$）

（棕榈酸：R$=$—$C_{16}H_{33}$；月桂酸：R$=$—$C_{11}H_{23}$）

目前工业产品分为单酯含量在 40%～50% 的单双混合酯（MDG）及单酯含量高于或等于 90% 的单酯（DMG），单甘酯的 HLB 值为 2～3，是良好的 W/O 型乳化剂，是良好的食品工业用的乳化剂。

② 蔗糖脂肪酸酯（SE）　蔗糖脂肪酸酯简称蔗糖酯，是蔗糖与各种羧基结合而成的一大类有机化合物的总称。这类表面活性剂是以蔗糖和脂肪酸酯为原料进行酯交换反应，生成单酯、双酯、三酯和高酯的混合酯。目前国内外生产 $C_{12}\sim C_{18}$ 的蔗糖酯均采用酯交换法，酯化反应式如下：

$$ROH(蔗糖) + R'COOR'' \xrightarrow{\quad} R'COOR + R''OH$$

蔗糖分子中有 8 个羟基，除取代数有 1～8 之外，控制蔗糖酯中脂肪酸的碳数和酯化度，或对不同酯化度蔗糖酯混配可获得任意 HLB 值的产品。蔗糖酯以无毒、易生物降解及良好的表面活性广泛用于食品、医药、化妆品、洗涤用品，纺织及农牧等行业，是世界粮农及卫生组织推荐的食品添加剂。

③ 失水山梨醇脂肪酸酯系列（Span） 失水山梨醇脂肪酸酯的商品名为斯盘（Span）。斯盘系列以山梨醇和脂肪酸为原料，经脱水环化再酯化得到的。山梨醇是以葡萄糖为原料加氢获得。

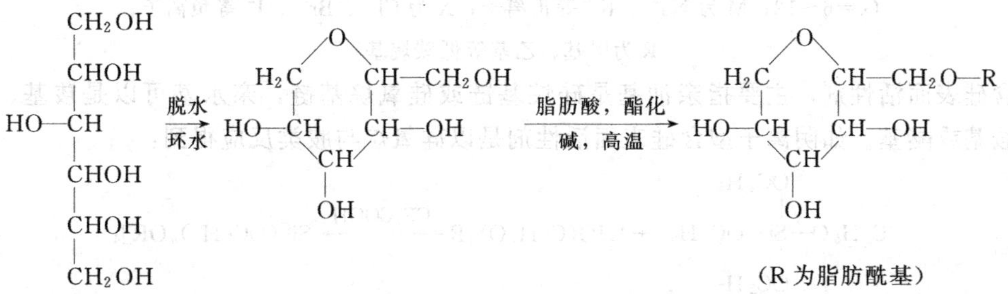

（R 为脂肪酰基）

常用的斯盘类乳化剂的 HLB 值为 4～8。其产品以脂肪酸结构来回划分，如斯盘-20，斯盘-40，斯盘-60，斯盘-80 等，最常用的是斯盘-60 和斯盘-80。

④ 失水山梨醇聚氧乙烯脂肪酸酯系列（Tween） 吐温（Tween）类表面活性剂的 HLB 值为 16～18，亲水性好，乳化能力很强，常用的吐温类乳化剂为吐温-60 和吐温-80。吐温-60 即聚氧乙烯山梨醇酐单硬脂酸酯，HLB 值为 14.6；吐温-80 即聚氧乙烯山梨醇酐单油酸酯，HLB 值为 15.0。

吐温广泛用于食品加工、制革工业、化纤油剂、农药、印染和加工等工业领域中。例如，在药品、化妆品生产中用作乳化剂、润湿剂；在泡沫塑料生产中用作乳化稳定剂；部分吐温型用作食品乳化剂。

吐温系列是以失水山梨醇脂肪酸酯与环氧乙烷聚合而得，比如吐温-60 是很典型的产品：

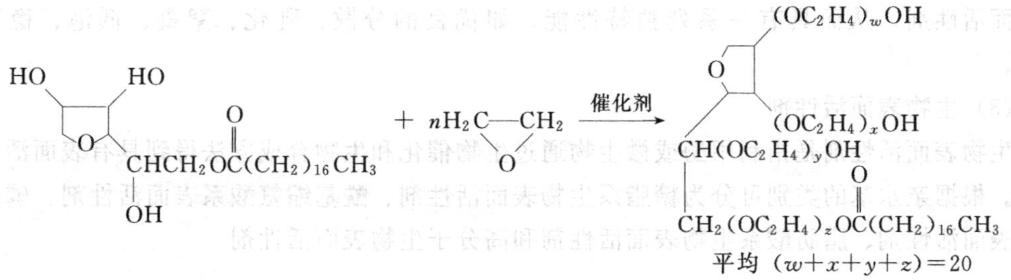

平均 $(w+x+y+z)=20$

1.2.6 特殊类型的表面活性剂

(1) 元素表面活性剂

元素表面活性剂主要指在表面活性剂的碳氢链中氢原子全部被氟原子取代的全氟表面活性剂、含硅或硅氧键的含硅表面活性剂、分子中含有硫或硫氧键的含硫表面活性剂、含硼元素的含硼表面活性剂。

电解氟化产生的全氟辛酰氯及全氟辛基磺酰氯经水解、中和可得相应的酸和盐；与二甲基丙二胺反应可得季铵盐阳离子表面活性剂；也可与氨基乙醇反应，进而与环氧乙烷加成得非离子型表面活性剂。反应式如下：

$$C_nF_{2n+1}COF \xrightarrow{H_2O} C_nF_{2n+1}COOH \xrightarrow{MOH} C_nF_{2n+1}COOM$$

$$C_nF_{2n+1}COF \xrightarrow{ROH} C_nF_{2n+1}COOR \xrightarrow{LiAlH_4} C_nF_{2n+1}CH_2OH$$

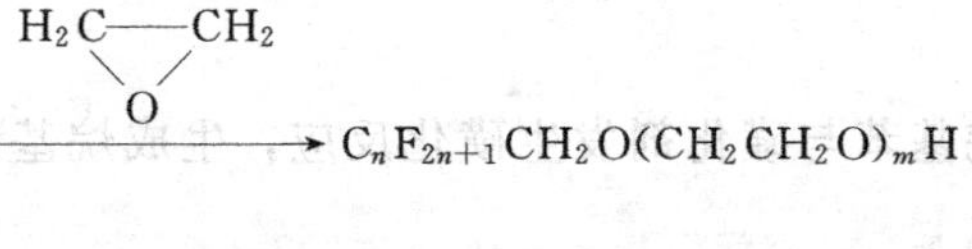

$$C_nF_{2n+1}COF \xrightarrow{NH_2C_3H_5N(CH_3)_2} C_nF_{2n+1}CONHC_3H_5N(CH_3)_2$$

$$\xrightarrow{RX} C_nF_{2n+1}CONHC_3H_5N^+(CH_3)_2R \cdot X^-$$

（n=6～12；M 为 Na^+、K^+ 等正离子；X 为 Cl^-、Br^-、I^- 等负离子；

R 为甲基、乙基等低碳烷基）

含硅表面活性剂，主要指亲油基是硅烷基链或硅氧烷基链，亲水基可以是羧基、磺酸基、胺基或醚基。如阴离子型含硅表面活性剂是以硅氧烷与胺类反应得到：

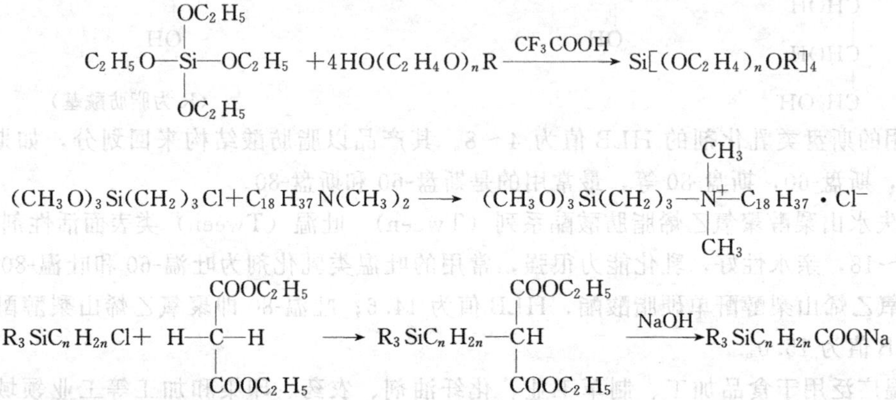

（2）聚合物表面活性剂

聚合物表面活性剂由大量既含亲水基又含亲油基的结构单元自身反复重复组成，可分为天然和合成聚合物表面活性剂两大系列，同样具有阴离子、阳离子、非离子等种类。因其结构独特，亲水基及亲油基大小、位置等可调节，既可制得低分子表面活性剂，又可制得高分子表面活性剂，从而具有一系列独特性能，如优良的分散、乳化、絮凝、低泡、稳定等作用。

（3）生物表面活性剂

生物表面活性剂是指利用酶或微生物通过生物催化和生物合成方法得到具有表面活性的物质。根据亲水基的类别可分为糖脂系生物表面活性剂、酰基缩氨酸系表面活性剂、磷脂系生物表面活性剂、脂肪酸系生物表面活性剂和高分子生物表面活性剂。

1.3 十二烷基苯磺酸钠的生产工艺

十二烷基苯磺酸钠（LAS）是磺酸盐类阴离子表面活性剂中产量最大使用最广的一种。它是一种黄色油状液体，溶于水后呈中性，对水硬度不敏感，对酸碱水解的稳定性好，不易氧化，发泡能力强，去污力高，易与各种助剂复配，兼容性好，因此应用领域广泛。十二烷基苯磺酸钠最主要用途是配制各种类型的液状、粉状、粒状洗涤剂、也可用作石油破乳剂、农药乳化剂、发泡剂等．

十二烷基苯磺酸钠的亲油基团是烷基苯，通过磺化反应，在苯环上引入磺酸基团作为亲水基是形成表面活性剂的重要一步。目前常见的两种工艺主要就是以磺化方法的不同来进行分类的：发烟硫酸磺化法，三氧化硫磺化法。

1.3.1 磺化反应原理

烷基苯磺酸钠是由烷基苯与磺化剂发生磺化反应，生成烷基苯磺酸，然后经碱中和而得。常用的磺化剂有浓硫酸、发烟硫酸、三氧化硫、氯磺酸、氨基磺酸等。

用 SO_3 反应最经济，产品含盐量低。

（1）主反应

$$C_{12}H_{25}-\bigcirc-+（浓）H_2SO_4 \longrightarrow C_{12}H_{25}-\bigcirc-SO_3H+H_2O$$

$$C_{12}H_{25}-\bigcirc-+SO_3 \longrightarrow C_{12}H_{25}-\bigcirc-SO_3H+H_2O$$

$$C_{12}H_{25}-\bigcirc-SO_3H+NaOH \longrightarrow C_{12}H_{25}-\bigcirc-SO_3Na+H_2O$$

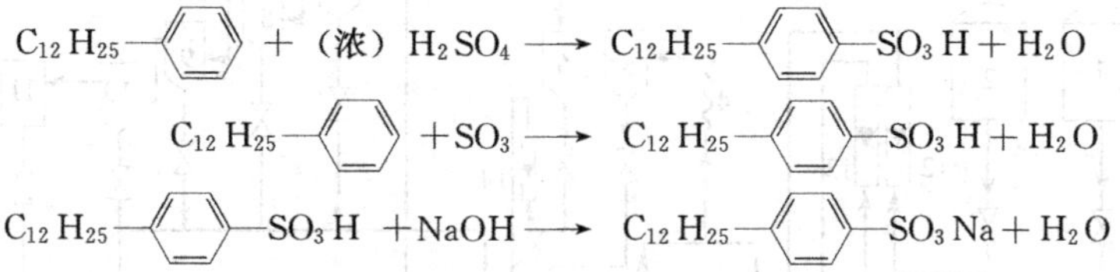

（2）副反应

在磺化反应中，还存在下列副反应。

① 生成砜　硫酸、发烟硫酸、SO_3 中任何一种做磺化剂都可能生成砜。高温或局部过热会促使砜的生成。砜是不皂化物，影响产品色泽，且不易去除，因此应尽可能减少砜的生成。控制反应温度不要过高，减少反应物在磺化器内的停留时间等都可减少砜的生成。

$$2R-\bigcirc-+H_2S_2O_7 \longrightarrow R-\bigcirc-SO_2-\bigcirc-R+H_2SO_4+H_2O$$

$$R-\bigcirc-+2SO_3 \longrightarrow R-\bigcirc-SO_2OSO_3H$$

$$R-\bigcirc-SO_2OSO_3H+R-\bigcirc- \longrightarrow R-\bigcirc-SO_2-\bigcirc-R+H_2SO_4$$

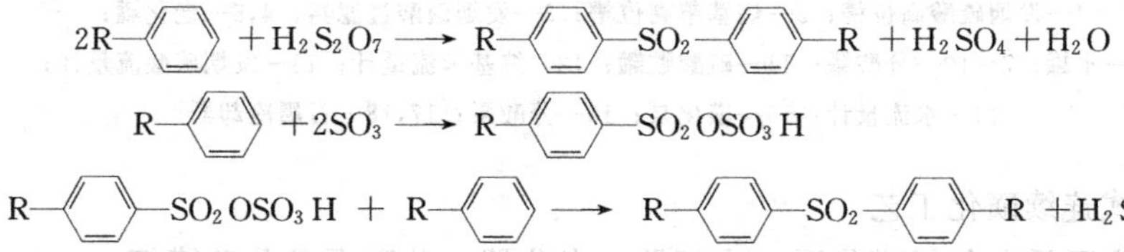

② 生成磺酸酐　以 SO_3 和空气混合磺化时，如果 SO_3 过量，反应温度过高，可生成磺酸酐。老化、中和前加水可使磺酸酐水解成磺酸。

$$R-\bigcirc-SO_2OSO_3H+R-\bigcirc-SO_3H \longrightarrow R-\bigcirc-SO_2OSO_2-\bigcirc-R+H_2SO_4$$

$$R-\bigcirc-SO_2OSO_2-\bigcirc-+H_2O \xrightarrow{H^+} 2R-\bigcirc-SO_3H$$

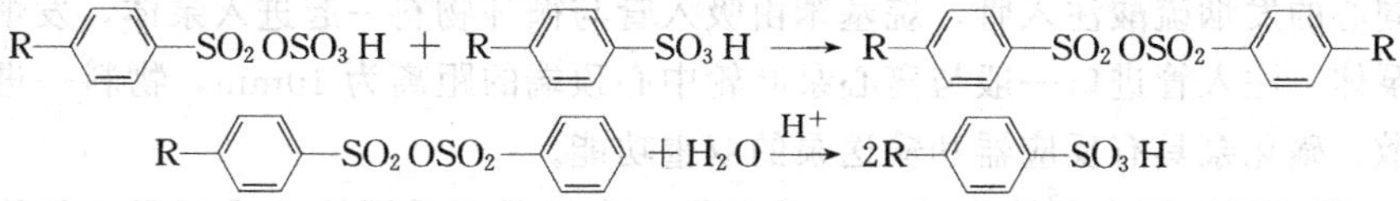

③ 生成多磺酸　一般情况下，长链烷基苯不易发生过磺化生成多磺酸，但在使用强磺化剂如 SO_3、磺化剂用量过高、磺化时间过长或反应温度过高时，会出现过磺化，生成多磺酸。

$$R-\bigcirc-SO_3H+SO_3 \longrightarrow R-\bigcirc\!\!\begin{array}{l}-SO_3H\\ SO_3H\end{array}$$

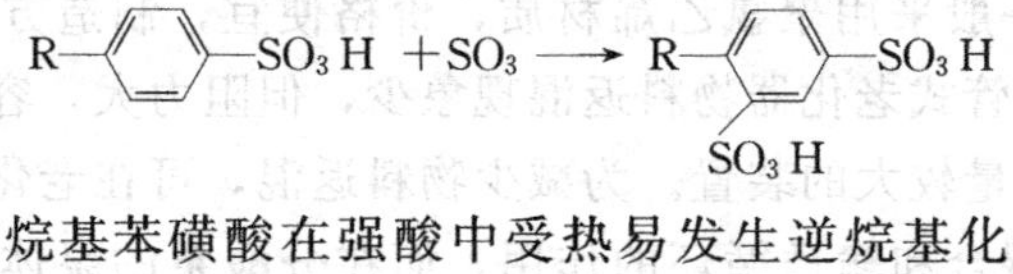

④ 逆烷基化反应　烷基苯磺酸在强酸中受热易发生逆烷基化反应，脱烷基生成烯烃，使磺化产物带有烯烃气味。

$$R-\bigcirc-SO_3H \xrightarrow{H^+} \bigcirc\!\!-SO_3H +R'CH=CHR''$$

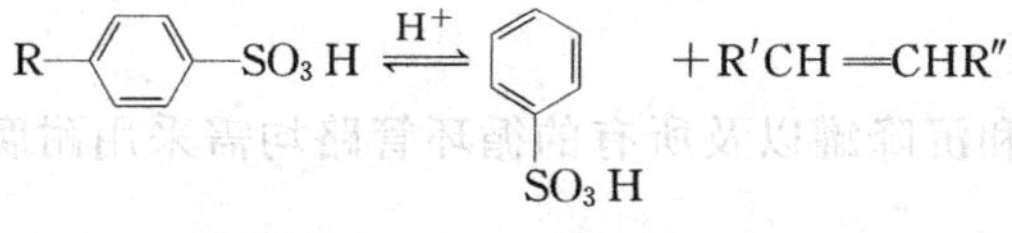

另外在此过程中，还会发生脱磺反应及氧化等副反应。

1.3.2　过量硫酸磺化法

用硫酸做磺化剂，反应中生成的水使硫酸浓度降低，反应速率减慢，转化率低，一般不用；工业上主要是用发烟硫酸生产磺酸，该反应是可逆反应，为减少生成的水对硫酸的稀释，提高反应速率，需加入过量的发烟硫酸，其结果是产生大量的需处理的废酸，且产品含盐量较高。

发烟硫酸做磺化剂，可采用釜式间歇磺化工艺、罐组式连续磺化工艺或主浴式连续磺化工艺。但前两种工艺存在搅拌速度慢、传质差、传热慢、副反应多、产品质量差等缺点，已被淘汰。目前工业上主要采用主浴式连续磺化工艺流程，也称为泵式磺化工艺，流程见图1-10。

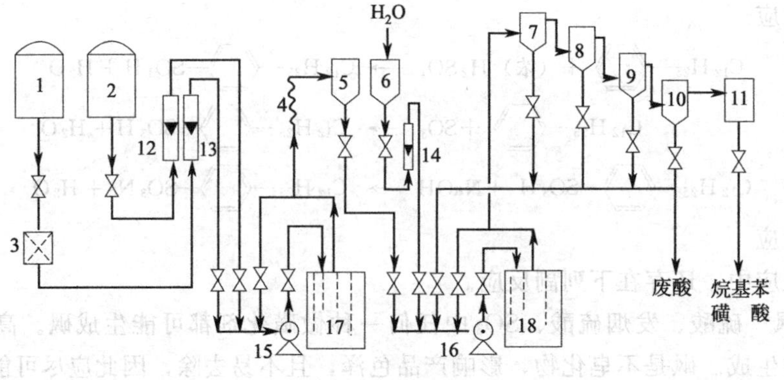

图 1-10　主浴式连续磺化工艺流程

1—发烟硫酸高位槽；2—烷基苯高位槽；3—发烟硫酸过滤器；4,5—老化罐；6—水罐；7～10—分酸罐；11—硫酸贮罐；12—烷基苯流量计；13—发烟硫酸流量计；14—水流量计；15—磺化泵；16—分酸泵；17,18—石墨冷却器

(1) 主浴式连续磺化工艺

该工艺的主要设备包括磺化泵、冷却器、老化器、分酸泵及分酸罐等。

① 磺化泵　一般采用耐腐蚀材料如玻璃、不锈钢或硅铁质的离心泵。在泵的入口处装有与泵吸入管同心的发烟硫酸注入管，烷基苯由吸入管与循环物料一起进入泵体，发烟硫酸由注入管进入泵体。注入管进口一般与离心泵叶轮中心顶端的距离为10mm，物料一进入泵体即被混合分散。磺化泵具有反应器和输送泵的双重功能。

② 冷却器　用于移除反应所放出的热。反应段的冷却器可采用块孔式石墨冷却器或列管式不锈钢冷却器。国内大多采用耐腐蚀性好的石墨冷却器，石墨冷却器中有互相垂直错开的管孔，冷却水走小孔，通过石墨壁进行热交换。分酸段的冷却也是用石墨冷却器。

③ 老化器　老化器一般采用聚氯乙烯材质，价格便宜，制造方便，耐腐蚀。老化器可制成蛇管式或罐式。用蛇管式老化器物料返混现象少，但阻力大，容积小，适合于量较少的装置。罐式老化器适合于量较大的装置。为减少物料返混，可在老化罐中安装折流板。

④ 分酸泵　起物料混合和输送循环的作用，而在分酸泵的泵体中不发生化学反应。由于分酸泵输送的介质是78%的硫酸，因而分酸泵对耐腐蚀的要求比磺化泵高。通常用玻璃离心泵或离心式氟塑料泵。

⑤ 分酸罐　分酸罐和沉降罐以及所有的循环管路均需采用耐腐蚀的聚氯乙烯或玻璃材料制成。

(2) 磺化工艺条件

① 烃酸比　烃酸比是指磺化反应中烷基苯与发烟硫酸的比例。生产中为便于计量，常把烷基苯与发烟硫酸的质量比称为烃酸比。烷基苯与20%的发烟硫酸的烃酸比控制在1∶(1.1～1.15) 为宜。

用发烟硫酸做磺化剂除其中的SO_3参与磺化反应外，H_2SO_4也参与反应。硫酸参加反应时生成水，水不断稀释硫酸，当硫酸浓度降到一定值后磺化反应达到平衡，反应就不能继续进行。能使磺化反应进行的硫酸最低浓度称为磺化临界浓度，此浓度用磺化剂中SO_3的质量分数来表示，叫做磺化π值。对十二烷基苯来说磺化π值为73%～76%，所对应的硫酸浓度为 90%～93%。

发烟硫酸的比例不足会造成磺化转化率低，不皂化物含量高。发烟硫酸的比例过大会增加副反应，产品色泽差，废酸量大。烃酸比可由流量计控制。

② 反应温度和循环比　用 20%的发烟硫酸磺化时，反应温度以 36～45℃为宜。为控制好反应温度，需要大量的循环冷物料。循环物料与反应物料的体积比（循环比）需控制在 20～30。物料在主浴式循环系统中停留的时间平均在 5min 以内，停留时间过短会使转化率过低，过长也会使副反应增加，色泽变差。

③ 分酸加水量和分酸温度　加水量以废酸浓度为 76%～78%进行计算。定量加入。加水量可用流量计控制，以测定废酸中和值进行判断。废酸中和值应控制在 620～650mgNaOH/g。加水后硫酸钡稀释，放出的稀释热由冷却器导出，分酸温度控制在 45～60℃。分酸温度过高会使产品色泽加深，过低则物料在分离器中的黏度增大，废酸分离不净，甚至会产生较多的乳化层。

发烟硫酸做磺化剂生产烷基苯磺酸，磺化工艺成熟，易于控制。反应物料转化率可达 95%以上，反应比较完全。物料在反应器中的停留时间短，副反应少。反应器体积小，设备投资少，但产品含盐量高，质量差，并产生大量的废酸。

1.3.3 三氧化硫磺化工艺

以 SO_3 做磺化剂，目前广泛采用的是膜式磺化工艺。虽然设备投资较大，但产品含盐量低、质量好、用途广、生产成本低，且无废酸生成，是目前普遍采用的生产技术。

(1) 膜式反应器

膜式反应器有单膜式、双膜式和列管式三类。多管降膜式列管式反应器与管壳式换热器类似，由若干根相互平行的不锈钢管垂直排列于壳体内，有机物料分配器在反应器的头部，如图 1-11 所示。

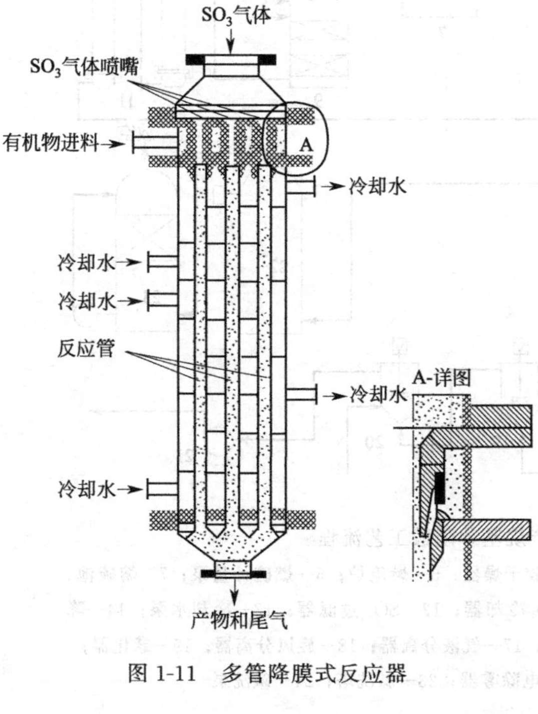

图 1-11　多管降膜式反应器

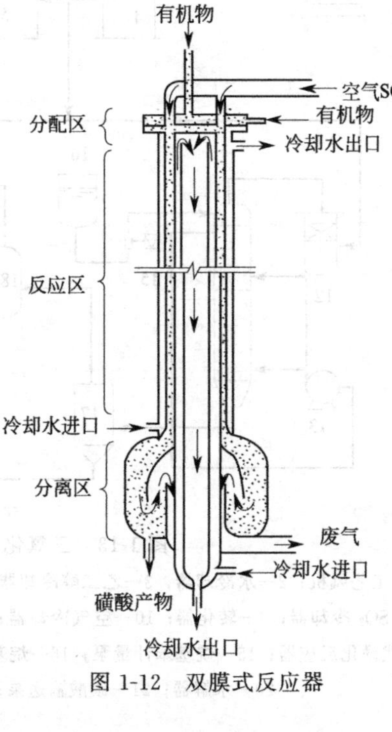

图 1-12　双膜式反应器

双膜反应器由一套直立式并备有内外冷却夹套的两个不锈钢同心圆组成。该反应器自上而下分为物料分配、反应、分离三部分。双面反应器的外膜、内膜均用冷却器冷却，可有效地除去反应热。如图 1-12 所示。

膜式反应器体积小，结构紧凑；反应时间短，适合于热敏有机物的反应；设备加工精度及安装要求高，投资费用高；操作控制严格，不适合经常开停车；反应过程中产生大量硫酸酸雾，必须设静电除雾器以净化尾气。

(2) 磺化工艺

虽然各厂家采用的 SO_3 膜式磺化装置各有不同，但工艺流程基本可分为：空气压缩和干燥、硫黄燃烧和 SO_3 发生、磺化以及尾气处理。

① 空气压缩和干燥　空气中的水分会与 SO_3 反应生成硫酸，硫酸吸收 SO_3，在温度较低时会形成硫酸雾滴，夹带入磺化反应器，会使局部反应过于激烈，副反应增加，产品色泽加深。因此空气经过滤器被工艺风机送入系统，经水冷却器和乙二醇冷却到 5℃左右，除去大部分水。冷却后的空气被送入硅胶干燥塔进行干燥吸附，使其出口空气露点达到 −60℃。

② 硫黄燃烧和 SO_3 发生　气体 SO_3 的制取主要有液体 SO_3 蒸发法、发烟硫酸蒸发法、硫黄燃烧等方法。日化厂常用硫黄燃烧法制取 SO_3。固体硫黄在熔硫池中经蒸汽加热熔化，被硫流量计泵送入燃硫炉中与过量干燥空气直接燃烧生成 650℃左右的二氧化硫气体，二氧化硫经冷却后进入转化塔中，在 V_2O_5 催化剂条件下转化为 SO_3。

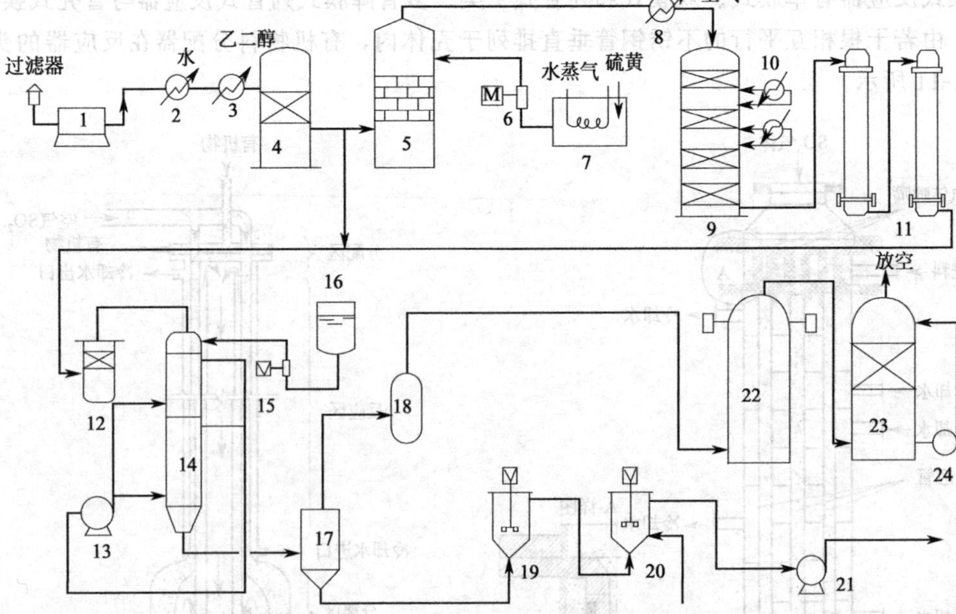

图 1-13　三氧化硫法生产烷基苯磺酸工艺流程

1—工艺风机；2—水冷却器；3—乙二醇冷却器；4—硅胶干燥器；5—燃硫炉；6—燃硫计量泵；7—熔硫池；8—SO_2 冷却器；9—转化器；10—空气冷却器；11—SO_3 冷却器；12—SO_3 过滤器；13—冷却水泵；14—降膜式磺化反应器；15—烷基苯计量泵；16—烷基苯贮罐；17—气液分离器；18—旋风分离器；19—老化器；20—水解器；21—磺酸输送泵；22—静电除雾器；23—碱洗塔；24—碱洗泵

③ 磺化 经干燥空气稀释的 SO_3 气体通过 SO_3 过滤器除去酸雾后进入降膜式磺化反应器，与经过计量的烷基苯沿反应器内壁流下形成的液膜并流发生磺化反应。生成热由夹套冷却水及时移去，生成的磺酸与未反应的尾气在气液分离器中分离之后，经过约 30min 的老化和水解反应，通过输送泵送至产品贮罐，得到质量稳定的产品。

④ 尾气处理 来自磺化单元的尾气中主要是空气，但夹带少量酸雾及痕量 SO_3 气体以及 SO_2 气体，因此放空前需要处理。尾气进入静电除雾器，在强电场作用下除去酸雾。除雾后的气体进入填料吸收塔，与 NaOH 水溶液反应生成亚硫酸钠，再经氧化塔由空气氧化成 Na_2SO_4，气体放空。工艺流程见图 1-13。

1.3.4 烷基苯磺酸的中和

磺化产品烷基苯磺酸在使用前需中和，可根据需要选用氢氧化钠、氢氧化铵等中和剂。中和可采用间歇式、连续式等工艺。图 1-14 是釜式半连续中和工艺流程示意图。

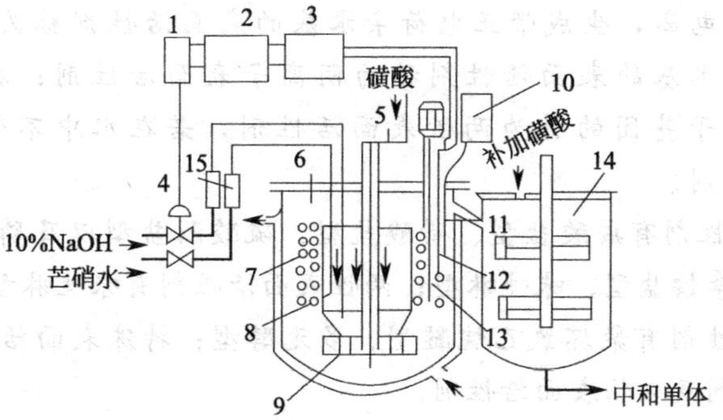

图 1-14 釜式半连续中和工艺流程

1—电器转换器；2—PID 调节器；3—工业 pH 计；4—气动薄膜阀；5—磺酸进口；6—连续中和锅；7—冷却盐水管；8—导流筒；9—涡轮搅拌器；10—KCl 饱和溶液；11—甘汞电极；12—锑电极；13—清洗阀；14—调整锅；15—流量计

膜式磺化工艺中，大多采用环路型的循环连续中和工艺，由高剪切均质器、管壳式换热器和循环泵组成。循环泵的流量大约为单体出料时的 20 倍。典型的两级中和流程见图 1-15。

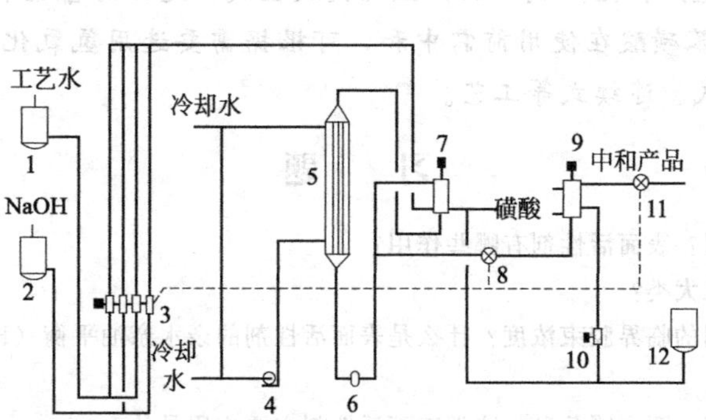

图 1-15 Ballestra 两级中和工艺流程

1—进料箱；2—NaOH 进料罐；3—进料泵；4,6—循环泵；5—冷却器；7—第一中和反应器；8,11—pH 控制单元；9—第二中和反应器；10—进料泵；12—缓冲液进料罐

烷基苯磺酸钠去污力强，泡沫力和泡沫稳定性好，它在酸性、碱性和某些氧化物（如次氯酸钠、过氧化物等）溶液中稳定性好，是优良的洗涤剂和泡沫剂，广泛应用于工业及民用洗涤剂、纺织工业染色助剂、电镀工业脱脂剂、造纸工业脱墨剂、石油工业脱油剂等。

单元小结

1. 表面活性剂是具有表面活性，加入很少量就能显著降低溶液的表面张力，改变体系界面的物质。

2. 表面活性剂具有两亲性，在界面上定向吸附排列，在溶液内部能够形成胶束，使得溶液的表面张力大大降低，所以表面活性剂具有多功能性，例如：洗涤、润湿、渗透、乳化、分散、发泡、消泡、增溶、抗静电、缓蚀、杀菌等。

3. 表面活性剂一般按亲水基团结构来分类，表面活性剂溶于水时，凡能电离产生离子的叫离子型表面活性剂；凡不能电离生成离子的叫非离子型表面活性剂；而离子型表面活性剂在水中电离，生成带正电荷亲水基的表面活性剂称为阳离子表面活性剂，而生成带负电荷的亲水基的表面活性剂称为阴离子表面活性剂；在一个分子中同时存在阳离子基团和阴离子基团的称为两性表面活性剂，若在水中不带电，呈电中性的称为非离子型表面活性剂。

4. 阴离子表面活性剂有羧酸盐型、磺酸盐型、硫酸酯盐型以及磷酸酯盐型；阳离子表面活性剂有胺盐型、季铵盐型、咪唑啉型；两性表面活性剂有咪唑啉型、甜菜碱型、氨基酸型；非离子型表面活性剂有聚环氧乙烷醚型、多元醇型；特殊表面活性剂有元素表面活性剂、聚合物表面活性剂及生物表面活性剂。

5. 十二烷基苯磺酸钠的亲油基团是烷基苯，通过磺化反应，在苯环上引入磺酸基团作为亲水基是形成表面活性剂的重要一步。目前常见的两种工艺主要就是以磺化方法的不同来进行分类的：发烟硫酸磺化法，三氧化硫磺化法。

6. 发烟硫酸做磺化剂，可采用釜式间歇磺化工艺、罐组式连续磺化工艺或主浴式连续磺化工艺。但前两种工艺存在搅拌速度慢、传质差、传热慢、副反应多、产品质量差等缺点，已被淘汰。目前工业上主要采用主浴式连续磺化工艺流程，也称为泵式磺化工艺。

7. 以 SO_3 做磺化剂，目前广泛采用的是膜式磺化工艺。虽然设备投资较大，但产品含盐量低、质量好、用途广、生产成本低，且无废酸生成，是目前普遍采用的生产技术。

8. 磺化产品烷基苯磺酸在使用前需中和，可根据需要选用氢氧化钠、氢氧化铵等中和剂。中和可采用间歇式、连续式等工艺。

习题

1. 什么叫表面活性剂？表面活性剂有哪些作用？

2. 表面活性剂有哪几大类？

3. 什么是表面活性剂的临界胶束浓度？什么是表面活性剂的亲水亲油平衡（HLB）值？对表面活性剂来说两者有何意义？

4. 阴离子表面活性剂主要有哪几种？这类表面活性剂主要应用是什么？

5. 阳离子表面活性剂主要有哪几种？这类表面活性剂主要应用是什么？

6. 两性离子表面活性剂主要有哪几种？非离子表面活性剂主要有哪几种？

7. 油和水的乳化形式有哪两种？简单陈述一下洗涤是如何完成的。

8. 生产十二烷基苯磺酸常见的是哪两种磺化工艺？各有何特点？

9. 在磺化反应中，存在哪些副反应？这些副反应有哪些影响？

10. 主浴式连续磺化工艺中，磺化的工艺条件有哪些？

11. 双膜反应器在结构上有何特点？

12. SO_3膜式磺化工艺包括哪几个部分？烷基苯磺酸的中和有哪几种工艺？

参 考 文 献

[1] 李和平主编．精细化工工艺学．北京：化学工业出版社，2007.

[2] 曾繁涤．杨亚江编著．精细化产品及工艺学．北京：化学工业出版社，1997.

[3] 王培义．徐宝财．王军编著．表面活性剂．北京：化学工业出版社，2007.

[4] 录华，李璟编著．精细化工概论．北京：化学工业出版社，2006.

[5] 宋启煌主编．精细化工工艺学．北京：化学工业出版社，2004.

[6] 田铁牛主编．有机合成单元过程．北京：化学工业出版社，1999.

[7] 程侣柏．胡家振．姚蒙正主编．精细化工产品的合成及应用．北京：化学工业出版社，1995.

2 食品添加剂

食品是人类赖以生存和发展的物质基础，而食品工业的发展对于改善人们的食品结构、方便人们的生活、提高人民体质具有重要的意义。食品工业的发展又与食品添加剂工业是分不开的。从某种意义上说，食品添加剂在食品工业的发展中起了决定性的作用，没有食品添加剂，就没有现代食品工业，食品添加剂是现代食品工业的催化剂和基础，被誉为“现代食品工业的灵魂”。它已渗透到食品加工的各个领域，包括粮油加工，畜禽产品加工，水产品加工，果蔬保鲜与加工，酿造以及饮料、烟、酒、茶、糖果、糕点、冷冻食品、调味品的加工，乃至于在烹饪行业、家庭的一日三餐中，添加剂也是必不可少的。食品添加剂对改善食品的色、香、味、形，调整食品营养结构，提高食品质量和档次，改善食品加工条件，延长食品的保存期，发挥着极其重要的作用。

学习要求

(1) 了解食品添加剂的定义和分类；

(2) 掌握食品添加剂的种类；

(3) 掌握食品添加剂的基本性质和应用；

(4) 掌握木糖醇的合成原理及生产工艺。

想一想！(在本节中找出答案)

在喝饮料、吃小食品时有没有看过这些饮料、食品等包装盒上的配方？里面都有哪些属于食品添加剂？学习完本章内容后回答一下。

答案：

2.1 概述

(1) 食品添加剂的定义

根据《中华人民共和国食品安全法》(2009 年) 的规定，食品添加剂是为改善食品品质和色、香、味以及为防腐和加工工艺的需要而加入食品中的化学合成或者天然物质。

(2) 食品添加剂在食品加工中的意义与作用

食品添加剂是加工食品的重要组成部分，它在食品加工中的功能和作用可归纳成以下几个方面。

① 有利于提高食品的质量　随着人们生活水平的提高，人们对食品的品质要求也就越高，这就要求在食品中加合适的食品添加剂。食品添加剂对食品质量的影响主要体现在以下几个方面。

a. 提高食品的贮藏性，防止食品腐败变质　适当使用食品添加剂可防止食品的败坏，延长其保质期。如用防腐剂可以防止由微生物引起的食品腐败变质，同时还可以防止由微生物污染引起的食物中毒现象。

b. 改善食品的感官性状　食品加工后，往往会发生变色、褪色等现象，质地和风味也可能会有所改变。如果在食品加工过程中，适当使用着色剂、护色剂、漂白剂、食用香料以及乳化剂、增稠剂等添加剂，可显著提高食品的感官性状。如增稠剂可赋予饮料所要求的稠度，乳化剂可防止面包硬化，着色剂可赋予食品诱人的色泽。

c. 保持或提高食品的营养价值　食品质量的高低与其营养价值密切相关。防腐剂和抗氧化剂在防止食品腐败变质的同时，对保持食品的营养价值也有一定的作用。在食品加工中适当地添加某些属于天然营养范围的食品营养强化剂，可以大大提高食品的营养价值。

② 增加食品的品种和方便性　现代生活节奏快，生活水平也不断提高，大大促进了食品品种的开发和方便食品的发展。这些食品往往是多种食品添加剂，如防腐剂、抗氧化剂、增稠剂、乳化剂、食用香料、着色剂等配合作用的结果。正是这些众多的食品，尤其是方便食品的供应，给人们的生活和工作以极大的方便。

③ 有利于食品加工　在食品的加工中使用食品添加剂，往往有利于食品的加工。如在面包的加工中膨松剂是必不可少的基料。在制糖工业中添加乳化剂，可缩短糖膏煮练时间，消除泡沫，提高过饱和溶液的稳定性，使晶粒分散、均匀，降低糖膏黏度，稳定糖膏，从而提高糖膏的产量与质量。

④ 有利于满足不同人群的特殊营养需要　研究开发食品，必须要考虑如何满足不同人群的需要，这就可借助于各种食品添加剂。如糖尿病人不能吃蔗糖，可用甜味剂如三氯蔗糖、天门冬酰丙氨酸甲酯、甜菊糖等来代替蔗糖用于加工食品。

⑤ 有利于原料的综合利用　各类食品添加剂可使原来被认为只能丢弃的东西重新得到利用并开发出物美价廉的新型食品，如生产豆腐的副产品豆渣中，加入适当的添加剂和其他助剂，就可加工生产出膨化食品。

(3) 食品添加剂的分类

食品添加剂有多种分类方法，如可按其来源、功能、安全性评价的不同等来分类。

按来源分，食品添加剂可分为天然食品添加剂和化学合成食品添加剂两类。前者是指利用动植物或微生物的代谢等为原料，经提取所获得的天然物质。后者是指利用各种化学反应如氧化、还原、缩合、聚合、成盐等得到的物质，其中又可分为一般化学合成品和人工合成天然等同物，如人们使用的β-胡萝卜素、叶绿素铜钠就是通过化学方法得到的天然等同色素。

按功能分，我国在《食品添加剂使用卫生标准》(GB 2760—2007) 中，将食品添加剂分为23类，分别为：①酸度调节剂；②抗结剂；③消泡剂；④抗氧化剂；⑤漂白剂；⑥膨松剂；⑦胶基糖果中基础剂物质；⑧着色剂；⑨护色剂；⑩乳化剂；⑪酶制剂；⑫增味剂；⑬面粉处理剂；⑭被膜剂；⑮水分保持剂；⑯营养强化剂；⑰防腐剂；⑱稳定和凝固剂；⑲甜味剂；⑳增味剂；㉑食品用香料；㉒食品工业用加工助剂；㉓其他。

(4) 食品添加剂的使用要求

① 使用要求和使用标准　食品添加剂的安全性与人体健康有着直接的关系，因此对食品添加剂一般有以下几点要求：

a. 必须经过严格的毒理鉴定，保证在规定范围内对人体无毒。

b. 应该有严格的质量标准，使有害物质不能超过允许限量。

c. 添加剂进入人体后，能参与人体正常的生理代谢，或者能经过正常解毒过程排出体外，或者不被吸收而排出体外。

d. 应该用量少，功效明显，能真正提高食品的商品质量和内在质量。

② 食品添加剂的毒性学评价　食品添加剂的毒性是评价食品添加剂的重要指标，而评价食品添加剂的指标有以下三个。

a. 日允许摄入量（ADI），指人一生连续摄入某种添加剂，但不致影响健康的每日最大摄入量，以每日每千克体重摄入的质量（mg）表示，单位 mg/kg。

b. 半数致死量（LD_{50}）也称为致死中量，是用来粗略衡量急性毒性大小的一个指标，毒死一半所需的最低剂量，单位为 mg/kg（体重）。

c. 中毒过量，指动物中毒所需的最少被测物质的量，即能引起机体某种最轻微中毒现象的剂量。

2.2　食品添加剂的种类、性质和应用

2.2.1　食品生产过程中使用的添加剂

(1) 食品赋形剂

食品赋形剂主要有乳化剂、增稠剂和膨松剂三种，都是能够改善或稳定食品各组分的物理性质或改善食品组织状态的添加剂，它们对食品的“形”和“质”的构成以及食品加工工艺性能产生重要作用。

① 乳化剂　凡是添加少量即能使互不相溶的液体（如油和水）形成稳定乳浊液的食品添加剂称为乳化剂。

乳化剂是一类分子中具有亲水和亲油基团的表面活性剂，是食品工业中用量最大的添加剂，除具有表面活性外，食品用的乳化剂还能与食品中的碳水化合物、蛋白质和脂类发生相互作用而起到多种功效。

食品添加剂除乳化作用外，还具有分散、发泡、消泡、润湿等作用，利用它的各种性质可将其广泛用于人造奶油、冰淇淋、面包、饼干和糕点、巧克力等。

乳化剂种类很多，目前国内外使用量最大的有：甘油脂肪酸酯、脂肪酸蔗糖酯、失水山梨醇（醚）脂肪酸酯（斯盘系列及吐温系列）、丙二醇脂肪酸酯、酪蛋白酸钠、大豆磷脂，特别是前两种，因为安全性高、效果好、价格便宜而得到广泛应用。

a. 脂肪酸甘油酯　脂肪酸甘油酯通常指由甘油和脂肪酸（饱和的或不饱和的）所形成的酯。其中最重要的商品是硬脂酸、油酸、月桂酸和蓖麻醇酸的部分酯。甘油存在三个羟基，这些羟基与脂肪酸进行反应时，可生成脂肪酸单甘油酯、脂肪酸二甘油酯、脂肪酸三甘油酯。单酯和二酯与水一起振荡可以乳化，而三酯却无乳化能力。故脂肪酸单甘油酯与二甘油酯，可用作油包水型乳化剂，能与油脂、蛋白质、碳水化合物发生作用，因此脂肪酸甘油酯主要用于面包、饼干、糖果、冰激凌和乳化香精的生产中。

b. 脂肪酸蔗糖酯　脂肪酸蔗糖酯（SE），系以蔗糖为原料，在适当的反应体系中，与脂肪酸进行酯化反应而生成。因蔗糖上有 8 个羟基，故可接 1～8 个脂肪酸，所用的脂肪酸有硬脂酸、棕榈酸、油酸等高级脂肪酸。作为商品，主要是蔗糖与硬脂酸、棕榈酸和油酸的单酯、双酯和三酯以及它们的混合酯。蔗糖酯因其分子结构中含有亲水性的羟基和疏水性的酯基基团，所以是一种非离子型表面活性剂，具有很好的表面活性。蔗糖酯中单酯含量越高，亲水性越强，反之，双酯、三酯含量越高，疏水性就越强。因此，应用时要注意根据使用目的不同而选择不同型号（即不同 HLB 值）的蔗糖酯。

蔗糖酯无毒性，无嗅，无色，无味，对人体皮肤无刺激作用，具有良好的乳化、分散、

增溶、润湿、保鲜等许多特性，可广泛应用于食品、医药、化妆品、制糖、果蔬保鲜、化肥、饲料及炸药等领域。蔗糖酯水解后成为蔗糖和可食用脂肪酸具有营养价值。与一般合成的表面活性剂不同，蔗糖酯在好氧和厌氧的条件下都能生物降解，这给环境的处理带来了方便，它是一种绿色表面活性剂。

② 增稠剂　增稠剂是一种能增加食品黏稠性，赋予食品柔滑适口性，能显著地改善食品的物理性质，使食品具有稳定乳化状态和悬浮状态的物质。

食品增稠剂一般为具有胶体性质的物质，分子中含有许多亲水基团，如羟基、羧基、氨基和羧酸根等，能与水发生水合作用，所以食品增稠剂大多为亲水性高分子胶体物质。目前使用的增稠剂主要有：果胶、琼胶、明胶、海藻酸钠（钾）、阿拉伯胶、卡拉胶、黄原胶等。下面介绍典型产品。

a. 果胶　果胶是乳白色或淡黄色无定形粉末，是一种部分甲酯化的线性多聚糖，商品果胶按 DE（甲酯化时的酯化度）可分两大类。

一类是 DE＞50%，甲氧基含量 7%～16.3%的为高甲氧基果胶（HM 果胶），另一类是 DE＜50%，甲氧基含量＜7%的为低甲氧基果胶（LM 果胶）。HM 果胶的特点是胶凝强度大，时间短，要求可溶性固体物含量达到 50%以上时才可形成胶冻，可用作蛋糕制品、水果蜜饯、冰淇淋、巧克力和饼干等食品的稳定剂和乳化增稠剂。LM 果胶在钙、镁、铝等金属离子存在时，即使可溶性固体物低至 1%仍可形成胶冻，因此适合于低糖食品、水果制品和奶制品等，另外，LM 果胶还能阻止铅、汞、砷和锶等有害金属在肠道的吸收，可作为金属中毒的良好解毒剂。

目前生产果胶的主要原料是柑橘类果皮，一般果胶含量约为 5%（以湿皮质量计）。从柑橘皮、苹果渣中提取的果胶为 HM 果胶，对它进行酯化处理可以得到 LM 果胶，从向日葵、蚕沙、山楂中提取的果胶为 LM 果胶。

b. 琼脂　琼脂又称琼胶、寒天、冻粉或洋菜，是一种半乳糖的多糖聚合物，为无色透明或类白色至淡黄色半透明细长薄片，味淡口感黏滑，不溶于水但溶于沸水。

琼脂是以石花菜、丝藻等红藻类植物为原料生产出来的。琼脂品质的主要指标是凝胶能力，优质琼脂 0.1%溶液即成凝胶。琼脂主要在糖果、冷饮食品等的生产中使用。

c. 明胶　明胶为白色或淡黄色，半透明，微带光泽的薄片或细粒，主要成分是蛋白质（占 82%以上），是由动物的皮骨、软骨等所含的胶原蛋白，经部分水解后而得到的高分子多肽聚合物。明胶产品分照相用、食品级和工业级。

在我国，明胶作为食品用增稠剂主要用于冷饮、罐头、糖果等。

d. 黄原胶　黄原胶又称生胶或黄杆菌胶，为乳白或淡黄色至浅褐色颗粒或粉末，微臭，易溶于水，是目前微生物多糖中产量最大的一种。

黄原胶的制备是以蔗糖、葡萄糖或玉米糖浆为碳源，蛋白质水解物为氮源加入钙盐和少量的 K_2HPO_4 和 $MgSO_4$ 及水制成培养基，以野油菜黄单孢菌培养生产。

黄原胶是一种性能优良的天然增稠剂，也可作为稳定剂、乳化剂、悬浮剂等，在食品工业中可用于面制品、冷饮、肉制品中。

③ 膨松剂　膨松剂是使食品在加工中形成蓬松多孔结构而制成柔软、酥脆产品的食品添加剂。在和面工序中加入疏松剂，在焙烤或油炸过程中受热而分解产生气体使面坯起发，体积胀大，内部形成均匀致密海绵状多孔组织，使食品具有酥脆、疏松或柔软等特征。疏松剂也可用于水产品、豆制品、奶乳制品等产品中。

膨松剂可分为碱性、酸性、复合和生物膨松剂四类。

a. 碱性膨松剂　应用最广泛的碱性蓬松剂是 $NaHCO_3$ 和 NH_4HCO_3。这类膨松剂价格便宜，保存性较好，使用时稳定性高，是目前饼干、糕点生产中广泛使用的膨松剂。由于 $NaHCO_3$ 分解后产品呈碱性，NH_4HCO_3 加热时产生刺激性氨气，因此两者可混用，并控制用量，以改善产品口感和风味。

b. 酸性膨松剂　主要是明矾，分子式是 $KAl(SO_4)_2 \cdot 12H_2O$，为无色透明或白色晶体粉末，主要用于油炸食品，明矾为酸性盐，主要用于中和碱膨松剂，产生二氧化碳和中性盐，可避免食品产生不良气味，又可避免因碱性增大而导致食品品质下降，还能控制疏松剂产生的快慢。另外的酸性疏松剂还有铵明矾、磷酸氢钙、酒石酸氢钾等。

c. 复合膨松剂　一般由碳酸盐类、酸类（或是酸性物质）和淀粉等三部分物质组成。碳酸盐常用的是 $NaHCO_3$，用量占 20%～40%。酸或酸性物质的作用是与碳酸氢盐发生反应产生 CO_2 气体，并降低成品碱性，其用量为 35%～50%。淀粉等成分的作用是增加疏松剂的保存性，防止吸潮结块和失效，也有调节气体产生速度或使产生的气孔均匀等作用，其用量占 10%～40%。

d. 生物膨松剂　即酵母。酵母在发酵过程中由于酶的作用，使糖（淀粉）类发酵生成乙醇和二氧化碳，从而使面坯起发、增大。经焙烤后使食品酥软、可口。

(2) 食用色素、保色剂

① 食用色素　食用色素是在食品加工中，为了改善或保护食品的色泽而食用的添加剂。食品具有悦目的色泽，能给人以美的享受并可增加食欲，食品色素按来源又可分为合成食用色素和天然食用色素。

a. 合成食用色素　我国卫生标准中批准使用的食用合成色素不足 10 种，主要有：苋菜红、胭脂红、赤藓红（樱桃红）、新红、柠檬黄（酒磺）、日落黄、亮蓝等。

下面介绍用量最大的柠檬黄的性能、合成。由于柠檬黄对光、热、酸、碱有良好的耐受性，能与其他色素配伍使用，在柠檬酸、酒石酸等酸性介质中稳定性很好，动物毒性实验证明其安全性很好，主要用于饮料、糕点、糖果等各种食品，是目前世界各国广泛使用的一种食用合成色素。

其合成路线如下：

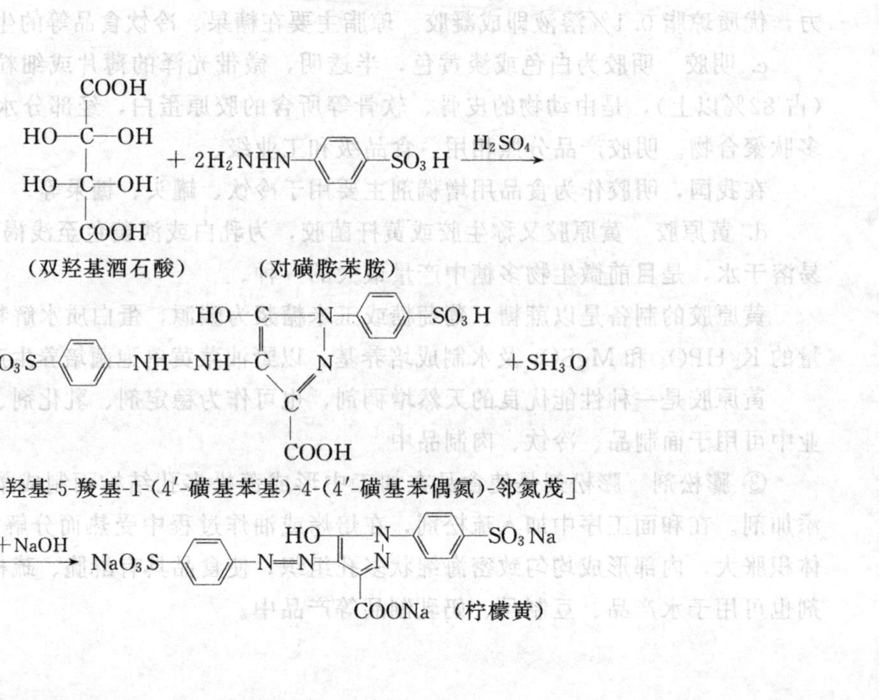

b. 食用天然色素 主要来自动、植物组织，用溶剂萃取而制得。由于天然色素不仅对人体安全性高，而且有的还具有维生素活性或某种药理功能。

常用的天然色素有：β-胡萝卜素——为暗红或紫红色结晶性粉末，其色调随浓度而不同，可由黄色到橙红色，主要用于奶油、人造奶油、糖果的着色；红花黄——对酸性基料呈黄色，对碱性基料呈红色，常用于糖果、糕点、饮料等的着色；红曲色素——含红色素、黄色素及紫色素，主要用于豆腐乳、酱鸡、鸭类、肉类等中；姜黄素——在酸性介质中呈黄色，广泛用于咖喱粉、萝卜干的着色，也用于罐头和饮料的调色；紫胶色素——是紫胶虫分泌的紫胶原胶中的一种色素成分。紫胶原胶即紫草茸，是具有清热解毒功能的凉血中药，主要用于饮料、酒、糕点、水果糖等中。

② 发色剂 能使食品呈现喜人色泽的物质称为食品发色剂，发色剂主要用于肉制品，在蔬菜和果实里也有使用。

食品中使用的发色剂有：亚硝酸盐、硝酸盐、硫酸亚铁等。除单独使用这些发色剂外，往往也将它们与发色助剂复配使用，以获得更好的发色效果。

食用加工所用的发色助剂主要有：烟酰胺、抗坏血酸、异抗坏血酸。例如在肉制品中使用发色剂亚硝酸盐和发色助剂抗坏血酸后，生成的还原型肌红蛋白和NO很容易结合成鲜红色的亚硝肌红蛋白，使肉品长期保持鲜艳色泽，提高肉品质量。

(3) 漂白剂

食品在加工或制造过程中往往会保留原料中所含的令人不喜欢的发色物质，导致食品色泽不正。为消除这类杂色而脱色所使用的物质称为漂白剂。

按漂白机理漂白剂可分为还原漂白剂和氧化漂白剂，还原漂白剂具有一定还原能力，食品中的色素在其还原作用下形成无色物质而消除色泽。氧化漂白剂具有氧化能力，食品中的色素受氧化作用而分解褪色。

① 还原氧化剂 常用的还原漂白剂有亚硫酸钠、低亚硫酸钠（保险粉）和亚硫酸氢钠等。这些还原剂同着色物质作用，将其还原，显示漂白作用。还原漂白剂在空气中不稳定，可慢慢氧化后失去漂白作用。

亚硫酸钠与酸反应产生SO_2，具有强烈的还原性，且具有防腐和抗氧化作用。

② 氧化漂白剂 氧化漂白剂品种较少，主要是亚氯酸钠，过氯化苯甲酰（BPO）和双氧水等。BPO的合成反应如下：

$$2NaOH + H_2O_2 \longrightarrow Na_2O_2 + 2H_2O$$

$$Na_2O_2 + 2C_6H_5COCl \longrightarrow (C_6H_5CO)_2O_2 + 2NaCl$$

过氧化苯甲酰纯品是一种危险的高反应性氧化物质，主要用于面粉增白。工业用过氧化苯甲酰增白剂的含量一般为30％。

2.2.2 提高食品品质用的添加剂

(1) 防腐剂

防腐剂是一类具有抗菌作用，能有效地杀灭或抑制微生物生成繁殖，防止食品腐败变质的物质。

目前国内外使用的防腐剂的主要品种如下。

① 苯甲酸及其钠盐 又名安息香酸，纯品为白色有丝光的鳞片或针状晶体。苯甲酸及其钠盐对多种微生物细胞呼吸酶的活性和细胞膜功能有抑制作用，因而具有抗菌作用。

在酸性条件下（pH＜4.5）苯甲酸防腐效果较好，pH为3时抗菌效果最强。在规定的添加量下使用时，苯甲酸是较安全的防腐剂。苯甲酸钠盐水溶性好，但其防腐性不及苯甲酸。

其生产方法有两种，分别以甲苯和邻苯二甲酸酐为原料，以甲苯为原料的合成方法：

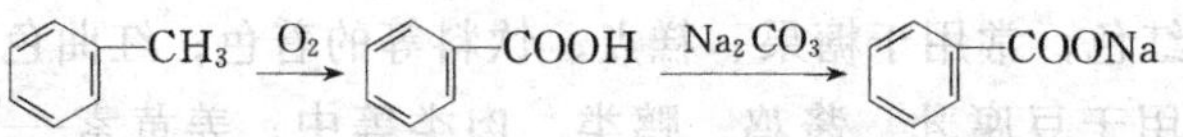

② 山梨酸及其钾盐　又名清凉茶酸，花楸酸，其结构式为 $CH_3CH=CHCH=CHCOOH$，是无色，白色结晶或粉末，但它水溶性较差，所以多使用其钾盐，两种防腐剂效果相同。

由于山梨酸及钾盐能参与人体代谢，氧化成二氧化碳和水，所以山梨酸及其钾盐的毒性较甲酸及其钠盐是后者的1/5低。使用范围pH＜6，对霉菌、酵母、细菌等均有抗菌作用，主要是由山梨酸及其钾盐通过与微生物酶中的巯基结合，从而破坏许多重要酶系，达到抑制微生物繁殖及防腐的目的。

其合成路线有四种，其中主要是以巴豆醛为原料：

$$CH_3CH=CHCHO+CH_2=CO \longrightarrow CH_3CH=CHCH=CHCOOH$$

$$CH_3CH=CHCHO+CH_2(COOH)_2 \xrightarrow[90\sim100℃,4h]{\text{吡啶}} H_3CCH=CHCH=CHCOOH$$

$$CH_3CH=CH-CHO+CH_3-\overset{\overset{}{}}{\underset{\underset{O}{\|}}{C}}-CH_3 \xrightarrow[\text{催化剂}\ Ba(OH)_2\cdot 8H_2O]{\text{缩合}} CH_3-(CH=CH)_2-\overset{\overset{O}{\|}}{C}-CH_3$$

$$\xrightarrow[NaClO]{\text{氧化}} CH_3-(CH=CH)_2-\overset{\overset{O}{\|}}{C}-Cl \xrightarrow[H_2O]{NaOH} CH_3-(CH=CH)_2-\overset{\overset{O}{\|}}{C}-ONa + HCl$$

③ 对羟基苯甲酸酯　又称尼泊金酯，是无色结晶或白色结晶粉末，对羟基苯甲酸酯具有广谱抗菌性，抗菌性比苯甲酸、山梨酸强，而且使用范围pH＝4～8，但它的水溶性差，一般用在脂肪制品、饮料、乳制品、酱油、果酱等食品中。

以苯酚为原料的合成方法如下：

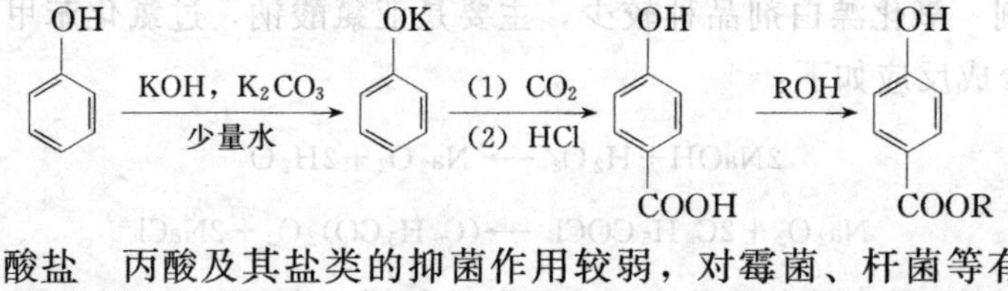

④ 丙酸及丙酸盐　丙酸及其盐类的抑菌作用较弱，对霉菌、杆菌等有效，特别对能引起面包等食品产生黏丝状物质的需氧芽孢杆菌等抑制效果很好，但对酵母菌几乎无效。丙酸是人体代谢的正常中间产物，因此基本无毒，丙酸盐具有相同的防腐效果。丙酸主要用于谷物和饲料，丙酸盐主要用于面包、糕点等食品中。

目前丙酸的工业生产采用的方法较多，其中一个方法是以轻质烃，如丁烷为原料，其合成路线如下：

$$C_4H_{10}(\text{丁烷})+O_2 \longrightarrow CH_3COOH+CH_3CH_2COOH$$

（2）抗氧化剂

能够阻止或延缓食品氧化酸败，提高食品稳定性和延长贮存期的食品添加剂称为抗氧化剂。目前批准使用的抗氧化剂品种如下。

① 丁基羟基茴香醚（BHA） BHA是无色至浅黄色蜡状晶体粉末或结晶，不溶于水，易溶于乙酸及油脂中，因此多用于鱼、肉、罐头、油脂、油炸食品及面制品的抗氧化。以对羟基茴香醚与叔丁醇为原料的合成路线如下：

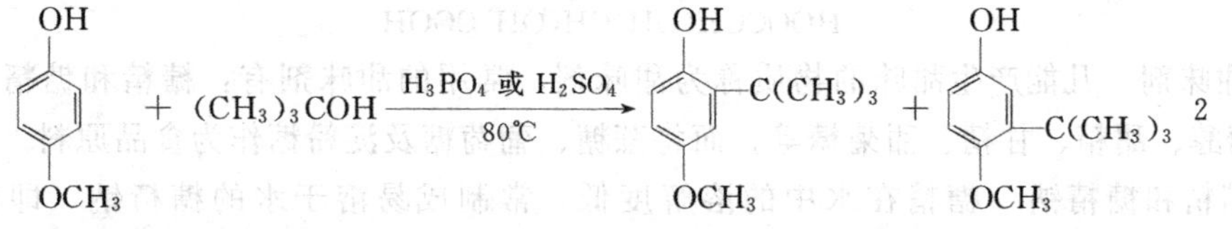

（对羟基茴香醚） （叔丁醇）

② 二丁基羟基甲苯（BHT，即抗氧化剂264） BHT为白色结晶性粉末，不溶于水，溶于醇或各种油脂中。它的抗氧化性强，热稳定性好，但毒性较高，主要用于油脂、油炸食品、干水产品、饼干等食品中。BHT是以对羟基甲苯为原料，合成反应如下：

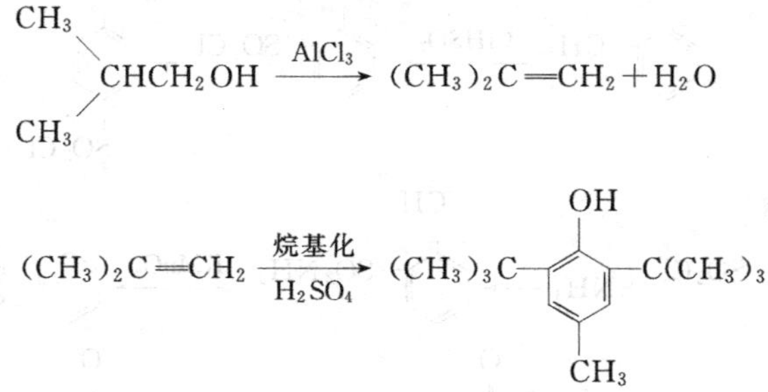

（3）调味剂

① 酸味剂 以赋予食品酸味为主要目的的食品添加剂称为酸味剂。酸味给味觉以爽快的感觉，具有增进食欲的作用。常用于饮料、果酱、糖类、酒类及冰淇淋中。

主要品种如下。

a. 柠檬酸 柠檬酸是无色半透明结晶或白色晶体颗粒，有强酸味，易溶于水和乙醇，可溶于乙醚。柠檬酸具有强酸味，酸味柔和爽快，且还具有防腐和抗氧化作用。是国内目前产量最大的酸味剂。发酵法是制取柠檬酸的主要方法，工业上是以淀粉类物质如玉米、红薯以及蜜等糖质为原料，用黑曲霉发酵而制得，其合成反应为：

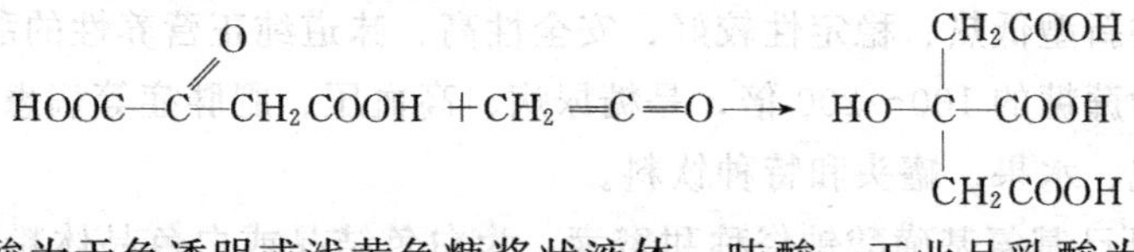

b. 乳酸 乳酸为无色透明或浅黄色糖浆状液体，味酸。工业品乳酸为50%～90%的乳酸溶液，有吸湿性。具有特殊收敛性酸味，应用范围较窄。工业上制备乳酸是以淀粉、葡萄糖或牛乳为原料，接种乳酸杆菌经发酵而得。其化学式为：

$$CH_3CH(OH)COOH$$

c. 苹果酸 苹果酸为无色针状结晶，或白色晶体粉末，带有刺激性爽快酸味，易溶于水，溶于乙醇，吸湿性强。是国外产量较大的酸味剂。目前工业生产中较普遍的是苯催化氧化法，其合成方法为：

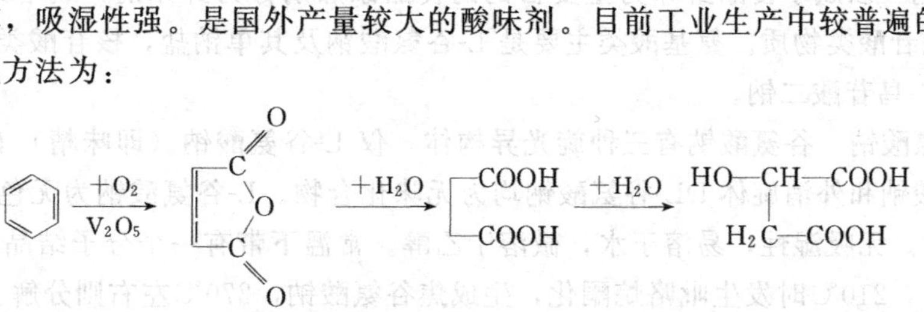

d. 酒石酸　用作酸味剂的是D型和L型酒石酸，一般用D型酒石酸，它是一种无色或白色结晶粉末，易溶于水和乙醇等。酒石酸的酸味是柠檬酸的1.2～1.3倍，风味独特。常与苹果酸、柠檬酸混合使用，其化学式为：

$$HOOCCH(OH)CH(OH)COOH$$

② 甜味剂　凡能产生甜味的物质称为甜味剂，常用的甜味剂有：糖精和糖精钠、甜蜜素、木糖醇、甜精、甘精、甜菊糖等，而将蔗糖、葡萄糖及淀粉糖作为食品原料。

a. 糖精和糖精钠　糖精在水中的溶解度低，常制成易溶于水的糖精钠（即市售的糖精）。糖精钠一般为无色或白色结晶或晶体粉末，味极甜且带点苦味，甜度是蔗糖的200～300倍，易溶于水，但对热不能稳定，分解后失去甜味，由于其不产生热量，可用于生产低热量的食品。以甲苯为原料的合成路线如下：

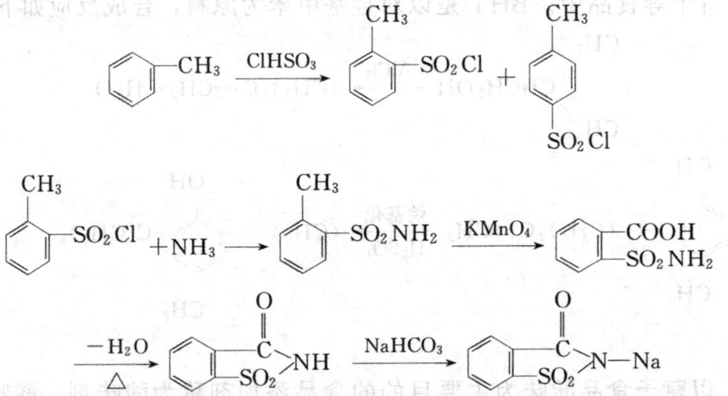

b. 甜味素　天门冬酰苯丙氨酸甲酯俗称甜味素，又称天冬甜素或阿斯巴甜，是一种二肽化合物，为白色晶体粉末，微溶于水和乙醇，在水中不稳定易分解而失去甜味。温度过高时，则发生环化而失去甜味，用于食品时其加工温度不能超过200℃。其结构式为：

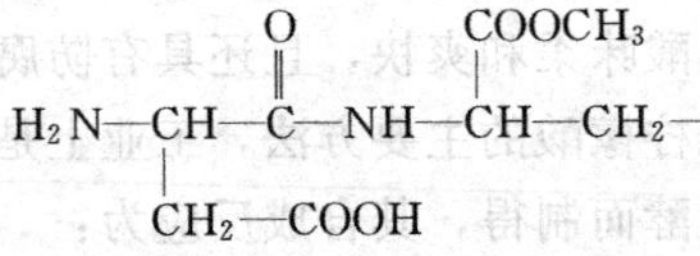

甜味素是一种新型低热、稳定性较好、安全性高、味道纯正营养性的甜味剂。其甜味与砂糖相似，甜度为蔗糖的100～200倍，是糖尿病、高血压、肥胖症等病患者的理想甜味剂，可用于糖果、面包、水果、罐头和特种饮料。

c. 甜蜜素　环己基氨基磺酸钠俗称甜蜜素，为白色结晶或白色晶体粉末，无臭，味甜，甜度是蔗糖的40～50倍。易溶于水，难溶于乙醇等有机溶剂。它可以在多种健康食品中使用。其结构式为：

③ 鲜味剂　以赋予食品鲜味为主要目的的食品添加剂称为鲜味剂，或增味剂。主要为氨基酸类与核苷酸类物质。氨基酸类主要是L-谷氨酸钠及其单钠盐，核苷酸类主要是5′-肌苷酸二钠和5′-鸟苷酸二钠。

a. L-谷氨酸钠　谷氨酸钠有三种旋光异构体，仅L-谷氨酸钠（即味精）有鲜味，其右旋体D-谷氨酸钠和外消旋体DL-谷氨酸钠均为无味化合物。L-谷氨酸钠为无色晶体，无臭，有特有的鲜味。无吸湿性，易溶于水，微溶于乙醇。常温下带有一个分子结晶水，在150℃时失去结晶水，210℃时发生吡咯烷酮化，生成焦谷氨酸钠，270℃左右则分解。

味精的制法有三种，即合成法、发酵法和蛋白质水解法，最后一种方法基本已经淘汰。

(a) 合成法　可用的原料有丙烯腈、丙烯醛、糠醛等。以丙烯腈为原料生产谷氨酸钠的反应式为：

$$H_2C{=}CHCN+CO+H_2 \longrightarrow NC{-}CH_2{-}CH_2{-}CHO$$

$$NC{-}CH_2{-}CH_2{-}CHO+NH_3+HCN \xrightarrow{\text{氰氨化}} NC{-}CH_2{-}CH_2{-}\underset{\displaystyle NH_2}{\underset{|}{CH}}{-}CN$$

$$NC{-}CH_2{-}CH_2{-}\underset{\displaystyle NH_2}{\underset{|}{CH}}{-}CN+NaOH \xrightarrow{2MPa} NaOOC{-}CH_2{-}CH_2{-}\underset{\displaystyle NH_2}{\underset{|}{CH}}{-}COONa$$

$$NaOOC{-}CH_2{-}CH_2{-}\underset{\displaystyle NH_2}{\underset{|}{CH}}{-}COONa+H_2SO_4 \xrightarrow{\text{中和}} HOOC{-}CH_2{-}CH_2{-}\underset{\displaystyle NH_2}{\underset{|}{CH}}{-}COOH$$

(b) 发酵法　该法是工业生产味精的主要方法，以薯类、玉米、木薯、淀粉等为原料，分为培菌、发酵、提取等三个步骤。

$$C_6H_{12}O_6 \xrightarrow[\text{微球菌类}]{\text{空气，}NH_3} HOOCCH_2CH_2\underset{\displaystyle NH_2}{\underset{|}{CH}}COOH \xrightarrow{NaOH} \left[{}^-OOCCH_2CH_2\underset{\displaystyle NH_3^+}{\underset{|}{CH}}COO^-\right]Na^+$$

b. 5′-鸟苷酸二钠　也称为鸟苷-5′-磷酸钠，为无色或白色结晶，平均含有 7 个结晶水，有特殊的香菇鲜味，易溶于水，微溶于乙醇。在一般食品加工条件下，对酸、碱、盐和热均稳定。并且其与味精具有很好的协同效应。

(4) 营养强化剂

以增强和补充食品的营养为目的而使用的添加剂称为营养强化剂。强化剂可分为维生素强化剂、氨基酸强化剂、矿物质和微量元素强化剂等三大类。

① 维生素

a. 维生素 A　是黄色针状结晶，不溶于水。溶于一般有机溶剂和油脂，遇热较稳定，在空气中易氧化，对紫外线不稳定，过去主要从鱼肝油中提取，现在多采用合成方法制取，主要用的起始原料是柠檬酸、乙炔和甲基乙烯酮等。

b. 维生素 B　分为维生素 B_1、维生素 B_2、维生素 B_5 三种。维生素 B_1 又名硫胺素，是一种水溶性的维生素，为白色结晶，广泛存在于米糠、麦麸、瘦肉、花生、酵母中，在体内参与糖类代谢，缺乏维生素 B_1 会得脚气病或神经炎。维生素 B_2 又名核黄素，微溶于水，不溶于油，为黄色或橙黄色结晶性粉末，对热、酸稳定。主要来源为酵母、肝、奶、蛋、肉类等。维生素 B_2 可用微生物发酵和化学合成两种方法制得，当缺乏时，就会影响机体的生物氧化，导致口角炎、结膜炎等。维生素 B_5 即烟酸或尼克酸，为白色粉末，味酸，溶于水。缺乏时可能引起皮炎、痴呆和腹泻等疾病。

c. 维生素 C　又名抗坏血酸，白色结晶，存在于新鲜的蔬菜、水果中。在体内参与糖的代谢与氧化还原过程，加速血液凝固，刺激造血功能，阻止致癌物质的生成。维生素 C 是水溶性维生素。其合成是以葡萄糖为原料在高压下催化氢化的 D-山梨醇，再用醋酸霉菌进行生物氧化，将 D-山梨醇氧化为 L-山梨糖醇，将其溶于丙酮中进行酮醇缩化反应，得到双酮山梨糖，再以次氯酸钠作氧化剂，氧化为双丙酮-2-酮基-L-古罗糖酸，最后经盐酸化即得维生素 C。

d. 维生素 D　为白色结晶，是油溶性维生素，常与维生素 A 共存于鱼肝油中，也存在于蛋黄、奶油、猪肝中。维生素D能促进钙、镁在肠内的吸收，促进骨骼正常化。钙、磷代谢功能不全时，可导致佝偻病、手足痉挛。维生素D是采用麦角甾醇的乙醇溶液经紫外线照射的维生素D粗品，再经减压浓缩后，用3,4-二硝基苯甲酰氯酯化得到3,5-二硝基甲酸维生素D酯，最后用氢氧化钾醇溶液水解，得到维生素D。

② 氨基酸　蛋白质是人体重要的营养物质，蛋白质的营养价值取决于其氨基酸组成，所有的蛋白质都是由20种氨基酸组成。但以下8种氨基酸：色氨酸、赖氨酸、亮氨酸、异亮氨酸、苯丙氨酸、缬氨酸、苏氨酸、蛋氨酸在人体内不能合成，必须通过食物获得，因此称为必需氨基酸。但多数食品中赖氨酸、苏氨酸、色氨酸及蛋氨酸不足，限制了人对食品中营养成分的吸收，必须定量添加以弥补其不足。

用于食品中的主要是L-赖氨酸，为白色粉末，易溶于水，主要用于面包和奶粉中。它可由含纤维素或糖蜜等植物用发酵法制得，也可用环己烯、环己醇为原料化学合成制得。L-苏氨酸，为白色结晶，有甜味，溶于水，可用发酵法和合成法制得，通常以磷酸苏氨酸酯的形态供食品用，常用于大米、面粉的强化。L-色氨酸为白色或微黄色结晶粉末，食品中缺少色氨酸，易使人得糙皮病。蛋氨酸为白色片状结晶粉末，味甜，能溶于水，主要用作营养强化剂和抗脂肪肝药和治疗因蛋白质不足而引起的营养不良症。蛋氨酸可由丙烯醛、甲硫醇、氰化氢为原料合成得到。

③ 无机盐类强化剂　即矿物质，一般指钙、钠、镁、钾、磷、硫、氯等元素构成的盐，是构成机体组织和维护正常生理活动所不可缺少的物质。人体内无机盐一部分来自作为食物的动植物组织，一部分来自饮水、食盐和食品添加剂。通常人体比较容易缺乏的矿物元素是Ca、Fe、Zn等。

a. 含钙类矿物质　钙营养强化剂有多达40多种，包括有机钙和无机钙。从人体对钙的吸收角度看，有机钙溶于水，吸收率要高，但相对分子质量大，含钙比率低，价格较高。无机钙使用更普遍一些，但不溶于水，而以微粒悬浮于水中。可使用的钙营养强化剂有碳酸钙、磷酸氢钙、生物碳酸钙、磷酸钙、氯化钙、天冬氨酸钙、柠檬酸钙、乳酸钙、葡萄糖酸钙等，以乳酸钙、葡萄糖酸钙使用较多。

b. 含铁类矿物质　铁作为血红蛋白和肌红蛋白的组成成分，是运输和贮存氧及合成所需酶的重要组成部分，维持着机体的生长发育和正常免疫功能。铁营养强化剂有硫酸亚铁、葡萄糖酸亚铁、乳酸亚铁、富马酸亚铁、柠檬酸铁铵等 。

c. 含锌类矿物质　锌为多种酶的组成成分，能参与蛋白质、碳水化合物、脂类和核酸的代谢，参与基因表达，维持细胞膜结构的完整性，促进伤口愈合和正常的发育。锌缺乏会导致生长迟缓或停滞，形成侏儒。可用的锌营养强化剂有乙酸锌、柠檬酸锌、葡萄糖酸锌、甘氨酸锌、乳酸锌等。

2.3 木糖醇的生产工艺

2.3.1 木糖醇简介

木糖醇结晶为白色斜光体，分子式为$C_5H_{12}O_5$，甜度与蔗糖相当，熔点为91～93.5℃，溶于水，吸湿性强，并有清凉的甜味感，这是因为它易溶于水，并在溶解时会吸收一定热量。不能被细菌发酵利用，但可代替蔗糖用于果酱中，使其不易焦糖化、减少煳味，还可作为烘烤食品、巧克力和口香糖的甜味剂，可使糖尿病人血糖降低。

工业上以玉米芯、甘蔗渣、棉籽壳、桦木屑等为原料。先使原料中的多聚戊糖（$C_5H_8O_4$）水解为木糖，然后由镍催化加氢制取木糖醇。以玉米芯为原料制取木糖醇的工艺工业上用得较多。

2.3.2 生产工艺流程

(1) 工艺流程

以玉米芯为原料制取木糖醇的生产工艺流程如图 2-1 所示。

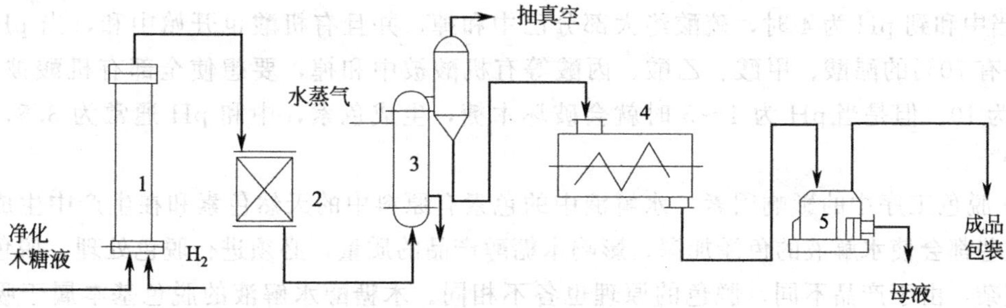

图 2-1 木糖醇的生产工艺流程

1—反应器；2—过滤器；3—蒸发器；4—结晶机；5—离心机

(2) 工艺简介

① 原料预处理 将玉米芯用 130～150℃热水浸泡处理 1h，除去原料中的胶质和单宁等。

② 水解 固、液比 1：10，硫酸浓度为 0.6%～1.0%，水解温度 110℃，水解时间 2h，糖浓度约 5%，产糖率约 30%。

③ 中和 用相对密度为 1.1 的石灰乳中和过剩的硫酸钙沉淀，中和终点 pH 为 2.8～3.0，中和温度 75～80℃，并保温搅拌 30min，然后过滤。中和后的糖浓度为 20%以上，进而真空浓缩至糖浓度为 35%～40%。

④ 脱色 加入适量活性炭脱色和吸附部分非糖物质，并在 70℃时保温搅拌 1h，再过滤。

⑤ 离子交换 木糖液通过阳离子、阴离子交换树脂进一步净化，除去糖液中的酸和非糖杂质。

⑥ 催化加氢 净化的木糖液在镍催化剂存在下在反应器 1 进行加氢反应，催化剂用量为木糖液质量的 5%。加氢压强为 6.867×10^6 Pa，反应温度 120～130℃，转化率可达 99%以上。反应生成的氢化液送入装有活性炭的过滤器 2 中进行过滤，以除去催化剂得到澄清的木糖醇溶液。

⑦ 浓缩 将含 12%木糖醇的氢化液送入蒸发器 3 中进行真空蒸发浓缩，温度 70℃，真空度 9.842×10^4 Pa，浓缩至木糖醇浓度达 85%～86%。

⑧ 结晶分离 将木糖醇浓缩液泵入结晶机 4，在 65℃时加入 2%的晶种，然后降温至 40℃左右（每小时降 2℃），结晶完毕。送入离心机 5 离心分离得结晶木糖醇和母液。母液返回再制木糖醇，或者综合回收利用。

(3) 工艺参数对生产的影响

① 水解工序中的影响因素　水解工序的影响因素主要有催化剂、水解温度和时间。其中，催化剂的用量很重要；水解温度低水解会不完全，但要是高了就会使水解液中的木糖继续脱水生成糠醛或深度水解生成低级的碳水化合物，如醋酸、丙酮等，而且也会使大量蛋白质水解，生成有机色素和胶体，这会给后续的净化工序带来很大困难。同样水解时间既不能太长也不能太短，会造成与水解温度一样的后果，具体的时间主要受不同原料、不同温度、不同气候等来确定。

② 中和工序中的影响因素　中和工序是中和脱酸工艺的关键工序，主要是除去绝大部分无机酸——硫酸，把硫酸中和成石膏沉淀。中和用 pH 控制，水解液的 pH 一般在 1～1.5，当中和到 pH 为 4 时，硫酸绝大部分已中和掉，并且有机酸也开始中和，当 pH 为 5 时，约有 70%的醋酸、甲酸、乙酸、丙酸等有机酸被中和掉，要想使全部有机酸被中和，pH 约为 10。但是当 pH 为 4～5 时就会破坏木糖，生成色素，中和 pH 通常为 3.5，温度 70～80℃。

③ 脱色工序中的影响因素　水解液中的色素有原料中的天然色素和在生产中生成的色素，这些都会使水解液的色泽加深，影响木糖醇产品的质量，必须进行脱色处理。脱色的原理很复杂，由于产品不同，脱色的原理也各不相同。木糖醇水解液的脱色基本属于吸附脱色。吸附剂是多孔，比表面积很大的物质，如白土、磺化煤、焦木素和活性炭，其中活性炭使用比较广泛。脱色过程中吸附和解吸同时存在，为了使脱色向吸附方向进行，脱色速度要快，温度不宜过高。

④ 离子交换工序中的影响因素　水解液（即木糖浆）纯度比较低，含有各式各样的色素、灰分（石膏等）、各种酸（硫酸、醋酸等）、含氮物（蛋白质、氨基酸等）、胶体等。这样杂质复杂的木糖浆不经净化是很难进行氢化生产出合格的木糖醇产品的。所以必须将木糖浆进行净化，不然会使加氢催化剂中毒、失效。

第一次交换主要是为了除去水解液中的无机酸和有机酸，硫酸根是阴离子，所以，第一次是采用大孔阴离子交换树脂，不但可以除去阴离子，而且可吸附除掉很多胶体杂质和色素；第二次交换的目的是为了除去灰分和阳离子，所以采用阳离子交换树脂，常用的是强酸型阳离子交换树脂，是苯乙烯磺酸型树脂，其功能团为磺酸基，这种树脂强度高，交换容量大，使用寿命长。

单 元 小 结

1. 食品添加剂是为改善食品品质和色、香、味以及为防腐和加工工艺的需要而加入食品中的化学合成或者天然物质。在食品加入食品添加剂有利于提高食品的质量、增加食品的品种和方便性、有利于食品加工、有利于满足不同人群的特殊营养需要、有利于原料的综合利用。食品添加剂的使用要求必须经过严格的毒理鉴定、具有严格的质量标准等。

2. 食品生产过程中使用的添加剂有食品赋形剂、食用色素、保色剂、漂白剂等。提高食品品质用的添加剂有防腐剂、抗氧化剂、调味剂和营养强化剂。

3. 食品赋形剂有乳化剂、增稠剂、膨松剂；常见的食用色素有合成食用色素如苋菜红、胭脂红、赤藓红（樱桃红）、新红、柠檬黄（酒磺）、日落黄、亮蓝等，食用天然色素如β-胡萝卜素、红花黄、红曲色素、紫胶色素等，食品中使用的发色剂有亚硝酸盐、硝酸盐、硫酸亚铁等，食用加工所用的发色助剂主要有烟酰胺、抗坏血酸、异抗坏血酸。

4. 消除杂色而脱色所使用的物质称为漂白剂，还原漂白剂有亚硫酸钠、低亚硫酸钠（保险粉）和亚硫酸氢钠等，氧化漂白剂品种主要是亚氯酸钠、过氯化苯甲酰（BPO）和双氧水等。

5. 提高食品品质用的添加剂有防腐剂、抗氧化剂、调味剂和营养强化剂。

6. 防腐剂有苯甲酸及其钠盐、山梨酸及其钾盐、对羟基苯甲酸酯、丙酸及丙酸盐。抗氧化剂有丁基羟基茴香醚（BHA）、二丁基羟基甲苯（BHT 即抗氧化剂 264）等；调味剂有酸味剂、甜味剂和鲜味剂；营养强化剂可分为维生素强化剂、氨基酸强化剂、矿物质和微量元素强化剂等三大类。

7. 木糖醇结晶为白色斜光体，甜度与蔗糖相当，溶于水，吸湿性强，并有清凉的甜味感。不能被细菌发酵利用，可代替蔗糖用于果酱中，还可作为烘烤食品、巧克力和口香糖的甜味剂，可使糖尿病人降低血糖。工业上以玉米芯、甘蔗渣、棉籽壳、桦木屑等为原料。先使原料中的多聚戊糖（$C_5H_8O_4$）水解为木糖，然后由镍催化加氢制取木糖醇。以玉米芯为原料制取木糖醇的工艺工业上用得较多。

习　题

1. 什么是食品添加剂？食品添加剂在食品加工中有何意义与作用？
2. 食品生产过程中使用的添加剂有哪些？各有何作用？
3. 提高食品品质用的添加剂有哪些？各有何作用？
4. 食品赋形剂都有哪些常用的种类？常见的食用色素有哪几类？
5. 食品生产过程中使用的乳化剂主要有哪几种？
6. 增稠剂有何作用？常用的增稠剂主要有哪些？
7. 食品防腐剂主要有哪些？其中山梨酸具有哪些作用？
8. 常用的食品抗氧化剂有哪些？
9. 调味剂主要包括哪些？常见的酸味剂主要有哪些？
10. 营养强化剂主要有哪些品种，各有何应用？
11. 木糖醇有何特点？简述木糖醇的生产工艺。

参 考 文 献

[1] 李和平主编．精细化工工艺学．北京：化学工业出版社，2007.
[2] 曾繁涤．杨亚江编著．精细化工产品及工艺学．北京：化学工业出版社，1997.
[3] 郝利平．聂乾忠．陈永泉等编著．食品添加剂．北京：化学工业出版社，2008.
[4] 录华．李璟编著．精细化工概论．北京：化学工业出版社，2006.
[5] 孙平．张津凤编著．食品添加剂手册．北京：化学工业出版社，2010.
[6] 宋启煌主编．精细化工工艺学．北京：化学工业出版社，2004.

3 香　料

香料在人类文明发展的早期已进入了人类的生活，早在5000年前人类就知道用草根树皮作为薰香，应用在医药或宗教仪式中。香料及香精（调合香料）的生产与人们的生活息息相关，香精是食品、烟草、日化、医药、文化用品等行业必不可少的原料，香精用量虽少，但对加香产品的质量影响却很大，随着人们生活水平的提高，香料、香精将会发挥更大的作用。

学习要求

（1）能解释香料的定义及分类；

（2）能陈述常用动物性天然香料的名称并区分其特点，区分植物性天然香料提取的几种方法，能描述其操作要点，并能运用这些方法提取天然植物香料；

（3）能描述几种重要的合成香料之特点、用途，并能描述芳樟醇的生产方法及工艺；

（4）初步能根据文献及实践区分香精中各种成分，并能解释其作用；

（5）能运用所学理论开展调香的协助工作。

想一想！（完成答案）

1. 香料为什么会有香味？答案：________________________________

2. 香料有哪些类别？答案：________________________________

3. 香料、香精应用在哪些方面？答案：________________________________

3.1 概　　述

3.1.1 香料的定义、分类及香料化合物的命名

（1）香料的定义

香料亦称香原料，是一种能被嗅感嗅出气味或味感品出香味的物质，是用以调制香精的原料。

香料所具有的香气与香料物质的化学结构及其理化性质，如相对分子质量、挥发性、溶解性等有密切关系。它们的相对分子质量一般在26～300，可溶于水、乙醇或其他有机溶剂。其分子中常含有—OH、$-\overset{\displaystyle O}{\overset{\|}{C}}-$、$-NH_2$、—SH、—CHO、—COOH、—COOR等基团，这些基团在香料化学中常称为发香基团或发香基。香料分子具有这些发香基团并对嗅觉产生不同的刺激，才使人感到有不同香气的存在。

目前普遍认为，香料必须具备下列条件。

① 必须具有挥发性。挥发出香料物质的分子到达嗅觉器官的受容部位，即鼻黏膜，才能产生香味的感觉。

② 必须在水中、类脂类等物质中具有一定的溶解度。有些低分子的有机物虽然溶于水，但不溶于类脂类介质中，几乎是无臭、无味的。

③ 相对分子质量在26～300的有机化合物。相对分子质量低的化合物，挥发度可能高，才可能产生有刺激嗅觉器官作用的分子。

④ 分子中具有某些原子（称为发香原子）或原子团（称为发香基团）。这些发香原子在周期表中处于ⅣA～ⅦA族中，如C、N、P、O、S、X等原子。

⑤ 折射率大多在1.5左右。

⑥ 拉曼（Raman）红外线光谱测定的香料化合物吸收波长大多数在1400～3500nm^{-1}范围内。

(2) 香料的分类

根据香料的来源，香料可分为两大类：天然香料和单体香料。具体情况如下：

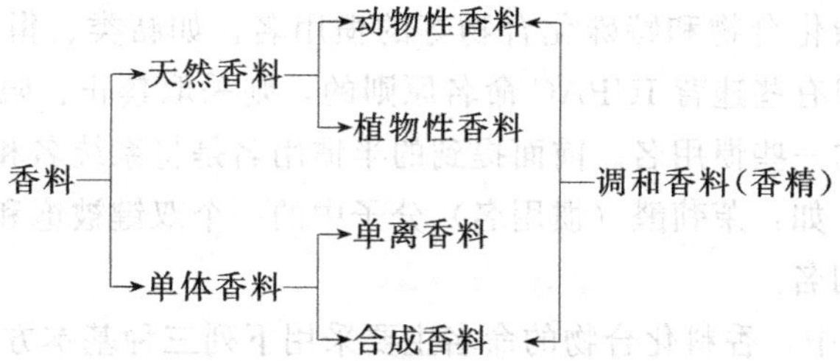

天然香料是指从天然含香动、植物的某些生理器官（组织）或分泌物中经加工处理而提取出来的含有发香成分的物质，是成分组成复杂的天然混合物。如从动物（麝鹿、灵猫、海狸、抹香鲸等）的某些生理器官或分泌物中提取出来的香料称为动物性香料，从香料植物（花、叶、果、根、皮、树脂等）组织或分泌物中提取出来的香料称为植物性香料。

单体香料是指具有一定化学结构的单一香料化合物，它包括单离香料和合成香料两类。具体来说，单离香料是指采用物理或化学方法从天然香料中分离出来的单体香料化合物；合成香料是指利用各种化工原料或从天然香料中分离出来的单离香料为原料，通过化学合成的方法而制备的化学结构明确的单体香料。

合成香料按化学结构与天然成分相比可分为两大类：一类是与天然含香成分构造相同的香料。借助现代化仪器和分析研究手段对天然香料进行分析，在确定了天然含香成分的构造之后，采用化工原料经过化学合成的方法，合成出的化学结构与天然含香成分的结构完全相一致的香料化合物，该类香料占合成香料的绝大部分；另一类是通过化学合成而制得的自然界并不存在的化合物，但其香味与天然物质相类似的香料，或者是化学合成而制得的构造、香味均与自然界中的天然香料不同，但确具有令人愉快舒适香气的香料。

调和香料在商业中称为香精，是将数种乃至数十种天然香料和单体香料按照一定的配比调和而成的具有某种香气或香型和一定用途的香料混合物。香料很少单独使用，一般都是调配成香精以后，再用到各种加香产品中。

(3) 香料化合物的命名

香料的发展历史悠久，源远流长。所以香料的名称也非常复杂。香料化合物的名称多数来源于天然品精油和药材等名称，这些名称多属于植物和动物名称，植物名称又多数来自花名和果实名。例如：桂醛是肉桂中的主要醛类化合物成分；从灵猫的香腺中发现的大环酮类化合物则命名为灵猫酮。

随着化学工业的发展，许多香料化合物开始了人工合成。合成香料工业技术的进步和香料应用的扩大，促进了香料化合物品种的骤增，原有的天然品名称已经不能满足香料化合物命名的需要。于是在天然品名称如桂醛、灵猫酮、香兰素等惯用名的基础上，又派生出了许多新的香料化合物名称。如：甲基桂醛、二氢灵猫酮、乙基香兰素等半惯用名。

在香料的广泛应用过程中，香料化合物又出现了俗名，如洋茉莉醛、香蕉油、茉莉醛等。

近年来，许多合成香料又出现了商品名和代号。如草莓醛、大环化合物麝香-103、麝香-83 等。

目前，在世界上能生产的天然香料有 500 多种，合成香料已达 7000 多种，已成为精细化工的重要组成部分。因此，对香料化合物名称的统一和系统化是非常重要的。命名应该是具有客观唯一性。这一命名的原则，就是系统命名法，亦称 IUPAC 法。

在香料化合物中，IUPAC 命名法并不是否定所有的惯用名。对于那些经典的 C_4、C_5 的低碳简单化合物、复杂化合物和特殊化合物等的惯用名，如萜类、甾族、糖类等，IUPAC 命名法都予以承认，但有些违背 IUPAC 命名原则的，则采取禁止、限制和不推荐使用的原则来逐步清除不合理的一些惯用名。前面提到的半惯用名是将系统名和惯用名结合起来，按一定原则命名的名称。如：茉莉醛（惯用名）分子中的一个双键被饱和后的化合物，称为二氢茉莉醛，即为半惯用名。

在 IUPAC 命名法中，香料化合物的命名主要采用下列三种基本方法。

① S 法　该法在 IUPAC 命名法中称为取代命名法，用 S 法命名的名称为 S 名。大多数有机化合物具有链状或环状碳骨架，是以烃和杂环为母体的。母体名表示化合物的母体结构，母体名由词头、词干、词尾构成。词干表示骨架（骨架中的碳数）、词头和词尾是修饰母体的，属于母体中不可分割的部分。接头词和接尾词都是表示取代基和官能团的。当一个化合物含有几个取代基时，S 法命名原则规定一个 S 名只允许采用一个接尾词，其余的取代基只能作为接头词安排。如：

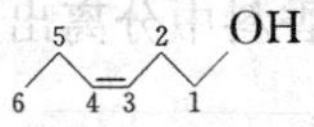

顺-3-己烯-1-醇

“顺-3”接词表示母链的 3 位处为顺式双键；“已”词干表示母链上的碳数为 6；“烯”词尾表示母链有双键，“1”接词表示后面的羟基在母链的 1 位上，接词尾“醇”表示官能团为羟基。

② R 法　亦称为根基官能团命名法。如乙醇、丁醇。对于那些比较简单的，仅含有两个特殊取代基的化合物，可以不使用 S 法中的接尾词，而母体名也由基名构成。

③ C 法　亦称为接合命名法。当一个化合物属于下列几种场合，如具有同一环的一些结构，同一基的一些结构，或者具有环状和主要取代基的链状结构中的碳—碳键直接相连，该化合物的名称是由连接不同的 S 名或基名构成的。如：

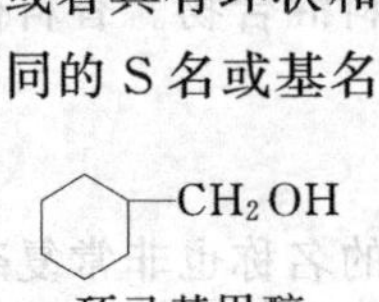

环己基甲醇

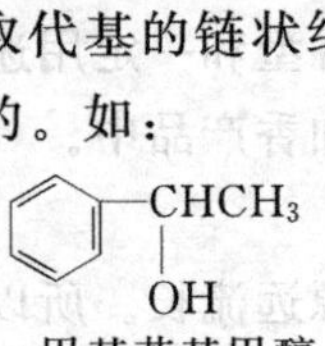

α-甲基苯基甲醇

3.1.2　香料工业的现状及发展趋势

（1）现状

我国的香料工业从 20 世纪 50 年代兴起到现在已经历了 50 多年的发展和进步，到如今已具相当规模。香料香精工业为国民经济中各行各业的发展发挥着重要的作用。香料香精是轻工业中的重要配套性行业，它是发展加香产品的基础。目前，我国香料香精有生产企业400多家，年销售额达84亿元人民币，创利税20多亿元，年出口创汇3.93亿美元。配套范围广泛，仅以食品、饮料、卷烟、饲料、化妆品、洗涤用品等行业而言，配套产品销售额就达5000亿元以上，其中食品制造业达3200亿元，饮料500亿元，卷烟600亿元，而洗涤用品、化妆品等非食用香精总共约700亿元。

目前，我国在香料香精生产和销售中表现出了一些比较明显的特征，主要体现如下方面。

① 食品用香料香精产量不断上升。以1980年全国食品香味料产量为基数，1985年增长了3.8倍，1990年增长了4倍，到1993年增长了6倍。其中非酒类食用香味料增长最快，达10倍以上。食品香味料在我国香料香精总产量中的比重，由1980年的31.2%上升至43%～45%。

② 新产品不断涌现。随着食品工业的飞速发展，新产品不断涌现。目前，一些老品种的品质进一步得到提高。新品种如雨后春笋不断涌现，如水蜜桃、哈密瓜、山核、青苹、草莓、猕猴桃、覆盆子以及热带水果番石榴、石番莲等风靡一时，打破了传统只有梨、橘、香蕉、柠檬、苹果老五样果香型一统天下的局面。20世纪80年代中期，中国市场咸味香味料几乎绝迹，而目前已经形成系列产品，常见的类型有100多种，如畜肉类（牛肉、猪肉等），家禽类（鸡肉、烤鸭等），水产海鲜类（鱼味、蟹味、鲍鱼、明虾等），蔬菜类（番茄、鲜蘑菇、炸土豆、香芹、香芋、香菇等），风味特产类（金华火腿、川味火锅料等）。食品香味料品种达1000种以上，可谓丰富多彩，应有尽有。

③ 新技术的应用。过去香味料局限于水质、油质等少数几个类型，应用单一香原料调配而成。20世纪80年代中期后，随着Mailard反应产物广泛应用，以生物发酵法制取香味物质或香味增效剂，为提高食品香精的质量发挥了积极的作用。

④ 食品香料新品种不断涌现。1980年我国正式批准使用的食品香料品种有200多种，目前已达737种，而且逐年都以一定的数量增加，为调香师提供了丰富的调香资源。新品种中最引人注目的是杂环化合物的研究应用。

然而必须看到：我国的香料香精工业与世界一些发达国家的水平相比，还相差很远。存在的问题主要表现在如下几个方面。

① 产品品种少。世界上已知的合成香料有7000余种，我国由于科研开发不足，仅有600种左右，且加工技术水平低。因此要加快开发研制香料加工新技术，以提高产品的技术含量，最终提高产品的附加值。

② 生产水平低，工艺改造缓慢，科研开发不足。

③ 生产规模小，集中程度低，低水平重复建设多。

我国加入WTO后，香精香料工业必须尽快与国际市场接轨，抓紧制定相关的法律法规及国家标准。目前，我国食品香料立法标准都是参照美国FEMA的GRAS表、欧洲COE蓝皮书及IOFO的有关规定。日化香精尚未建立法规，行业内所有原料的毒性情况均参照IFRA和RIFM的评价结果。

(2) 发展趋势

当今世界科学技术飞速向前发展，香料香精工业的发展也日新月异。从香料香精工业的大方面来说，未来的发展趋势大概有如下几点。

① 各大公司不断联合兼并，香精香料工业将继续经历一个公司兼并的时代。

② 各大公司均视香精为龙头并作为最终产品走向市场，创造效益。同时提供科研经费，扩大生产，形成良性循环。

③ 顺应回归大自然的时代潮流。

④ 充分利用计算机技术和现代分析技术等各种先进技术手段配合调香。

⑤ 分离提取技术不断更新进步，如萃取分离和膜分离技术等。

⑥ 应用领域不断加深扩大。如：利用微囊化技术将香料加入纺织品中能使其长期保香（微胶囊技术属于控制释放技术之一，日化香精的优异性能是否得以充分利用以及如何控制才能持续地在产品中发挥其功能，都与控制释放技术有关。其他控制释放技术还有：多孔性基材的空穴置换法、环糊精法、凝胶法、乳化、渗透性薄膜法等）。

⑦ 产品系列化。

⑧ 广泛应用生物技术合成香料。目前应用的生物技术大致有：微生物突变技术、基因重组技术、植物组织培养和发酵技术。

想一想！（完成答案）

1. 动物性天然香料主要有哪几种？答案：________________

2. 植物性天然香料的提取方法有哪几种？答案：________________

3.2 天然香料

天然香料分为动物性天然香料和植物性天然香料两大类。动物性天然香料主要有四种：麝香、灵猫香、海狸香和龙涎香，品种虽少但在香料中却占有重要地位。动物性天然香料较名贵，多用于高档加香产品中。它们能增香、提调、留香持久且有定香能力。因此在调香中常用作定香剂，不但能使香精或加香制品的香气持久，而且能使整体香气柔和、圆熟和生动。目前世界上已知的植物性天然香料约有1500种以上，一般书中介绍的有300余种。然而目前世界商业性生产并在调香中常用的只有200余种。植物性天然香料不仅能使调香制品保留着来自天然原料的优美浓郁的香气和口味，而且长期使用安全可靠，所以在调香中，主要用作增加天然感的香料。

3.2.1 动物性天然香料

（1）麝香

① 来源　麝香来源于雄麝鹿的生殖腺分泌物。麝鹿生活于中国西南、西北部高原和北印度、尼泊尔、西伯利亚寒冷地带。两岁的雄麝鹿开始分泌麝香，十岁左右为最佳分泌期，每只麝鹿可分泌50g左右。位于脐部的麝香香囊（小蜜橘大小）呈圆锥形，自阴囊分泌的成分贮积于此，随时自中央小孔排泄于体外。此外麝香鼠等二十多种动、植物中也含有麝香型香成分。

② 采集　传统的方法是杀麝取香，切开香囊从中取出红褐色或暗褐色的胶状颗粒物，干燥后即得成品，重约30g。现代的科学方法是活麝刮香。中国四川、陕西饲养麝香刮香已取得成功，这对保护野生资源具有很大的意义。

③ 性状及性质　麝香香囊经干燥后，割开香囊取出的麝香呈暗褐色粒状物，品质优者有白色结晶析出。固态时具有强烈的恶臭，用水或酒精高度稀释后有独特的动物香气。

香精工业是把麝香制成酊剂或净油。酊剂是浅棕或琥珀色液体，一般是3%，也有2%～

6%的，最高10%（放置6个月后使用）；净油是棕色稠厚液体。麝香在水中可溶50%，在90%乙醇中可溶10%～20%。麝香带有温存的动物样香气，甜而不浊，腥臭气少，仅次于下面要讲到的龙涎香，扩散力最强，留香亦极持久。

④ 成分 黑褐色的麝香粉末，大部分为动物树脂及动物性色素等所构成，其主要芳香成分是仅占2%左右的饱和大环酮，即3-甲基环十五酮（麝香酮）。由瑞士化学家Ruzicka发现，并首次合成成功。麝香酮结构式如下：

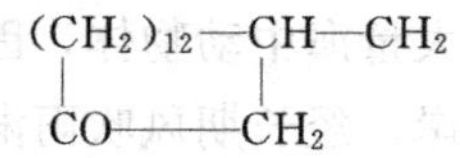

⑤ 用途 麝香在东方被视为最珍贵的香料之一。它属于高沸点难挥发性物质，它不但具有温暖的特殊动物香气，且香气强烈，扩散力强而持久，在调香中常作为定香剂，使各种香成分挥发均匀，提高香精的稳定性。除此之外，天然麝香也是名贵的中药材，在医药中作为通窍剂、强心剂、中枢神经兴奋剂，内治中风、昏迷、抽风等症，外治跌打损伤等症。

(2) 灵猫香

① 来源 灵猫有大灵猫和小灵猫两种。产于中国长江中下游和印度、菲律宾、马来西亚、埃塞俄比亚等地。雌雄灵猫均有两个囊状分泌腺，它们位于肛门及生殖器之间，采取香囊分泌的黏稠状物质，即为灵猫香。

② 采集 古老的采取方法与麝香取香料类似。捕杀灵猫割下两个30mm×20mm的腺囊，刮出灵猫香封闭瓶中贮存。现代方法是饲养灵猫，采取活猫定期刮香的方法，每次刮香数克，一年可刮40次左右。此法在我国杭州动物园已经试验成功。

③ 性状及性质 新鲜的灵猫香为淡黄色黏稠半流动体，很像蜂蜜，遇日光久后色泽变为深棕色至褐色膏状物。浓时具有不愉快的恶臭，稀释后则放出令人愉快的香气。常制成酊剂使用。

④ 成分 灵猫香中大部分为动物性黏液质、动物性树脂及色素。其主要香成分为仅占3%左右的不饱和大环酮，即灵猫酮（9-环十七烯酮）。结构式如下：

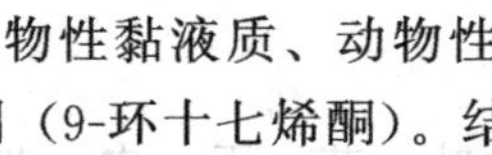

此外，在灵猫香中还有3-甲基吲哚、吲哚、乙酸苄酯、四氢对甲基喹啉等香成分。

⑤ 用途 灵猫香香气比麝香更为优雅，常作高级香水香精的定香剂。作为名贵中药材，它具有清脑的功效。

(3) 海狸香

① 来源 海狸栖息于小河岸或湖沼中。主要产地是西伯利亚、加拿大等地。不论雌雄海狸，在生殖器附近均有两个梨状腺囊，内藏白色乳状黏稠液即为海狸香。

② 采集 捕杀海狸后，切取香囊，经干燥后取出海狸香封存于瓶中。

③ 性状与性质 新鲜的海狸香为乳白色黏稠物，经日晒或干燥后呈红棕色的树脂状物质。未经处理的海狸香具有腥臭味，稀释后则有令人愉快的香气，但逊于灵猫香，介于灵猫香与麝香之间。海狸香的香气比较浓烈且持久，但有树脂样苦味。一般也制成酊剂使用。

不同产地的海狸香气味不同，如俄罗斯产的海狸香具有皮革-动物香气，加拿大产的海狸香为松节油-动物香。

④ 成分 海狸香的大部分为动物性树脂，其成分比较复杂。且随海狸的年龄、生长环境及采集时间不同，其成分也不相同。海狸香的主要成分是由生物碱和吡嗪等含氮化合物

构成。

⑤ 用途　海狸香主要是用作定香剂，配入花精油中能提高其芳香性，增加香料的留香时间，是极其珍贵的香料。但由于受产量、质量等影响，其应用不如其他几种动物性香料广泛。

(4) 龙涎香

① 来源　龙涎香是存在于抹香鲸的肠和胃等内脏器官中的一种病态的分泌结石，其成因说法不一，一般认为是抹香鲸吞食大量海中动物体，因消化不良而形成的一种结石，自鲸鱼体内排出，漂浮在海面上或冲至海岸，经长期风吹雨淋、日晒、发酵而成的。龙涎香从海上漂浮而来，因而无一固定产区，在抹香鲸生存的海域常有发现，多产于南非、印度、巴西、日本等。中国南部海岸时有发现，但产量极少。

② 采集　漂浮在海洋中的龙涎香，小者为数千克，大者可达数百千克。在海洋上拾起龙涎香块，经熟化后即为龙涎香料。目前主要来自于捕鲸业。

③ 性状及性质　龙涎香是灰白色或棕黄色或深褐色的蜡样块物质。外观呈灰白色的质量最好，青色或黄色的质量次之，而黑色的质量最次。60℃左右开始软化，70～75℃熔融，相对密度为0.8～0.9。由抹香鲸体内新排出的龙涎香香气较弱，经海上长期漂流、自然熟化或经长期贮存、自然氧化后香气逐渐增强。现代的龙涎香一般都制成3%的乙醇酊剂，或用乙醇浸提后再浓缩为浸膏，一般经过1～3年成熟后再使用。

④ 成分　龙涎香本身并不香，经自然氧化分解后，其分解产物龙涎香醚和γ-紫罗兰酮成为主要香气物质。所以龙涎香的成熟时间较长，有的甚至达5年之久，其中加拿大等国所产龙涎香比较有名。

⑤ 用途　龙涎香具有清灵而温雅的特殊动物香，在动物性香料中是最少腥臭气的香料，其品质最高、香气最优美、价格最昂贵。在高档的名牌香精中，大多含有龙涎香。

3.2.2　植物性天然香料

植物性天然香料是从芳香植物的叶、茎、干、皮、花、枝、根、籽或果实等提取的具有一定挥发性、成分复杂的芳香物质。大多数呈油状或膏状，少数呈树脂或半固态。根据它们的形态和制法通常称为精油、浸膏、净油、香脂和酊剂。

由于植物性天然香料的主要成分都是具有挥发性和芳香气味的油状物，它们是植物芳香的精华，因此也把植物天然香料统称为精油。精油往往以游离态或苷的形式积聚于细胞或细胞组织间隙中。它们的含量不但与植物种类有关，同时也随着土壤成分、气候条件、生长季节、生成年龄、收割时间、贮运情况而异。所以芳香植物的选种和培育，对于天然香料生产是至关重要的。

植物性天然香料已知的有1500种以上，在商业性生产并在调香中常用的只有200余种。可使调香制品保留着来自天然原料的优美浓郁的香气和口味，而且长期使用安全可靠，所以在调香中，主要用作增加天然感的香料。

3.2.3　植物性天然香料的提取方法

植物性天然香料的提取方法有五种：水蒸气蒸馏法、浸提法、压榨法、吸收法和超临界萃取法。

(1) 水蒸气蒸馏法

在植物性天然香料提取方法中，水蒸气蒸馏是最常用的一种。与水分离之后的产品叫精油。工业水蒸气蒸馏由蒸馏釜、冷凝器、集油器三部分组成。该方法设备简单、容易操作、成本低、产量大。除在沸水中主香成分易于溶解、水解或分解的植物原料外（如茉莉、紫罗兰、金合欢、风信子等一些鲜花），绝大部分芳香植物均可用水蒸气蒸馏的方法提取精油。

水蒸气蒸馏方法提取精油有3种形式。

① 水中蒸馏 将蒸馏的原料放入水中，使其与沸水直接接触。它适宜于玫瑰花、橙花等用直接水蒸气蒸馏易黏着结块、阻碍水蒸气透入的品种。而对于薰衣等含酯类的品种，则由于易发生水解作用，故不宜采用。

② 水上蒸馏 在蒸馏过程中，使原料与沸水隔离，从而可减少水解作用。于蒸馏锅内下部增装一块多孔隔板，原料装于板上，板下面盛水，水面距板有一定距离，水受热而成饱和水蒸气，穿过原料而上升。

③ 水蒸气蒸馏 蒸馏器里面不加水，水蒸气由锅炉出来直接通入蒸馏器中，由喷气管喷出而进行水蒸气蒸馏。水解作用小，蒸馏效率高，适宜于薰衣草花穗的蒸馏。但其设备条件要求较高，需要附设锅炉，适于大规模生产。以上蒸馏形式各有所长，其特点归纳如表3-1。

表3-1 蒸馏形式的比较

特点＼形式	水中蒸馏	水上蒸馏	水蒸气蒸馏
原料要求	不适于易水解及热分解的原料	不适于易结块及细粉状原料	不适于晚结块及细粉状原料
加热方式	直火加热、间接蒸汽、直接蒸汽	直火加热、间接蒸汽、直接蒸汽	水蒸气直接通入加热
温度	95℃左右	95℃左右	可调节
压力	常压	常压	
精油质量	高沸点成分不易蒸出，直火加热易糊焦	较好	最好

(2) 浸提法

当不适合用水蒸气蒸馏或植物精油含量低时，可用浸提法。其特点是：可以不加热在低温下进行，这一点对于花精油是很必要的；除了可以提取挥发性成分外，还可以提取重要的、不挥发性成分，这一点对于食品香料是很有效的方法。此方法适用于一切植物性香料的提取，特别适用于植物性花朵，如茉莉、白兰花、晚香玉、紫罗兰等。与水蒸气蒸馏法相比，用有机溶剂萃取，成本提高。

① 浸提原理 浸提法也称固液萃取法。是用挥发性有机溶剂将原料中某些成分提取出来。溶剂浸提过程是一种物质传递过程。当溶剂与被浸提物料接触时，溶剂由物料表面向内部组织中渗透，同时对组织内部某些成分进行溶解。当组织内部溶液浓度高于周围溶剂浓度时，由于浓度差则自然产生扩散推动力，高浓度向低浓度方向扩散，这样就不断地将溶解下来的物质传递到溶剂中去。

② 浸提产品 浸提过程完成后，在所得到的浸提液中，除含有芳香成分外，尚含有植物蜡、色素、脂肪、纤维、淀粉、糖类等杂质。通过蒸发浓缩回收溶剂后，往往得到膏状物质通常称为浸膏。将浸膏用乙醇溶解，冷却后滤去固体杂质，减压蒸馏回收乙醇后，则可得到净油。如果用乙醇浸提芳香物质，则所得产品称为酊剂。

③ 浸提溶剂 对溶剂的要求是沸点低、容易回收；无色无味，化学稳定性好；毒性小，安全性好。目前常用溶剂有石油醚、乙醇、丙酮、二氯乙烷等。

④ 浸膏生产工艺示例 白兰花浸膏生产。

a. 原料植物 白玉兰鲜花，木兰科含笑属，10～15m 高常绿乔木。原产中国喜马拉雅山地区，在广东、广西、福建、江苏、浙江、海南均有栽培。

b. 性质 棕红色蜡状膏体，具有白兰花香气，香气较白兰花油更接近鲜花。

c. 生产方法 采集刚开放鲜花，装入浸提器（$1m^3$ 装 200kg），按白兰花：石油醚＝1kg：3.5L 装入石油醚，于室温下浸提。得膏率 2.2%～2.5%。工艺流程如下：

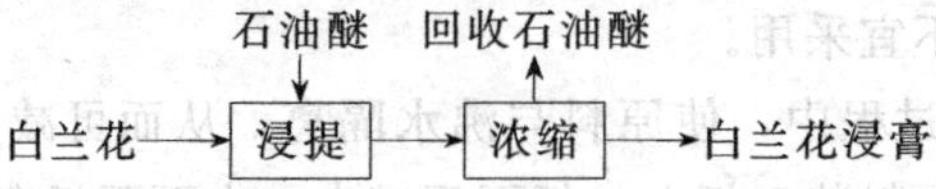

⑤ 净油生产工艺示例 晚香玉净油。

a. 原料植物 晚香玉亦称月下香花，为石蒜科晚香玉属，多年生草本植物。原产于墨西哥。中国已有数百年栽培史，主要产地有江苏、浙江、广东、四川、河北等省。

b. 性质 红色至棕色黏稠液体，具有晚香玉花香。

c. 生产方法 以晚香玉浸膏为原料，用乙醇精制制取。工艺流程如下：

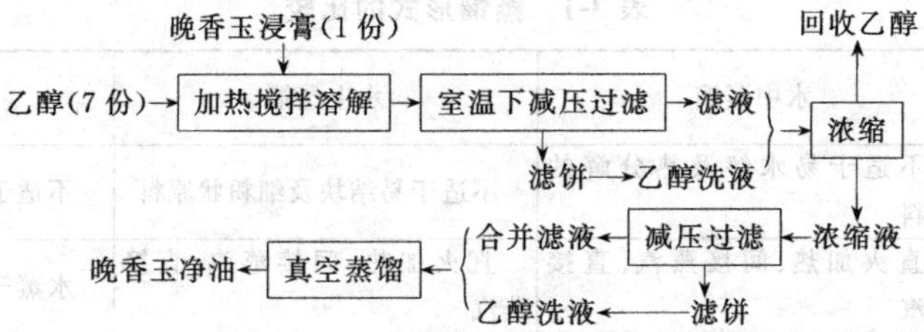

图 3-1 晚香玉净油制备工艺流程

(3) 压榨法

适用于从果皮内获得香料，如柠檬、橘子、橙子等，有效的香料都在肉皮的油质中，而油质包含在无数的油囊中，利用压榨法将这些油囊弄破，使油质流出，再经过分离、澄清、过滤，得到这些含有效香料成分的油质。常温下可以加工，精油气味好。过去各地根据果实种类采用种种独特的方法，如用锉榨法、海绵吸收法生产橘油。现在，精油压榨已列入浓缩果汁的制造过程中，从采取精油到果汁分离已全部实现了自动化。这里介绍目前常用的压榨方法。

① 螺旋压榨法 主要生产设备是螺旋压榨机。这种压榨机既可压榨果皮生产精油，也可压榨果肉生产果汁，是最常用的现代化生产设备。由于这种机器旋转压榨力很强，果皮容易被压得粉碎而导致果胶大量析出，产生乳化作用而使油水分离困难。如果用石灰水浸泡果皮，使果胶转变为不溶于水的果胶酸钙，在淋洗时用 0.2%～0.5% 硫酸钠水溶液，可防止胶体生成，提高油水分离效率。

工艺流程示例：红橘油的生产。

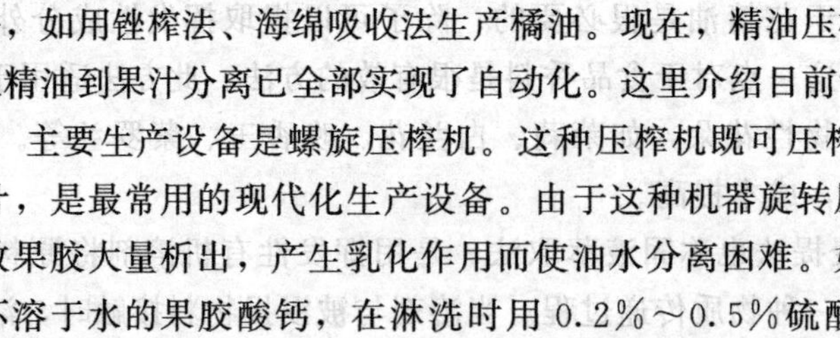

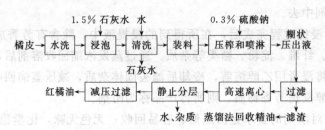

图 3-2 红橘油生产工艺流程

② 整果磨橘法 整果磨橘法的主要设备有平板式磨橘机和激振式磨橘机，这两种磨橘机都是柑橘整果加工的近代化定型设备。装入磨橘机中的是柑橘类整果，但实际上磨破的是皮上的油囊。油囊磨破后精油渗出，然后被水喷淋下来，经分离而得到精油。

工艺流程示例：柠檬油的生产。

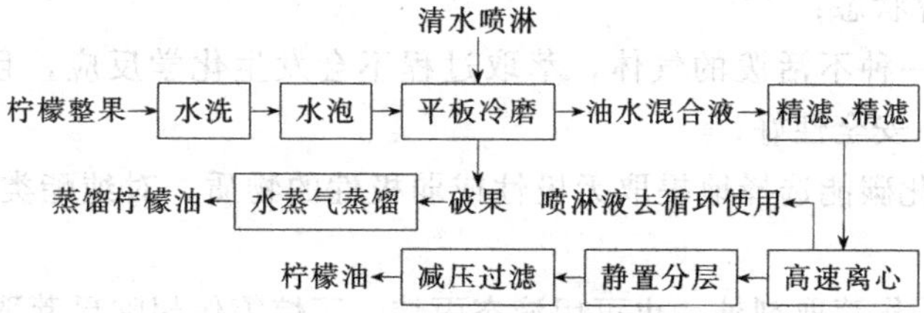

图 3-3 柠檬油生产工艺流程

(4) 吸收法

在植物性天然香料的提取方法中，由于吸收法加工过程温度低，芳香成分不易破坏，产品香气质量最佳。但由于吸收法手工操作多，生产周期长，生产效率低，一般不常使用。此法所加工的原料，大多是芳香化学成分容易释放、香势强的茉莉花、兰花、橙花、晚香玉、水仙等名贵花朵。

吸收法提取植物性天然香料基本上有两种形式：非挥发性溶剂吸收法和固体吸附剂吸收法。

① 非挥发性溶剂吸收法 根据吸收时的温度不同分为温浸法和冷吸收法。温浸法所用非挥发性溶剂为精制的动物油脂、橄榄油、麻油等。生产工艺过程与搅拌浸提法（浸提时采用刮板式搅拌器，使原料和溶剂缓慢转动）类似。由于是在50～70℃下浸提，所以称为温浸法。工艺流程如下：

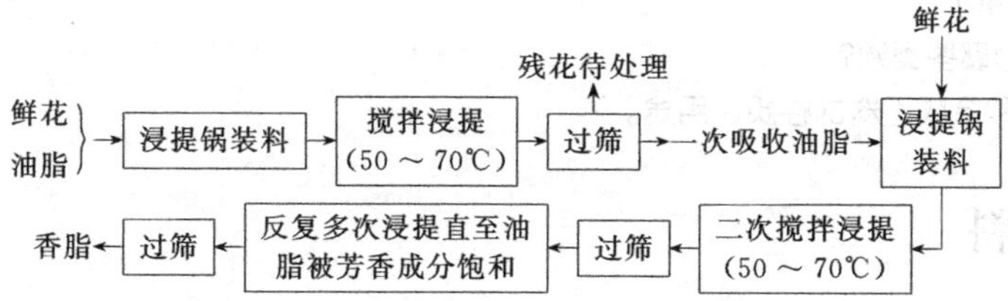

图 3-4 温浸法制取植物香料工艺流程

② 固体吸附剂吸收法 所用的固体吸附剂为活性炭、硅胶等。鲜花释放出的芳香成分被固体吸附剂吸收后，再用石油醚洗涤活性炭，然后将石油醚蒸除，即可得到精油。所加工的原料为香势很强且比较娇嫩的花朵，如大茉莉花等。

(5) 超临界萃取法

超临界萃取法是一种较新的萃取工艺，目前只应用于少数名贵植物香料的萃取。它是利用超临界流体在临界温度和临界压力附近具有的特殊性能而进行萃取的一种分离方法。

超过临界温度和临界压力状态的流体具有接近液体的密度，接近气体的黏度和扩散速度等特性，具有很大的溶解能力，很高的传质速率和很快达到萃取平衡的能力。

超临界流体萃取分离过程的原理是：在超临界状态下，将超临界流体与待分离的物质接触，使其选择性地萃取其中某一组分。然后借助减压、升温的方法，使超临界流体变成普通气体，被萃取物质则完全或基本析出，从而达到分离提纯的目的。所以，超临界流体萃取过程是由萃取和分离组合而成的一种分离方法。

在香料的提取中，超临界二氧化碳是最常用的萃取剂，这是由于二氧化碳具有以下特性：

① 二氧化碳的临界温度为31.1℃，临界压力为7.4MPa，因此可以在接近室温和不太高压力下达到超临界状态；

② 二氧化碳是一种不活泼的气体，萃取过程不会发生化学反应，且属于不燃性气体，无味、无臭、无毒、安全性好；

③ 超临界二氧化碳能选择地提取无极性或弱极性的物质，对纯酯类、萜类等化合物具有良好的溶解能力。

除了用二氧化碳作萃取剂外，也可用液态丙烷、丁烷等作超临界萃取剂。表3-2为利用二氧化碳萃取啤酒花的结果，其中葎草酮的萃取率高达99%。

表3-2 利用超临界二氧化碳萃取啤酒花的结果

名　称	CO_2萃取		CO_2萃取物	萃取率
	前	后		
水分含量/%	6.00	5.40	7.00	—
树脂含汁量/%	30.30	4.30	9.00	89.90
软树脂/%	26.60	1.30	84.80	96.50
葎草酮/%	12.60	0.20	41.20	99.00
蛇麻酮/%	14.00	1.10	43.60	94.40
硬树脂/%	3.70	3.00	5.20	—

啤酒花使啤酒具有独特的香气、清爽度和苦味。其有效成分由精油葎草酮、蛇麻酮形成的软树脂组成。以往啤酒花香精是利用溶剂萃取的，除获得有效成分外，也含有硬树脂、脂肪、胶质、色素等成分，且萃取率也不如超临界萃取高。

想一想！(完成答案)

1. 合成香料分为哪些类别?

2、举例说明几种合成香料的性质、用途。

3.3 合成香料

由于动植物天然香料受种种条件的影响而造成质量和产量的不稳定，合成的香料就应运而生。通过化学合成的方法制取的香料化合物称为合成香料。

目前世界上合成香料已达5000多种，常用的产品有400多种。合成香料工业已成为精细有机化工的重要组成部分。

3.3.1 合成香料的分类

香料合成采用了许多有机化学反应，如氧化、还原、水解、缩合等，按原料来源的不同，可分为三类：用天然植物精油生产的合成香料、用煤炭化工产品生产的合成香料、用石油化工产品生产的合成香料。

多数情况下，是把合成香料按官能团或分子中碳原子骨架分类。

(1) 按官能团分类

一般分为烃类、卤代烃类、醇类、醚类、酚类、醛类、酮类、缩羰基类、酸类、酯类、内酯类、腈类、杂环类、杂原子化合物等。

(2) 按分子中碳原子骨架分类

① 萜烯类 如萜烯、萜醇、萜醛、萜酮、萜酯。

② 芳香类 如芳香族醇、醛、酮、酸、酯、内酯、酚、醚。

③ 脂肪族类 如脂肪族醇、醛、酮、酸、酯、内酯、酚、醚。

④ 含氮、硫、杂环和稠环类 如腈类、硫醚类、硫醇类、硫酯类、吡嗪类、呋喃类、噻唑类、噻吩类、吡咯类、吡啶类、喹啉类。

⑤ 合成麝香类 如硝基麝香、大环酮类麝香、大环内酯类麝香、茚满型和萘满型等多环麝香。

3.3.2 香料的结构和香气关系

香料的分子结构与香气之间的关系比较复杂，近年来，虽有许多学者在这方面进行了研究，提出了各种理论假说，但皆有一定局限性，都是从不同角度阐明香气与分子结构的关系，如碳链中碳原子的个数、不饱和性、官能团、取代基、同分异构等因素对香料化合物香气产生的影响。这些因素对香气的影响虽然尚不能从理论的高度加以解释，但对有香化合物的合成，还是有一定的指导作用的。

烃类化合物中，脂肪族烃类化合物一般具有石油气息，其中 C_8 和 C_9 的香气强度最大。随着分子量的增加香气变弱。C_{16} 以上的脂肪烃类属于无香物质。链状烃比环状烃的香气强，随着不饱和性的增加，其香气相应变强。例如，乙烷是无臭的，乙烯具有醚的气味，而炔具有清香香气。

醇类化合物中，羟基属于强发香团，但当分子内形成氢键时，香气减弱（这一点对调香者来说是比较重要的）。C_4 和 C_5 醇类化合物具有杂醇油的香气，C_8 醇香气最强，碳数再增加时，出现花香香气，C_{14} 醇几乎无香。另外，羟基数量增加时，香气变弱；如果引入双键、叁键时，香气增强；不饱和键位置接近羟基的物质，其香气显著增强。

醛类化合物中，脂肪族低级醛具有强烈的刺鼻气味，C_4 和 C_5 醛具有黄油型香气，C_8～C_{12} 等醛类化合物则有花香香气和油脂气味，其中 C_{10} 醛香气最强，C_{16} 醛无臭。在芳香族醛类及萜烯醛类中，大多具有草香、花香等香气。

酮类化合物中，C_{11} 脂肪族酮香气强，并且有韮菜的香气。C_{16} 酮是无臭的，C_{11}～C_{13} 的大环酮类有樟脑气味；C_{14} 的大环酮具有柏木香气，C_{15}～C_{18} 大环酮则具有细腻而温和的天然麝香香气。

脂肪族羧酸化合物中，C_4 和 C_5 羧酸具有酸败的黄油香气，C_8 和 C_{10} 羧酸具有不快的汗臭气息。C_{14} 羧酸无臭。酯类化合物的香气介于醇和酸之间，但均比原来的醇、酸的香气要好。由脂肪酸和脂肪醇所生成的酯，一般具有花、果、草香。C_8 的羧酸乙酯香气最强，C_{17} 的羧酸酯是无臭的。内酯化合物的香气接近于化学结构类似的酯类化合物，但由于取代基的位置不同，其香气有显著的变化。随着内酯环的增大，香气随之增强，而尖刺的气味相应减弱。大环化合物中 C_{14}～C_{19} 的内酯环具有较强的麝香香气。

此外，香气也因分子的立体结构而造成差异。

3.3.3 重要的合成香料

与天然香料相比，合成香料采用的工艺比较复杂。但其优点是成本低、原料丰富、质量稳定，而且其品种之多，简直是无穷无尽。此处只对重要的合成香料进行介绍。

(1) 醇类香料

醇类在香料工业中占有重要地位，醇类香料种类约占香料总数的20%左右。醇类香料的气味与分子结构有密切的关系。饱和脂肪醇的香气强度随碳原子数目的增加而增强，当达到10个以上碳原子时，香气逐渐减弱。由饱和醇变为不饱和醇时，香气一般会增加。

萜醇类和芳醇类在醇类香料中占有重要地位。萜醇中最有价值的是香叶醇、橙花醇、香茅醇、芳樟醇、金合欢醇、薰衣草醇、月桂烯醇、α-松油醇、薄荷脑、紫苏醇、柏木醇、岩兰草醇、香紫苏醇、二氢月桂烯醇、二氢香叶醇、二氢香茅醇、二氢松油醇、龙脑、L-葛缕醇、檀香醇等。

重要的芳香族醇有β-苯乙醇、苯甲醇、苯丙醇、二甲基苄基甲醇、二甲基苯乙基甲醇、肉桂醇、α-戊基桂醇、苏合香醇、甲基乙基苄基甲醇、大茴香醇、4-苯基-3-丁烯-2-醇等。

脂肪族醇类香料有叶醇、癸醇、2,4-二甲基-3-环己烯-1-甲醇、环己基乙醇、己醇、2-乙基-1-己醇、月桂醇、4-异丙基环己醇、对叔丁基环己醇、庚醇、辛醇、壬醇、2,6-壬二烯-1-醇等。

① 香叶醇

别名：反-3,7-二甲基-2,6-辛二烯-1-醇

结构式：

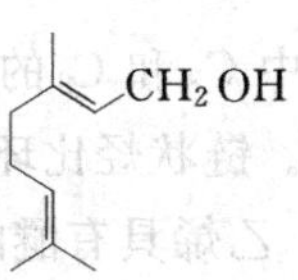

分子式：$C_{10}H_{18}O$

相对分子质量：154.24

理化性质：无色液体，具有类似玫瑰花香。几乎不溶于水，溶于乙醇等有机溶剂中。沸点230℃，相对密度d_{25}^{25}0.875～0.885。折射率n_D^{20}1.469～1.478，旋光度-2°～2°。

天然存在：存在于玫瑰草油、玫瑰油、香叶油、茉莉油、柠檬油等250多种天然植物中。

制备方法：可用单离的方法从天然精油中制取，也可由月桂烯制取。

玫瑰草油→减压分馏→粗香叶醇→氯化钙纯化法→香叶醇

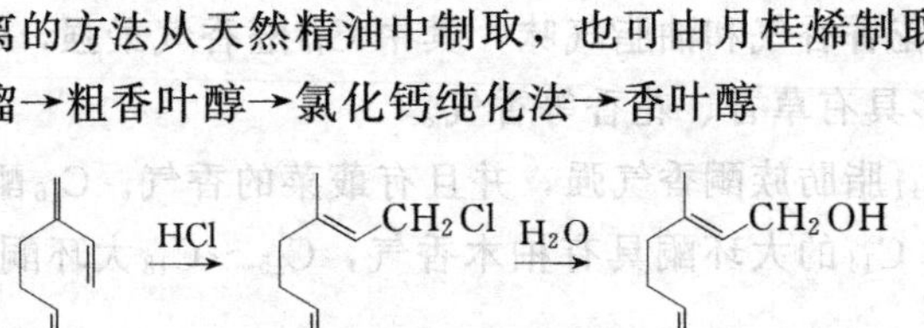

用途：是玫瑰系列香精的主香剂。在茉莉、橙花、栀子、桂花、香石竹、晚香玉、金合欢、紫罗兰等日用香精中也经常使用。在苹果、草莓、桃子、柠檬等食用香精中也微量使用。

② 橙花醇

别名：顺-3,7-二甲基-2,6-辛二烯-1-醇

结构式：

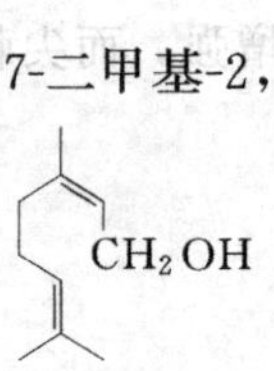

分子式：$C_{10}H_{18}O$

相对分子质量：154.24

理化性质：无色液体，具有清甜的橙花-玫瑰香。微溶于水，溶于乙醇等有机溶剂中。

沸点 225～227℃，相对密度 d_4^{25}0.877～0.879。折射率 n_D^{20}1.475～1.478。

天然存在：存在于橙叶油、橙花油、依兰油、香茅油、玫瑰木油、伽罗木油、晚香玉油、白叶蜡菊油等许多精油中。

制备方法：

a. 从天然精油中单离出橙花醇。

白叶蜡菊油→减压分馏→粗橙花醇→邻苯二甲酸酯纯化法→橙花醇

b. 以甲基庚烯酮和乙炔甲醚为原料制取。近些年，用芳樟醇异构化制备 96%纯度的香叶醇在工业化生产上已成可能，反应以原钒盐作为催化剂，可以得到 90%收率的香叶醇和橙花醇混合物。高纯度的香叶醇可以进一步从该混合物中分离而得到。

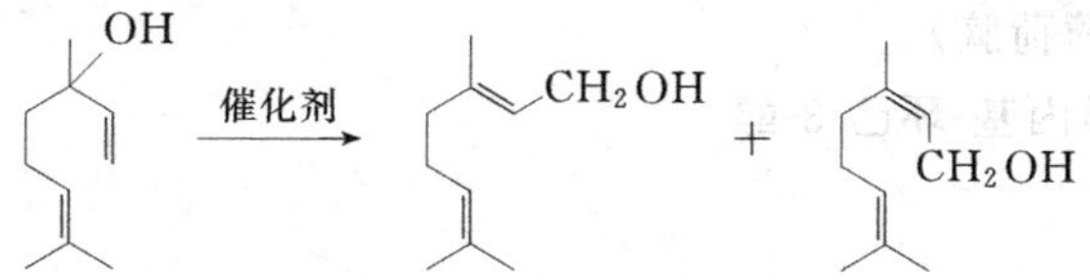

用途：是配制橙花、玫瑰、玉兰香精的主香剂，是配制茉莉、白兰、水仙、铃兰、香石竹、紫丁香香精的协调剂。在草莓、覆盆子等食用香精中也微量使用。

③ 香茅醇

别名：3,7-二甲基-6-辛烯醇

结构式：

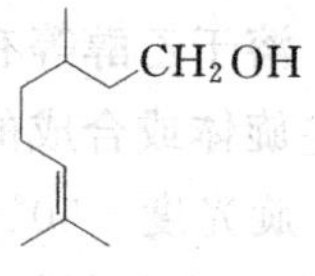

分子式：$C_{10}H_{20}O$

相对分子量：156.26

理化性质：无色液体，具有类似玫瑰-香叶香气。微溶于水，溶于乙醇等有机溶剂中。沸点 224～225℃，相对密度 d_{25}^{25}0.850～0.860。折射率 n_D^{20}1.454～1.462，旋光度－1°～＋5°。

天然存在：香茅醇存在于 70 多种天然植物中。在东非香叶油、爪哇香茅油、玫瑰油、玫瑰草油、柠檬油中均有存在。

制备方法：

a. 从香茅油中用单离方法制取。

b. 用香叶醇（或橙花醇）氢化还原、用香茅醛还原的方法制取。

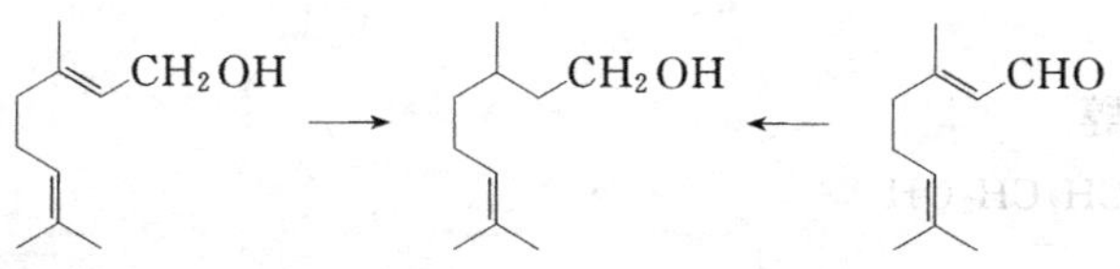

用途：是玫瑰香型香精的主香剂。在铃兰、桂花、紫丁香等许多花香型日用香精中也大量使用。也是调制草莓、桃子、甜橘等食用香料的原料。

④ 金合欢醇

别名：2,6,10-三甲基-2,6,10-十三碳三烯-12-醇

结构式：

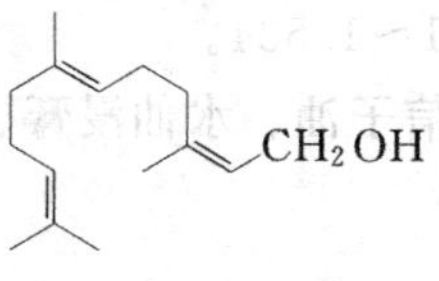

分子式：$C_{15}H_{26}O$

相对分子质量：222.26

理化性质：无色液体，具有花香香气，似锻树花香，并有清香和木香香韵。几乎不溶于水，溶于乙醇等有机溶剂中。沸点 263℃，相对密度 d_4^{25} 0.887～0.889。折射率 n_D^{20} 1.489～1.491。

天然存在：存在于橙叶、依兰、金合欢、黄葵子、玫瑰草、香茅、巴西檀香、吐鲁香脂等许多天然植物中。

制备方法：金合欢醇系由橙花叔醇异构化而得，其制备方法与芳樟醇异构成香叶醇相类似。

⑤ 薄荷醇（俗称薄荷脑）

别名：1-甲基-4-异丙基-环己-3-醇

结构式：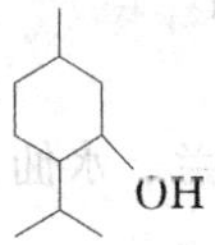

分子式：$C_{10}H_{20}O$

相对分子质量：156.27

理化性质：无色针状晶体，具有清凉薄荷香气，微溶于水，溶于乙醇等有机溶剂中。具有左旋、右旋和消旋光学异构体。在香料中应用的大多为天然左旋体或合成的消旋体。熔点 42～43℃，沸点 216℃，相对密度 d_{15}^{15} 0.904。折射率 n_D^{20} 1.461，旋光度 −50°～−46°。

天然存在：在薄荷油中含量高达 80%左右，在留兰香等其他精油中也存在。

制备方法：可从天然精油中单离出薄荷醇；或以镍为催化剂，将百里香酚加氢还原，则得在常温为液态的各种薄荷醇的混合物。然后将该混合物冷冻结晶，用离心机分离，再用升华或蒸馏法纯化。其反应式如下：

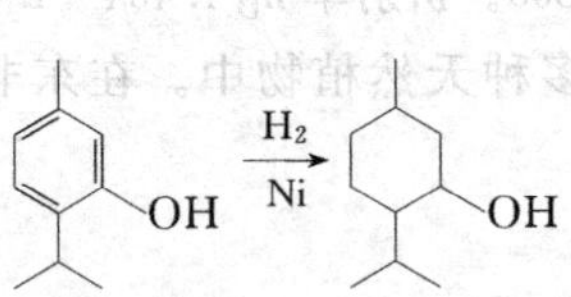

用途：在日化工业中主要用于牙膏、香水、饮料和糖果中。由于具有清凉醒脑作用，是重要的医药原料。在食品、烟酒工业中也应用很广。

⑥ *β*-苯乙醇

别名：2-苯基乙醇

结构式：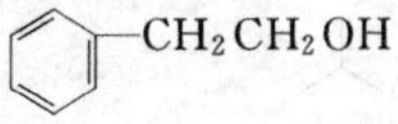

分子式：$C_8H_{10}O$

相对分子质量：122.17

理化性质：无色黏稠液体，具有类似玫瑰香气。微溶于水，溶于乙醇等有机溶剂中。具有左旋、右旋和消旋光学异构体。在香料中应用的大多为天然左旋体或合成的消旋体。沸点 220～223℃，相对密度 d_{25}^{25} 1.017～1.020。折射率 n_D^{20} 1.531～1.534。

天然存在：在玫瑰油、依兰油、香叶油、橙花油、风信子油、水仙浸膏、茶叶、烟草中均有存在。

制备方法：可由苯乙烯为原料制取；或以苯和环氧乙烷为原料制取。

用途：由于苯乙醇具有柔和、愉快而又持久的玫瑰香气，故大量用于玫瑰型和其他类型的香精配方中。广泛用于配制香水香精、食用香精以及用于合成香料。要使产品有玫瑰花香时，一般将它和香叶醇、香茅醇以及二者的酯类一起使用。由于它对碱相当稳定，故在多种化妆品和香皂中特别适用。

⑦ 苯甲醇

别名：苄醇

结构式：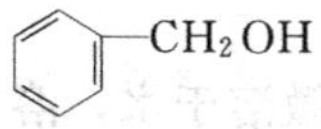

分子式：C_7H_8O

相对分子质量：108.13

理化性质：无色液体，具有微弱的密甜水果香气。微溶于水，溶于乙醇等有机溶剂中。沸点 204～206℃，相对密度 d_4^{25} 1.041～1.046。折射率 n_D^{20} 1.539～1.540。

天然存在：存在于茉莉、橙花、依兰、鸢尾、黄兰、栀子、风信子、金合欢、丁香花、海狸香中。

制备方法：可由苯甲醛和甲醛，在氢氧化钠存在下，经歧化反应制取；或由氯化苄水解制取。

用途：在茉莉、栀子、依兰、丁香、素心兰、金合欢、风信子、晚香玉香精中起修饰和定香作用。亦可用于甜橙、樱桃、葡萄等食用香精中。

⑧ 叶醇

别名：顺-3-己烯醇

分子式：$C_6H_{12}O$

结构式：$CH_3CH_2CH{=}CHCH_2CH_2{-}OH$

相对分子质量：100.16

理化性质：无色油状液体，具有强烈的青叶香气。微溶于水，溶于乙醇等有机溶剂中。沸点 156～157℃，相对密度 d_4^{15} 0.851。折射率 n_D^{20} 1.480。

天然存在：在茶叶、草莓、圆柚、薄荷、萝卜中均有存在。

制备方法：以 3-丁炔醇为原料，制得丁炔基呋喃醚，最后通过部分加氢制得；以 1,3-戊二烯及甲醛为原料，经二氢吡喃中间体制得。

用途：用于调配各种与天然香料类似的人造香精，如铃兰型、丁香型、橡苔型、薄荷型和熏衣草型精油等。也用于调配各种花香型香精，使人造精油和香精具有清香的头香香韵。此外，叶醇也是合成茉莉酮和茉莉酮酸甲酯的重要原料。

(2) 醛类香料

C_8～C_{12}的饱和醛经稀释后具有令人愉快的香气。某些高级脂肪醛在香精配方中常用作顶香剂。许多芳香醛、萜醛是调制香料的佳品。醛类香料约占香料化合物总数的 10%左右。

芳香族醛在香料工业中起着重要作用，如乙基香兰素、α-戊基桂醛、香兰素、洋茉莉醛、兔耳草醛、铃兰醛、桂醛、仙客来醛都是重要的香料。

萜醛类，如柠檬醛、香茅醛、羟基香茅醛、甜橙醛等是最常用的香料品种。

常用的脂肪族醛类香料有十一醛、十二醛、壬醛、甲基壬基乙醛、肉豆蔻醛、甜瓜醛、鸢尾醛、2-己烯醛、黄瓜醛、癸醛、十一烯醛、十二烯醛、十三烯醛等。

① 香兰素

别名：3-甲氧基-4-羟基苯甲醛；邻甲氧基对甲基苯甲醛

结构式：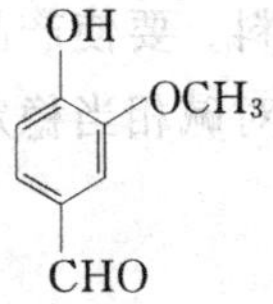

分子式：$C_8H_8O_3$

相对分子质量：152.15

理化性质：白色至微黄色针状结晶，具有香荚兰豆的香气。微溶于水，溶于乙醇等有机溶剂中。由于香兰素既具有醛基又有羟基，因此化学性质不太稳定。在空气中容易氧化为香兰酸，在碱性介质中容易变色。所以在贮存和应用时应加以注意。熔点 81～83℃，沸点 284～285℃，在常压蒸馏时，部分分解生成儿茶酚。

天然存在：是香荚兰主要香成分。在香茅油、丁香油、橡苔、马铃薯、安息香脂、秘鲁香脂、苏合香脂、吐鲁香脂中均有存在。

制备方法：

a. 愈创木酚-甲醛路线　将愈创木酚、甲醛和芳基羟胺进行缩合反应，生成席夫碱，再将其水解而引入醛基，得到香兰素。目前许多国家采用此路线。催化剂使用氯化锌、氯化锰、硫酸铜。经过缩合、水解，产物用苯萃取，再进行减压蒸馏，可得香兰素粗品，最后用乙醇重结晶，得到香兰素成品。

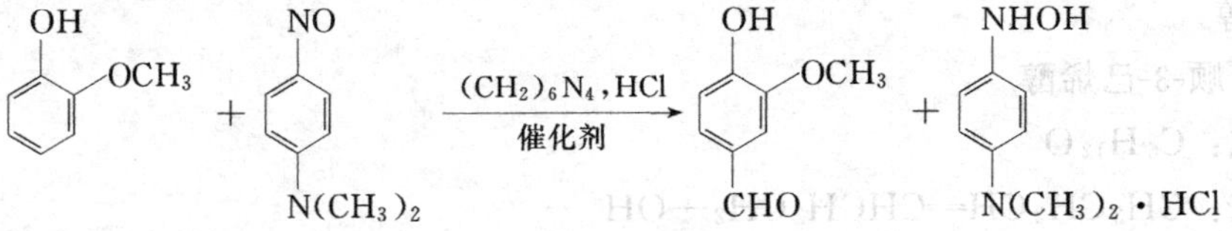

b. 愈创木酚-乙醛酸路线　愈创木酚在碱性溶液中同乙醛酸反应，生成3-甲氧基-4-羟基苯基羟乙酸钠盐，在氢氧化铜催化下，于95℃通入空气即可选择氧化成香兰素。该路线的优点是所用原料成本低，而且大大减少了“三废”污染。

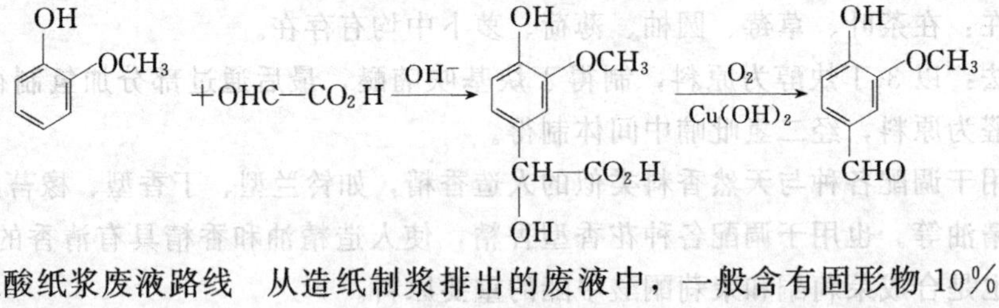

c. 亚硫酸纸浆废液路线　从造纸制浆排出的废液中，一般含有固形物10%～12%，其中含木质素磺酸钙约40%～50%。利用造纸废液内含有相当数量的木质素，将其在碱性介质中经水解、氧化，可生成香兰素。转化率可达木质素的8%～11%。

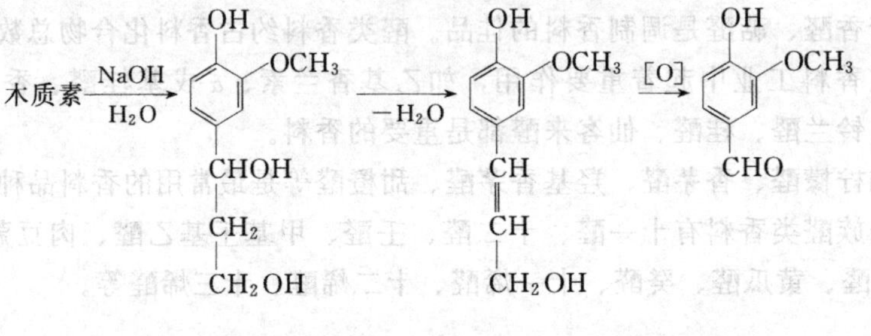

用途：香兰素是重要的香料之一。作粉底香料，几乎用于所有香型。如紫罗兰、草兰、葵花、玫瑰、茉莉等。但因易导致变色，在白色加香产品中使用时应注意。香兰素在食品、烟酒中应用也很广泛，在香子兰、巧克力、太妃香型中是必不可少的香料。

② 洋茉莉醛

别名：3,4-亚甲二氧基苯甲醛；胡椒醛

结构式：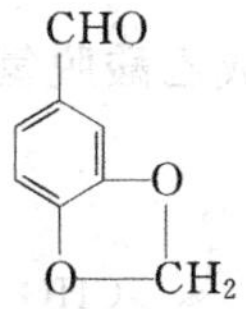

分子式：$C_8H_6O_3$

相对分子质量：150.14

理化性质：白色至浅黄色结晶，具有茴香豆香气。微溶于水，溶于乙醇等有机溶剂中。有致变色因素，与吲哚同时使用会产生粉红色。熔点 35～37℃，沸点 261～263℃，在常压蒸馏时，部分分解生成儿茶酚。

天然存在：存在于刺槐、香荚兰豆、紫罗兰花、榆绣绒菊等天然植物中。

制备方法：以 3,4-二氧亚甲基苄醇为原料合成。

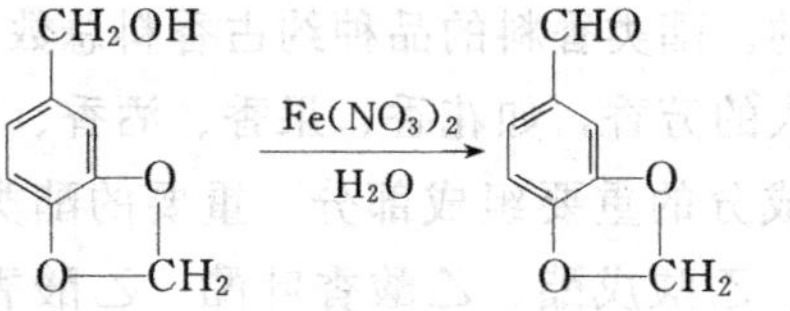

用途：在葵花、甜豆花、紫罗兰、香石竹、金合欢、山楂花、紫丁香、铃兰等日用香精中广泛使用。微量用于桃子、梅子、樱桃、坚果、可乐等香型食品中。

③ 柠檬醛

别名：3,7-二甲基-2,6-辛二烯醛

结构式：

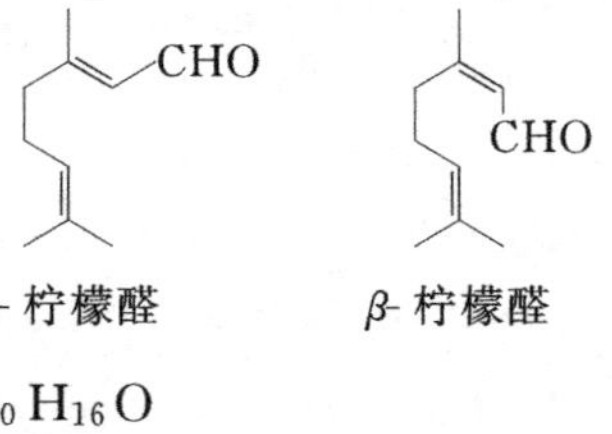

α-柠檬醛 β-柠檬醛

分子式：$C_{10}H_{16}O$

相对分子质量：152.23

理化性质：柠檬醛有两种异构体，分别称为α-柠檬醛（香叶醛）和β-柠檬醛（橙花醛）。自然界中存在的柠檬醛几乎总是上面两种异构体的混合物。为黄色液体，具有类似柠檬的香气。几乎不溶于水，溶于乙醇等有机溶剂中。沸点 228～229℃，相对密度 d_{25}^{25} 0.885～0.891。折射率 n_D^{20} 1.484～1.491。

天然存在：它们存在于柠檬草油（85%）、山苍子油（75%）、丁香罗勒油（65%）、酸柠檬叶油（35%）、柠檬油以及许多其他精油中。

制备方法：

a. 从天然精油中单离制取 山苍子油→减压分离→粗醛→亚硫酸氢钠加成法纯化→分离→酸化→分离→减压蒸馏→柠檬醛。

b. 香叶醇的氧化法。在醇铝的作用下，香叶醇经高温氧化可以直接转化成柠檬醛。醇铝一般为异丙醇铝、叔丁醇铝或仲丁醇铝。

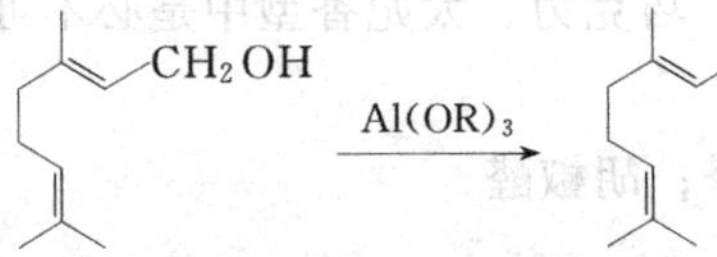

c. 脱氢芳樟醇的异构化法　脱氢芳樟醇与乙酸酐作用，首先生成乙酸脱氢芳樟酯，该酯经加热处理后再皂化即得高产率的柠檬醛。

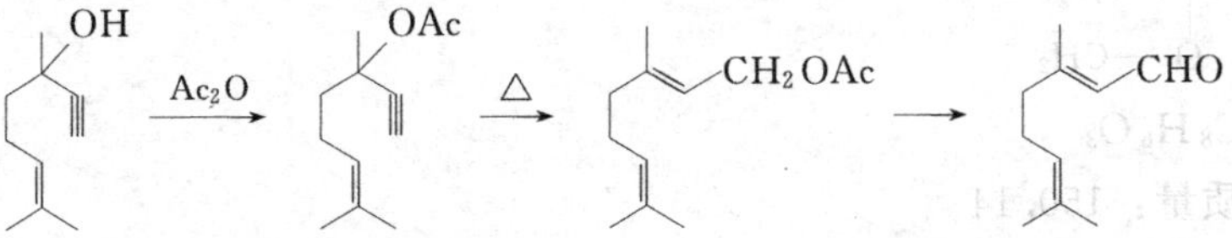

用途：柠檬醛用途非常广泛，在橙花、丁香、玉兰、柠檬、薰衣草、香微、古龙等日用香精中均大量使用。在柠檬、甜橙、苹果、草莓、葡萄等食用香精中也常使用。同时也是合成紫罗兰酮、甲基紫罗兰、维生素 A 的原料。

(3) 酯类香料

酯类香料在香料工业中占有特别重要的地位，在配制化妆品香精、食品香精及烟酒香精中，酯类香料都是不可缺少的。酯类香料的品种约占香料总数的 20%，产量名列前茅。

酯类化合物大都具有宜人的芳香，如花香、果香、酒香、蜜香香气等。它们广泛存在于自然界中，是鲜花、水果香成分的重要组成部分。重要的酯类香料如乙酸苄酯、乙酸芳樟酯、乙酸丁酯、乙酸异戊酯、乙酸戊酯、乙酸香叶酯、乙酸香茅酯、乙酸松油酯、丙酸乙酯、丙酸异戊酯、丙酸香叶酯、丙酸芳樟酯、丁酸乙酯、丁酸烯丙酯、丁酸丁酯、丁酸香叶酯、丁酸松油酯、异戊酸乙酯、异戊酸异戊酯、己酸乙酯、己酸烯丙酯、庚酸乙酯、十一烯酸乙酯、乳酸乙酯、乳酸丁酯、二氢茉莉酮酸甲酯、苯甲酸乙酯、苯甲酸苄酯、桂酸甲酯、桂酸乙酯等。

① 乙酸苄酯

别名：乙酯苯甲酯

结构式：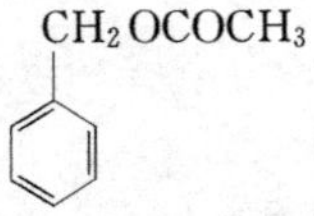

分子式：$C_9H_{10}O_2$

相对分子质量：150.18

理化性质：无色液体，具有强烈的茉莉-铃兰花香。微溶于水，溶于乙醇等有机溶剂中。沸点 215～216℃，相对密度 d_{25}^{25} 1.052～1.056。折射率 n_D^{20} 1.501～1.503。

天然存在：在依兰油、橙花油、风信子油、晚香玉油、栀子油中均有存在。

制备方法：

a. 从依兰油、橙花油用精密分馏的方法单离出乙酸苄酯。

b. 由氯化苄和乙酸钠相互反应制取。

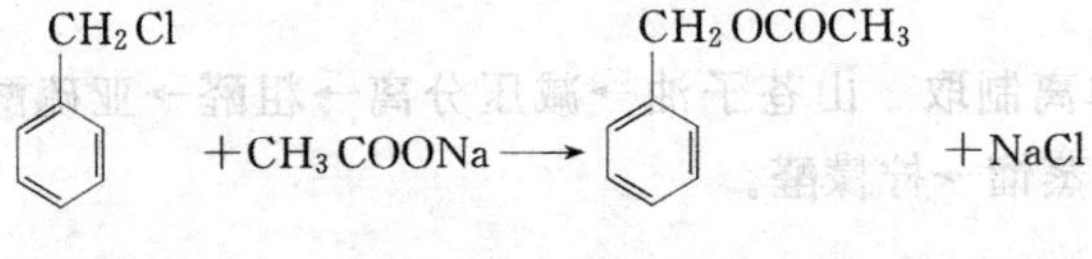

用途：在茉莉、栀子、白兰、风信子香精中起主香剂作用。作为协调剂应用在玫瑰、橙花、铃兰、依兰、紫丁香、金合欢、香石竹、晚香玉等香精中。在苹果、葡萄、香蕉、草莓、菠萝等食用香精中也经常使用。

② 乙酸芳樟酯

别名：3,7-二甲基-1,6-辛二烯-3-醇乙酸酯

结构式：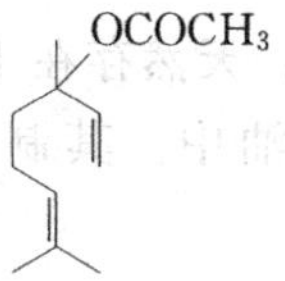

分子式：$C_{12}H_{20}O_2$

相对分子质量：196.29

理化性质：无色液体，具有类似薰衣草-橙叶的香气。微溶于水，溶于乙醇等有机溶剂中。沸点 220℃，相对密度 d_4^{25}0.895～0.906。折射率 n_D^{20}1.450～1.451。

天然存在：存在于薰衣草、香柠檬、柠檬、橙叶、橙花、茉莉、薄荷、孔雀草花、玫瑰、芳樟、依兰、栀子等许多精油中。

制备方法：

a. 从天然精油中用减压分馏的方法单离出乙酸芳樟醇。

b. 用芳樟醇和乙酸酐在磷酸存在下，进行直接乙酰化反应制取。

$$3(CH_3CO)_2O + H_3PO_4 \longrightarrow (CH_3CO)_3PO_4 + 3CH_3COOH$$

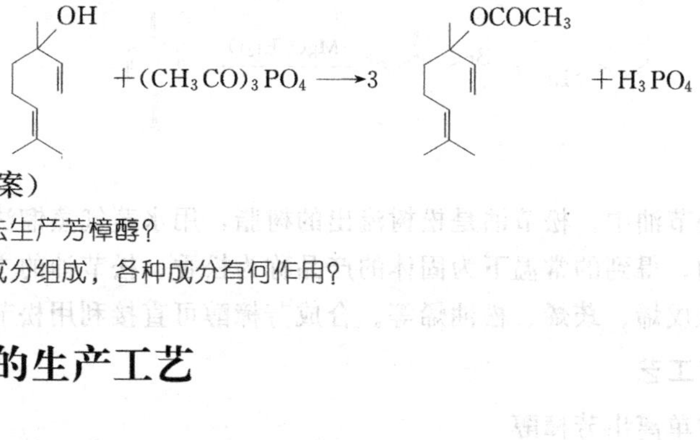

想一想！（完成答案）

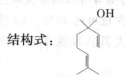

1. 可用哪些方法生产芳樟醇？
2. 香精由哪些成分组成，各种成分有何作用？

3.4 芳樟醇的生产工艺

芳樟醇别名里哪醇，化学名是 3,7-二甲基-1,6-辛二烯-3-醇。

结构式：

分子式：$C_{10}H_{18}O$，相对分子质量 154.24。

芳樟醇是重要的单萜烯醇之一，无色液体，具有甜的、青香、花香、辛香、木香香气以及甜的、花香、果香、醛香、柑橘味道。存在于芳樟油、黄樟油、香柠檬油、薰衣草油、玫瑰木油、芫荽籽油、香紫苏油、橙花油、橙叶油、甜橘油、茉莉油等精油中。

芳樟醇用途极广，在茉莉、铃兰、玫瑰、橙花、金合欢、晚香玉、紫丁香等花香型以及果香型、木香型香精中均可应用。在奶油、葡萄、杏子、菠萝等食用香精中也经常使用。芳樟醇可以转化成松油醇、香叶醇、柠檬醛，并用以生产香茅醇、紫罗兰醇、金合欢醇、紫罗兰酮等香料产品；芳樟醇还是生产维生素 A、维生素 E 的重要中间体。

3.4.1 原料的来源及制备

由于芳樟醇的广泛用途，天然资源无论是在数量上或是价格上都不能满足日益增长的需要。常用于化学合成原料有月桂烯、蒎烯、异戊二烯、异丁烯等。本书只介绍月桂烯和蒎烯的来源及制备。

(1) 月桂烯

月桂烯亦称香叶烯，在香料工业中常用的一般是β-月桂烯。天然存在于肉桂油、枫茅油、柏木油、云杉油、松节油、马鞭草油、柠檬草油、柠檬油中。其制备方法有以下几种。

① 从天然精油中用减压分馏的方法分离出月桂烯。

② 由异戊二烯合成：

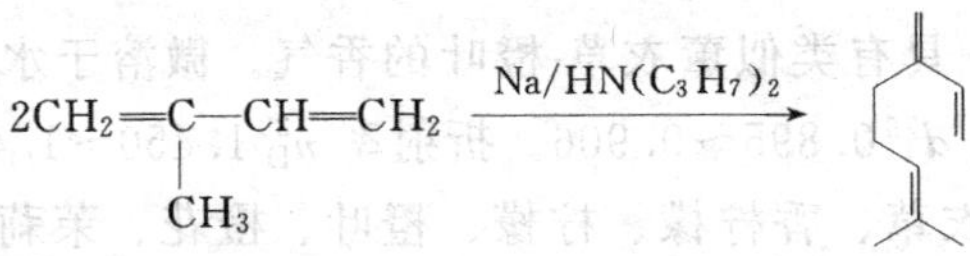

③ 由β-蒎烯热裂解制得

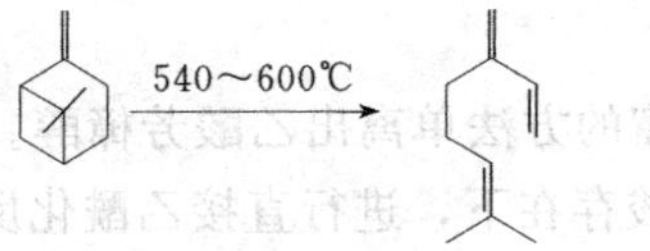

④ 由异戊二烯的溴化物偶合得到

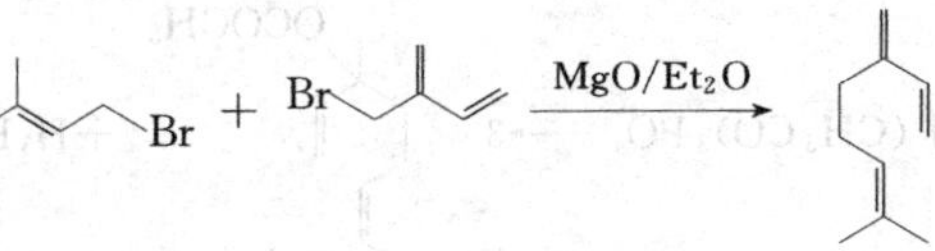

(2) 蒎烯

蒎烯存在于天然松节油中。松节油是松树流出的树脂，用水蒸气蒸馏法进行蒸馏，得到的油状液体称为松节油；得到的常温下为固体的产品称为松香。松节油的主要成分是α-蒎烯和β-蒎烯，另有少量双戊烯、莰烯、松油烯等。合成芳樟醇可直接利用松节油。

3.4.2 芳樟醇的生产工艺

(1) 从天然精油中单离出芳樟醇

芳樟木油、芳樟叶油、白玉兰油、玫瑰木油、伽罗木油、芫荽籽油等可以用来提取芳樟醇。用水蒸气蒸馏法提油，得油率0.4%～1.0%，精油中芳樟醇的含量可达70%。20世纪50年代以前，用于调香中的芳樟醇主要从天然精油中分离得到，尤其从玫瑰木油中分离得到。

工艺流程：

玫瑰木油→ 减压蒸馏 →粗芳樟醇→ 硼酸酯纯化法 →芳樟醇

(2) 化学合成法

由于芳樟醇是生产维生素E的重要中间体，因此，大规模生产芳樟醇的工艺发展起来。现在，除少数几个国家仍从含芳樟醇高的精油中分离得到芳樟醇外，绝大多数芳樟醇则主要是人工合成方法。

① 月桂烯法　月桂烯先和等摩尔的氯化氢气体在低温下生成氯代月桂烯，经水解后可得到芳樟醇。

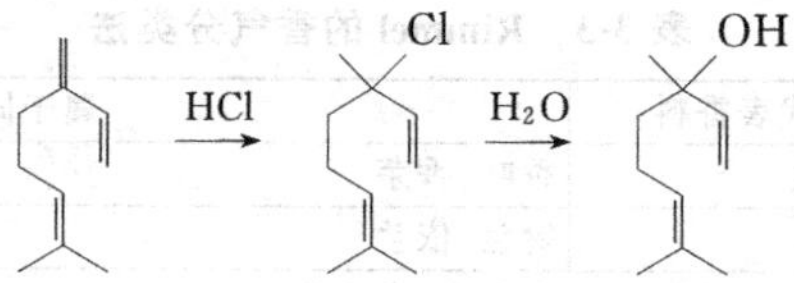

② 异戊二烯法 从石油 C_5 馏分中分出异戊二烯，它与氯化氢气体进行 1,4-加成得到异戊烯氯，在季铵盐相转移催化剂存在下与丙酮反应生成甲基庚烯酮，与乙炔在金属钠的作用下反应生成脱氢芳樟醇，脱氢芳樟醇经催化加氢即生成产品芳樟醇。

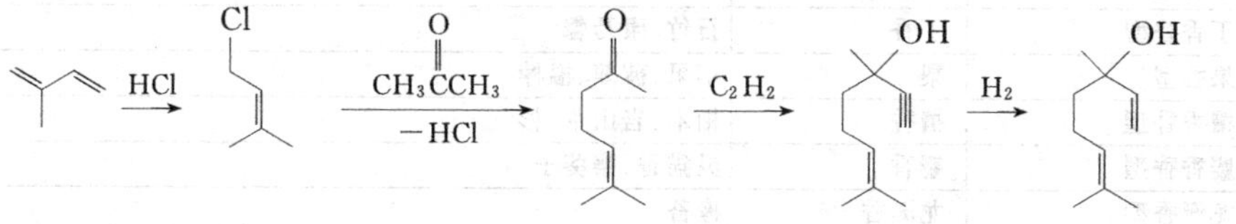

③ α-蒎烯法 将 α-蒎烯加氢主要得到顺蒎烷，之后依次用空气氧化、加氢还原得蒎烷-2-醇，控制在 450～600℃下进行热裂解，会得到芳樟醇，同时副产鸢尾醇。

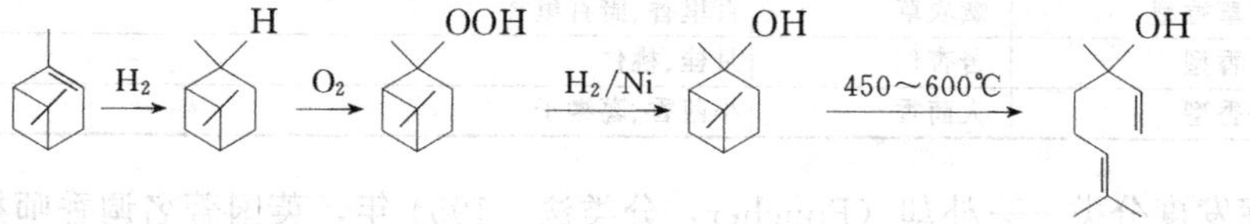

④ 异丁烯法 将异丁烯、丙酮、甲醛在 30MPa 和 300℃时连续反应得到甲基庚烯酮，再与乙炔在金属钠的作用下反应生成脱氢芳樟醇，脱氢芳樟醇经催化加氢即生成产品芳樟醇。

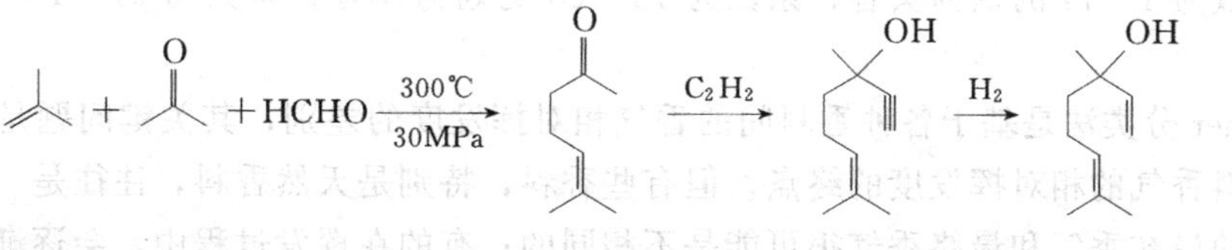

3.4.3 调香及香精的应用

(1) 香气的分类和强度

调香工作者经常要使用几百种甚至千余种的香料，这些香料各有不同的香气特征、香气强度、香气浓度以及不同的理化性质。为了在调香工作中便于根据仿香或创香的要求去选择和应用，以及讨论或比较不同香料的特色，对各种香料进行香气分类是很有必要的。

香气是香料的“灵魂”，每种香料都散发出不同的香气，它们之间既有差异，又有相似，甚至于近同。为此，根据不同的角度和依据，提出了各种不同的香气分类方法。已知的香气分类方法有二十多种，但由于香物质的千差万别，加上人们不同年龄、性别、生活环境等的差异，因而对香气进行确切分类是不容易的，至今还没有权威的分类。这里仅介绍按香气的类型、挥发度分类的方法。

① 按香气类型分类——里曼尔（Rimmel）分类法 1865 年里曼尔根据各种天然香料的香气特征，将香气类型归纳为 18 种（如表 3-3）。这种分类方法接近于客观实际，容易被人们接受，对天然香料的使用有一定指导意义。但限于当时的香料品种几乎都是天然香料，现在的香料品种已逾数千种，里曼尔的分类法已不能满足需要，应适当加以补充，方可完整些。

表 3-3 Rimmel 的香气分类法

序号	香气类别	代表香料	属于同类别的香料
1	玫瑰香型	玫瑰	香叶、香茅
2	茉莉香型	茉莉	铃兰、依兰
3	橙花香型	橙花	金合欢、山梅花
4	晚香玉香型	晚香玉	百合、水仙、风信子、黄水仙、洋水仙
5	紫罗兰香型	紫罗兰	鸢尾根、木樨草、莉毬花
6	树脂膏香型	香荚兰	香脂类、苏合香、安息香、黑香豆、洋茉莉
7	辛香型	玉桂	桂皮、肉豆蔻、众香子、肉豆蔻衣
8	丁香香型	丁香	石竹、康乃馨
9	果香型	梨	苹果、菠萝、榅桲
10	檀香香型	檀香	柏木、岩山草、杉
11	麝香香型	麝香	灵猫香、麝葵子
12	龙涎香型	龙涎香	橡苔
13	樟脑香型	樟脑	广藿香、迷迭香
14	薄荷香型	薄荷	留兰、芸香
15	柠檬香型	柠檬	白柠檬、香柠檬、甜橙
16	薰衣草香型	薰衣草	百里香、野百里香
17	杏仁香型	苦杏仁	月桂、桃仁
18	茴香香型	大茴香	小茴香、葛缕子

② 按挥发度分类——朴却（Poucher）分类法　1954 年，英国著名调香师提出按香料的香气挥发度对香气进行分类的方法。将香料涂布在辨香纸上，然后依据香料在辨香纸上挥发留香的时间长短来区分头香、体香和基香三大类。把在不到一天就嗅不到香气的香料，规定系数为“1”，不到两天的系数定为“2”，其他依此类推，最高定为“100”，此后不再分高低。把系数为 1～14 的划为头香；系数为 15～60 的划为体香；系数为 61～100 的划为基香或定香剂。

Poucher 分类法是基于各种香料间的香气相对挥发度的差别，其关键问题是用嗅觉去判定一种香料香气的相对挥发度的终点。但有些香料，特别是天然香料，往往是一种复杂的混合物，它的最初香气和最终香气很可能是不相同的；有的在挥发过程中，会逐渐失去它本来的典型香气特征，这就凭嗅辨者的嗅觉来判断。因此一种香料究竟列在头香、体香或是基香类别中，会因人而异。不过这种分类法对调香者来说，特别是初学者，是容易理解的，而且是有一定益处的。

③ 香气的强度　各种香原料和香精的香气，在强弱程度上区别是很大的。香气强度不仅与有香物质的浓度有关，也与该物质在嗅感觉上的刺激能力和嗅觉的灵敏度有关。

香气的强度大小常用阈值（亦称槛限值或最少可嗅值）表示。通过嗅觉能感觉到的有香物质的界限浓度，称为有香物质的嗅阈值。能辨别出其香的种类的界限浓度称为阈值。阈值虽然可用数值表示，但由于嗅辨者的主观因素，很难达到非常客观的定量表示。对于同一个香料，有时会出现不同的阈值。

阈值的测定：可采用空气稀释法，阈值的单位用空气中含有香物质的浓度（g/m^3 或 mol/m^3）表示。阈值也可采取水稀释法测定，单位为 mg/kg、$\mu g/kg$。

阈值愈小，表示香气愈强；阈值愈大，表示香气强度愈弱，例如 3-甲基-2-甲氧基吡嗪（A）、3-甲基-6-甲氧基吡嗪（B）、2,3-二甲基吡嗪（C）在水中的阈值分别为 $3\mu g/kg$、$15\mu g/kg$、$400\mu g/kg$，因此它们的香气强度顺序为 A＞B＞C。

（2）香精的组成和作用

由于一种香料很难满足人们对加香产品香气或香味的需要，往往是根据加香产品的性质和用途，将数种乃至数十种香料调配成调合香料即香精来使用。

在国内，调香师多认为香精是由主香剂、辅助剂、头香剂、定香剂组成，而国外多认为香精是由头香、体香、基香等三种类型的香料组成。

① 根据香料在香精中的用途分类，香精由以下几部分组成。

a. 主香剂　主香剂也称为香精主剂或打底原料，是形成香精主体香韵的基础，是构成香精香型的基本原料。调香师要调配某种香精，首先要确定其香型，然后找出能体现该香型的主香剂。在香精中有的只用一种香料做主香剂，如调和橙花香精往往只用橙叶油做主香剂，但多数情况下，都是用多种香料做主香剂，如调和玫瑰香精，常用苯乙醇、香茅醇、香叶醇、玫瑰醇、玫瑰醚、甲酸香叶酯、玫瑰油、香叶油等做主香剂。

b. 辅助剂　辅助剂亦称配香原料或辅助原料。主要作用是弥补主香剂的不足。添加辅助剂后，可使香精香气更趋完美，以满足不同类型的消费者对香精香气的需求。辅助剂可分为协调剂和变调剂两种。

(a) 协调剂　亦称和合剂或调和剂。协调剂的香气与主香剂属于同一类型，其作用是协调各种成分的香气，使主香剂香气更加明显突出。例如，在调配玫瑰香精时，常用芳樟醇、羟基香茅醛、柠檬醛、丁香酚、玫瑰木油等做协调剂。

(b) 变调剂　亦称矫香剂或修饰剂。用作变调剂香料的香型与主香剂不属于同一类型，是一种使用少量即可奏效的暗香成分，其作用是使香精变化格调，使其别具风格。例如，在调配玫瑰香精时，常用苯乙醛、苯乙二甲缩醛、乙酸苄酯、丙酸苯乙酯、檀香油、柠檬油等做变调剂。

c. 头香剂　头香剂亦称顶香剂。用作头香剂的香料挥发度高，香气扩散力强。其作用是使香精的香气更加明快、透发，增加人们的最初喜爱感。例如，在调配玫瑰香精时，常用壬醛、癸醛等高级脂肪族醛做头香剂。现在常用果香、醛香做头香剂。

d. 定香剂　定香剂亦称保香剂。它的作用是使香精中各种原料成分挥发均匀，防止快速蒸发，使香精香气更加持久。适于做定香剂的香料非常多，大体上可以分类如下。

(a) 动物性天然香料定香剂　最常用的有麝香、灵猫香、海狸香、龙涎香四种，它们不但能使香精香气留香持久，还能使香精的香气变得更加柔和、圆熟、生动。动物性天然香料价格较高，适用于高档香精的调配。麝香应用较广，龙涎香宜用于古龙型，海狸香适宜于男用香精和皮革、东方型、檀香型香精中，灵猫香比麝香香气优雅，通常做高级香水香精的定香剂。

(b) 植物性天然香料定香剂　一般使用沸点高、挥发度低的天然香料做定香剂。如精油、香树脂、净油、浸膏等。常用的有岩兰草油、广藿香油、檀香油、鸢尾油、岩蔷薇浸膏、树苔浸膏、安息香树脂、乳香树脂、苏合香膏、吐鲁香膏、秘鲁香膏等。

(c) 化学合成的定香剂　此类定香剂品种很多，包括合成麝香（二甲苯麝香、佳乐麝香、吐纳麝香、酮麝香、粉檀麝香、萨利麝香等）、某些晶体（香豆素、乙基香豆素、香兰素、二苯甲酮、洋茉莉醛、吲哚等）、高沸点香料化合物（肉桂酸苄酯、羟基香茅醛、苯甲酸丁酯、邻苯二甲酸二乙酯等）。

② 按组成香精配方中香料的挥发度和留香时间不同，可大体将香精分为以下三个部分。

a. 基香　亦称尾香。挥发度低，留香时间长的香料称为基香。在评香纸上留香时间超过 6h 者均可作基香。基香代表香精的香气特征，是香精的基础部分。麝香类的香料在评香纸上留香时间可长达1个月以上。

b. 体香　具有中等挥发度的香料称为体香。在评香纸上留香时间约2～6h者。体香是构成香精香韵的重要部分。

c. 头香　亦称顶香。属于挥发度高的香料，在评香纸上的留香时间小于2h。消费者比较容易接受头香香韵的影响。头香可以赋予人们最初的喜爱感，但头香绝不是香水或香精的特征香韵。

(3) 香精的调配加工

在掌握了香料的性能、香气特征、香韵、香料应用范围、各香料间的香气异同和代用等“辨香”基本功后，才能进行香精的调配工作。香精配方的拟订，一般有如下几个步骤。

① 确定欲配香精的香型与香韵，即确定调香的目标。

② 根据香精的用途，选定相应的基香、体香、头香香料。一般来讲，香精配方中，头香香料占20%～30%，体香香料占35%～45%，基香香料占25%～35%。

③ 选定作为主香剂的香料，用它来调配香精的主体部分——香基。

④ 若香基香气基本符合要求，便可加入有魅力的顶香剂、使香气浓郁的协调剂、使香气持久的定香剂等，使香精的配方、香气从整体上达到要求。

⑤ 通过多次实践和反复拟配后，试配5～10g香精小样做香气质量评价。小样的配制有两种方法：一种方法是先通过初配取得香精的体香部分的配方，再以体香小样为基础加入基香或头香香料，经过试配，最后取得香精的初步全部配方。另一种方法是直接进行香精的初步整体配方的拟订和小样的试配。即在处方时经仔细考虑后，在配方单上，一次写出所用的香料品种及其配比用量（一般先写头香、再写体香，最后写基香部分，也包括和合、修饰、定香等作用的香料或辅料）。然后经小样试配、评估、修改、再试配、再评估，直到小样的整体香气效果达到要求，确定配方为香精的初步配方。

⑥ 若小样配方被认可，可配制500～1000g香精大样在加香产品中进行应用考查，只有考查通过了，所拟订的香精配方才算完成了。

综上所述，香精调配的主要步骤可如图3-5所示。

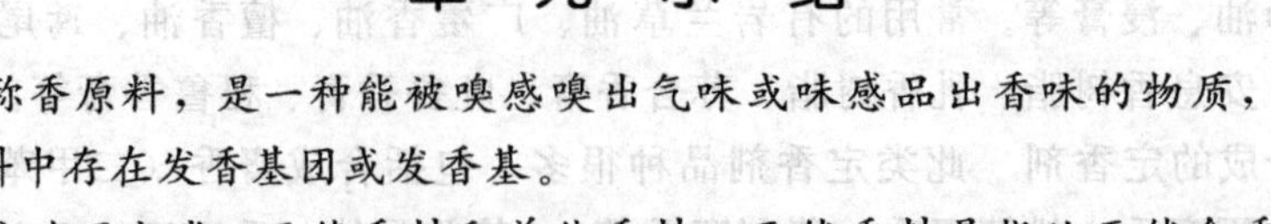

图3-5　香精调配的工艺过程

单元小结

1. 香料亦称香原料，是一种能被嗅感嗅出气味或味感品出香味的物质，是用以调制香精的原料。香料中存在发香基团或发香基。

2. 香料可分为两大类：天然香料和单体香料。天然香料是指从天然含香动、植物的某些生理器官（或组织）或分泌物中经加工处理而提取出来的含有发香成分的物质，是成分组成复杂的天然混合物。从动物的某些生理器官或分泌物中提取出来的香料称为动物性香料，从香料植物组织或分泌物中提取出来的香料称为植物性香料。

3. 动物性天然香料主要有四种：麝香、灵猫香、海狸香和龙涎香，品种虽少但在香料中却占有重要地位，多用于高档加香产品中。

4. 植物性天然香料是从芳香植物的叶、茎、干、皮、花、枝、根、籽或果实等提取的具有一定挥发性、成分复杂的芳香物质。根据它们的形态和制法通常称为精油、浸膏、净油、香脂和酊剂。

5. 植物性天然香料的提取方法有五种：水蒸气蒸馏法、浸提法、压榨法、吸收法和超临界萃取法。

6. 通过化学合成的方法制取的香料化合物称为合成香料。合成香料可按官能团或分子中碳原子骨架进行分类。用于生产合成香料的原料有：天然植物精油、煤炭化工产品、石油化工产品。

7. 香料的分子结构与香气之间的关系比较复杂。碳链中碳原子的个数、不饱和性、官能团、取代基、同分异构等因素对香料化合物香气均能产生影响。

8. 芳樟醇是重要的萜醇类香料。可从天然精油中提取得到，也可用松节油、月桂烯、2-甲基-2-庚烯-6-酮为原料，通过化学合成方法得到。

9. 从香料在香精中的用途来看，香精是由主香剂、辅助剂、头香剂、定香剂组成的；按组成香精配方中香料的挥发度和留香时间不同来分，香精是由头香、体香、基香等三种类型的香料组成的。

习 题

1. 香料为什么会有香味？香料必须具备哪些条件？
2. 香料有哪些类别？
3. 香料、香精应用在哪些方面？
4. 动物性天然香料主要有哪几种？各有何特点？
5. 植物性天然香料的提取方法有哪几种？分别得到什么产品？并举一例说明植物性天然香料的提取。
6. 生产合成香料的原料有哪些种类？合成香料有什么特点？
7. 香料的香气受香料哪些结构的影响？
8. 说明香叶醇、香茅醇、薄荷醇、香兰素、芳樟醇的性质、用途。
9. 可用哪些方法生产芳樟醇？
10. 香精由哪些成分组成，各种成分有何作用？

参 考 文 献

[1] 何坚．孙宝国编著．香料化学与工艺学．北京：化学工业出版社，2004．
[2] 孙宝国．何坚编著．香精概论．北京：化学工业出版社，2006．
[3] 钱旭红．徐玉芳．徐晓勇等编著．精细化工概论．北京：化学工业出版社，2000．
[4] 徐宝财编著．日用化学品．北京：化学工业出版社，2002．
[5] 宋启煌主编．精细化工工艺学．北京：化学工业出版社，2004．

4 胶 黏 剂

与传统的铆接、螺杆连接、焊接等机械物理方法相比，黏结或胶接（用胶黏剂将被粘物表面连接在一起的过程）具有以下五个优点：①可实现不同种类或不同形状的材料之间的有效连接；②应力分布均匀，不易产生应力破坏；③采用黏结工艺，可大大减轻被连接物体的重量；④提高工作效率，降低成本；⑤可赋予被粘物体以特殊的性能。

正是由于上述优点，使胶黏剂得以迅速发展和广泛应用，但胶接中存在的一些缺陷，也限制了它在以下四方面的应用：①耐候性差，在空气、日光、风雨、冷热等气候条件下，会产生老化现象，影响使用寿命；②由于大多数胶黏剂为有机合成高分子物质，所以在高温或低温下，力学性能会下降；③与机械物理连接法相比，溶剂型胶黏剂的溶剂易挥发，对环境和人体会产生不同程度的危害；④无损探伤尚没有很好的方法。

学习要求

（1）掌握胶黏剂的定义、组成及分类。

（2）理解黏结原理与工艺。

（3）掌握三种类型的常用合成胶黏剂的性能。

（4）掌握间歇法生产聚氨酯胶黏剂胶粒的工艺过程。

想一想！（完成答案）

1. 胶黏剂可以实现不同种类或不同形状材料之间的连接，尤其是____材料。

A. 薄片　　B. 条形　　C. 块状　　D. 不规则形状

2. 选择胶黏剂要考虑几个因素，首先要根据被粘物体的形状来选择，例如，黏结多孔而不耐热的材料如木材、纸张、皮革等，可选用______胶黏剂。

A. 水基胶黏剂　　B. 反应型热固性胶黏剂　　C. 热熔胶

4.1 概述

4.1.1 胶黏剂的定义、组成及分类

胶黏剂是一类具有优良黏合性能，能将各种材料紧密黏结起来的物质。胶黏剂又称黏结剂，或简称胶，是一类重要的精细化工产品。

（1）胶黏剂的组成

胶黏剂是一种混合料，由基料、固化剂、填料、增塑剂、稀释剂以及其他辅料配合而成。

① 黏料　黏料也称为基料或胶料，是使两个被粘物结合在一起时起主要作用的组分，是决定胶黏的性能的基本成分。常用的基料有：a. 天然高分子化合物，如淀粉、糊精、沥青、天然橡胶等；b. 改性天然高分子化合物，如硝酸纤维素、醋酸纤维素等；c. 合成高分子化合物，它是胶黏剂当中性能最好、用量最多的基料，包括热固性树脂、热塑性树脂、合成橡胶、热塑性弹性体等；d. 无机化合物类，如磷酸盐、硝酸盐、硅酸盐等。

② 固化剂　固化剂是使原来热塑性的线型主体聚合物变成坚硬的体型网状结构，从而

使黏结具有一定的机械强度和稳定性。固化剂随黏料的不同而异。例如脲醛树脂胶黏剂选用苯磺酸做固化剂；环氧树脂胶黏剂选用胺。

③ 增塑剂与增韧剂　增塑剂是能够增进固化体系塑性的物质，它在胶黏剂中能提高弹性和改进耐寒性。增韧剂是一种单官能或多官能团的化合物，能与黏料起反应成为固化体系的一部分结构。增韧剂的活性基团直接参与黏料反应，对改进胶黏剂的脆性、开裂等效果较好，能提高胶的冲击强度和伸长率。

增韧剂主要品种如下。

a. 不饱和聚酯树脂，如 302 聚酯、304 聚酯、305 聚酯等。

b. 橡胶类，如聚硫橡胶、丁腈橡胶、液体丁腈橡胶、氯丁橡胶、聚氨酯橡胶和氯磺化聚乙烯橡胶等。

c. 聚酰胺树脂，它有两种，一种是与普通尼龙有显著区别的，由二聚或三聚的植物油、不饱和脂肪酸或芳香酸、烷基多元胺的低分子聚合物，第二种是改性尼龙。

d. 缩醛树脂，如聚乙烯醇缩甲醛、聚乙烯醇缩乙醛等。

e. 其他树脂，如聚砜树脂、聚氨酯树脂。

④ 稀释剂与溶剂　稀释剂是一种能降低胶黏剂黏度的易流动的液体。稀释剂可分为两种：

a. 活性稀释剂，其分子中含有活性基团的稀释剂，参与固化反应；

b. 非活性稀释剂，其分子中不含有活性基团，在稀释过程中不参与固化反应，仅达到机械混合和降低黏度的目的。

溶剂的作用与非活性稀释剂的作用基本相同，只是在稀释的程度上有所差别。

⑤ 填料　使用填料是为了降低固化过程的收缩率，或是赋予胶黏剂某些特殊性能以适应使用要求，此外有些填料还会降低固化过程中的放热量，提高胶层的抗冲击韧性及其机械强度等。

⑥ 偶联剂　偶联剂是一种既能与被粘材料发生化学反应形成化学键，又能与胶黏剂反应提高黏结接头界面结合力的一类配合剂。

⑦ 其他助剂，如防老剂、增黏剂、阻燃剂、阻聚剂等。

(2) 胶黏剂的分类

根据 GB/T 13553—1996《胶黏剂分类》规定，胶黏剂按照主要黏料、物理形态、硬化方法、受力情况和用途不同来进行分类。

① 按主体化学成分或黏料分类　按胶黏剂的主体化学成分或基料可将其分为无机和有机胶黏剂两大类，参见表 4-1。

表 4-1　胶黏剂分类

无机胶黏剂				硅酸盐、磷酸盐(如磷酸-氧化剂)、氧化铝、硫黄、氧化铜-磷酸、水玻璃、水泥、SiO_2-Na_2O-B_2O_3、无机-有机聚合物陶瓷(氧化锆、氧化铝)、低熔点金属(如锡、铅等)
有机胶黏剂	天然胶黏剂	动物胶		皮胶、骨胶、虫胶、酪素胶、鱼胶、血胶等
		植物胶		淀粉、阿拉伯树胶、海藻酸钠、木质素、单宁、松香、生漆、天然橡胶等
		矿物胶		石油、煤的如沥青、矿物蜡、石蜡等
	合成胶黏剂	合成树脂型	热塑性	纤维素酯、烯类聚合物(聚醋酸乙烯酯、聚乙烯醇、过氧化乙烯、聚异丁烯等)、聚氨酯、聚醚、聚酰胺、聚丙烯酸酯、α-氰基丙烯酸酯、聚乙烯醇缩醛、乙烯-醋酸乙烯共聚物等类。
			热固性	环氧树脂、酚醛树脂、脲醛树脂、三聚氰胺-甲醛树脂、有机硅树脂、呋喃树脂、不饱和聚酯、丙烯酸树脂、聚酰亚胺、聚苯并咪唑、酚醛-聚酰胺、酚醛-环氧树脂、环氧-聚酰胺等类。
		合成橡胶型		氯丁橡胶、丁苯橡胶、丁基橡胶、丁腈橡胶、异戊橡胶、聚硫橡胶、聚氨酯橡胶、氯磺化聚乙烯弹性体、硅橡胶、羧基橡胶等类
		复合型		酚醛-丁腈胶、酚醛-氯丁胶、酚醛-聚氨酯胶、环氧-丁腈胶、环氧-聚硫胶等类

② 按物理形态分类　按物理形态，常将胶黏剂大致可分为5类。

a. 溶剂型　合成树脂或橡胶在适当的溶剂中配成具有一定黏度的溶液，所用的合成树脂主要是热固性和热塑性两类，所用的橡胶是天然橡胶或合成橡胶。

b. 水基型（乳液型）　合成树脂或橡胶分散在水中，形成水溶液或乳液，如大家熟知的胶黏木材用胶乳白胶。

c. 膏状或糊状胶　这是一类将合成树脂或橡胶配成易挥发的高黏度的胶黏剂。

d. 固体型　又称为热熔胶，加热时熔融可以涂布，冷却后即固化。

e. 膜状胶。

③ 按硬化方式分类　水基蒸发型（如聚乙烯醇和乙烯-醋酸乙烯酯共聚乳液型胶黏剂）；溶剂挥发型（如氯丁橡胶胶黏剂）；热熔型（如棒状、粒状与带状的乙烯-醋酸乙烯酯热熔胶）；化学反应型（如 α-氰基丙烯酸酯瞬干胶和酚醛-丁腈胶等）；压敏型。

④ 按用途分类　有金属、塑料、织物、纸品、医药、制鞋、化工、建筑、汽车、飞机、电子元件等用胶。还有特种功能胶，如导电胶、电磁胶、耐高温胶等。

⑤ 按受力情况分类　有结构胶（酚醛树脂、环氧树脂等）和非结构胶（如橡胶胶黏剂）。

4.1.2　黏结理论与胶接工艺

聚合物之间，聚合物与非金属或金属之间，金属与金属和金属与非金属之间的胶接等都存在聚合物基料与不同材料之间界面问题。黏合是不同材料界面间接触后相互作用的结果。因此，界面层的作用是影响黏结强度的基本问题。界面层的作用包括被粘物与黏料的界面张力、表面自由能、官能基团性质、界面间反应。目前，关于黏结的理论有多种，它们都是从某一方面出发来阐述黏结的过程，至今还没有一份比较系统全面的理论。下面就简单介绍几种普遍认可的黏结理论。

（1）黏结理论

① 吸附理论　该理论认为由于胶黏剂分子与被粘物之间的吸附力的存在而产生了胶接。这种吸附不但有物理吸附，有时也存在化学吸附。也就是说黏结力的主要来源是黏结体系的分子作用力，即范德化引力和氢键力。该理论认为胶黏剂分子与被粘物表面分子的胶黏的过程分为两个阶段：第一阶段是液体胶黏剂分子借助于布朗运动向被粘物表面扩散，使两界面的极性基团或链节相互靠近，在此过程中，升温、施加接触压力和降低胶黏剂黏度等都有利于布朗运动的加强。第二阶段是吸附力的产生。当胶黏剂与被粘物分子间的距离达到0.5nm时，界面分子之间便产生相互吸引力，并最终趋于平衡稳定。

② 扩散理论　该理论认为，聚合物之间黏合力的主要来源是扩散作用，即两聚合物端头或链节相互扩散，导致界面的消失和过渡区的产生，从而达到黏结。该理论建立的前提是两种聚合物相互具有相容性，并且它们相互紧密接触。这种理论最适合聚合物之间的胶接。

③ 静电理论　该理论认为胶黏剂与被黏结材料接触时，在界面两侧会形成双电层，如同电容器的两个极板，从而产生了静电引力，静电引力导致黏结作用。经实验测得黏合功等于此电容瞬时放电能量。在聚合物膜与金属胶接等方面，静电理论占有一定的地位，但不能解释导电胶的黏合作用和非极性胶黏合作用等。

④ 机械作用力理论　任何物体的表面即使用肉眼看来十分光滑，但经放大后，表面十分粗糙，遍布沟壑，有些表面还是多孔性。胶黏剂渗透到这些凹凸或孔隙中，固化后就像许多小钩和榫头似地把胶黏剂和被粘物连接在一起。从物理化学观点看，机械作用并不是产生

黏结力的因素，而是增加黏结效果的一种方法。胶黏剂渗透到被粘物表面的缝隙或凹凸之处，固化后在界面区产生了啮合力，这些情况类似钉子与木材的接合或树根植入泥土的作用。

（2）胶接工艺

① 胶黏剂的准备　胶接技术作为连接技术（机械连接、焊接和胶接）之一，是一种较新的工艺。在这项工作中：如何选择胶黏剂，进行正确的接头技术，做好表面处理工作，以及施胶和掌握黏结条件都是实施良好胶接工艺的关键。

胶黏剂的种类繁多，它们各有各的应用范围和使用、操作要领。因此，在胶接工作之前，首先要正确地选择胶黏剂。选择胶黏剂的基本原则如下。

a. 根据被粘物的表面性状来选择胶黏剂

（a）胶黏剂应与被粘物有良好的相容性。不同的材料由于其本身的物理化学性质不同要选用不同的胶黏剂。通常具有极性的材料需要选用极性的胶黏剂，非极性的材料要选用非极性的胶黏剂。

（b）胶黏剂的固化温度和压力应与被粘物的耐热性和耐压性相匹配。

（c）胶黏剂应与被粘物的厚度、弹性模量和热膨胀系数相匹配。

（d）其他方面。如胶黏剂不应腐蚀被胶接的金属件。

b. 根据胶接接头的使用场合来选择胶黏剂　胶接工艺一般分为结构胶接和非结构胶接。结构胶接指被胶接物要承受较大的载荷，非结构胶接则是指被胶接物承受较小的外力或不受力。结构胶接要根据胶接处的应力、使用环境和使用寿命三要素来选择胶黏剂。

c. 根据胶接的成本与合理性来选择胶黏剂　合理的胶接应是胶接诸要素的最佳结合。在明确胶接使用要求的前提下，应考虑以下要素：（a）合理选用胶黏剂；（b）设计合理的胶接接头；（c）严格控制工艺质量；（d）具有适宜的经济性。只有这些要素有机地结合起来才能获得最佳的胶接连接。

② 胶接工艺步骤　胶黏剂选择好后，就要利用胶黏剂把被粘物连接成为整体。黏结概括起来可分为如下步骤。

a. 被粘物的表面处理　被黏结材料及其表面是多种多样的，为了保证胶接的顺利进行，也为了获得胶接强度高、耐久性能好的胶接制品，通常需要对被黏结面进行表面处理，表面处理的基本原则如下：设法提高表面能；增加黏结的表面积；除去黏结表面上的污物及疏松层。

被粘物的表面处理的方法一般有两种。物理法，如打磨、喷砂、机械加工、电晕处理等。化学法，如溶剂清洗、酸、碱或无机盐溶液处理、阳极性处理、等离子体处理等。

b. 涂胶　生产上最常用的是刷涂法，此外还有辊涂法和喷涂法等。

c. 叠合加压、固化成型。

d. 清除残留在制品表面的胶黏剂。

想一想！（完成答案）

1. PVAC 胶黏剂是指______。

A. 聚乙烯醇胶黏剂　　B. 聚醋酸乙烯酯胶黏剂　　C. 聚乙烯醇缩醛胶黏剂

2. 市售的 502 胶是______。

A. 聚乙烯醇缩醛胶黏剂　　B. 环氧树脂胶黏剂　　C. α-氰基丙烯酸酯胶黏剂

3. 酚醛树脂胶黏剂是由________和______在酸或碱催化剂作用下，经缩聚反应而得到的合成树脂，也是工业化最早的合成树脂。

4.2 常用的合成胶黏剂

4.2.1 热塑性树脂胶黏剂

热塑性树脂通常为液态胶黏体，通过溶剂挥发溶剂冷却、有时也通过聚合反应，使之变成热塑性固体而达到胶黏的目的。其力学性能、耐热性和耐化学性均比较差，但其使用方便，有较好的有韧性。

（1）聚醋酸乙烯酯胶黏剂（PVAC）

聚醋酸乙烯酯是醋酸乙烯酯的聚合物，其反应式为：

$$CH_3COOCH=CH_2 \xrightarrow[\triangle]{引发剂} \left[\begin{array}{c} CH-CH_2 \\ | \\ OCOCH_3 \end{array} \right]_n$$

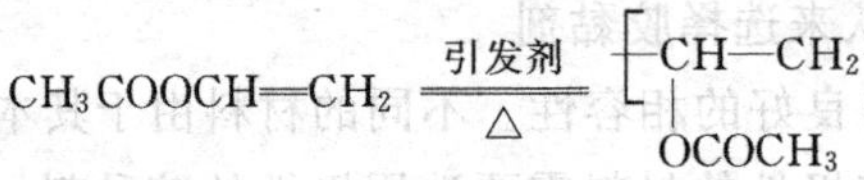

聚醋酸乙烯酯可配制成乳液胶黏剂、溶液胶黏剂及醋酸乙烯酯共聚物胶黏剂。它们是热塑性高分子胶黏剂中产量最大的品种，价格便宜，性能优良。广泛应用在纸张、木材、纤维、陶瓷、塑料薄膜、家具制造、柜橱生产和建筑施工等领域的黏结。

① 聚醋酸乙烯酯溶液胶黏剂 聚醋酸乙烯酯溶液胶黏剂可由醋酸乙烯酯单体在溶剂中进行聚合直接得到。也可以将聚合度为500～1500的聚醋酸乙烯酯溶解于丙酮、乙酸乙酯、甲苯或无水乙醇等溶剂中配成胶液。

② 聚醋酸乙烯酯乳液胶黏剂 将乙酸乙烯酯单体，在水介质中，以聚乙烯醇作为保护胶体，加入阴离子或非离子表面活性剂（即乳化剂），在一定的pH下，采用游离基型引发系统，将醋酸乙烯酯进行乳液聚合制得。一般反应式如下：

$$nCH_2=CH \xrightarrow{引发剂} (CH_2-CH)_n \quad 和 \quad (CH_2-CH)_n$$

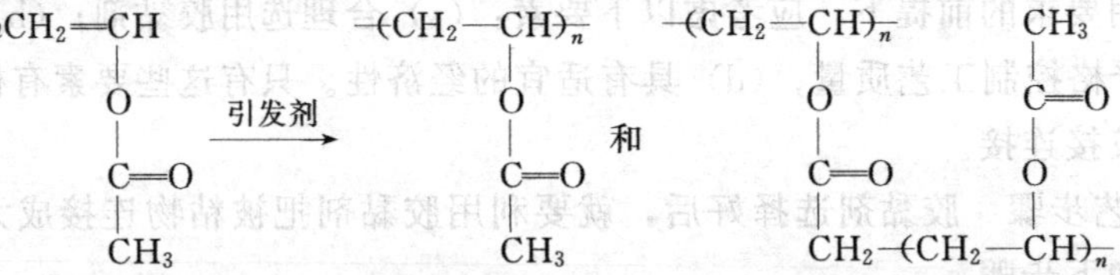

聚合时，乳化剂、保护胶体及引发剂的品种和用量及聚合温度、pH、单体加入方式对聚合物乳液的性质如黏度、颗粒度、稳定性等均有影响，应根据需要加以选择。

③ 醋酸乙烯酯共聚物胶黏剂 聚醋酸乙烯酯是一种刚性材料，加入增塑剂共混可提高其柔韧性，但共混增塑剂易渗出，因此可以采用与适当的单体共聚而得到。能够共聚合的单体（乙烯、氯乙烯、丙烯酸、丙烯酸酯顺丁烯二酸酯等）共聚合；代表性产品为乙烯-醋酸乙烯的共聚物。

醋酸乙烯酯-乙烯共聚乳液胶 乙酸乙烯酯和乙烯在水介质中经乳化共聚反应而得的产物，其中乙烯含量为10%～30%。这种共聚乳胶具有较好的低温成膜性，通过共聚合使胶层耐酸碱性、耐溶剂性、耐水性、耐热性、贮存稳定性、冻融稳定性等均得到提高。

（2）聚乙烯醇及其改性胶黏剂

① 聚乙烯醇胶黏剂 聚乙烯醇产品是由聚醋酸乙烯酯作为起始原料（所谓理论单体乙烯醇 $CH_2=CHOH$ 并不存在）。在甲醇或乙醇溶液中，以氢氧化钠作催化剂水解而成。反应式如下：

$$\left[\begin{array}{c} CH_2-CH \\ | \\ OCOCH_3 \end{array} \right] \xrightarrow[\triangle]{NaOH} \left[\begin{array}{c} CH_2-CH \\ | \\ OH \end{array} \right]_n$$

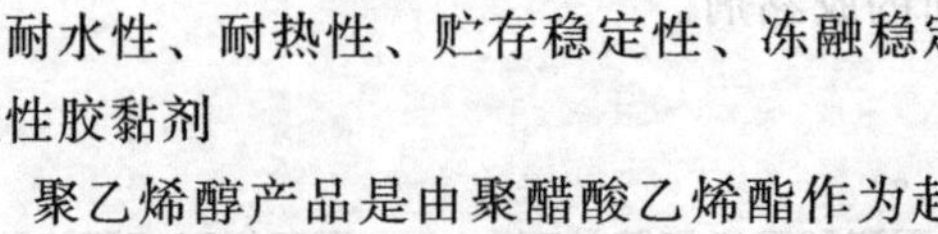

生成的聚乙烯醇是白色粉末，它是能溶于水中的唯一的多羟基聚合物，具有优良的成膜性、乳化性，形成的胶层有高的强度、韧性、耐磨性，且具有一定的耐油脂及溶剂性质。除此以外，聚乙烯醇配成的低浓度胶黏剂也具有良好的黏结力。

② 聚乙烯醇缩醛胶黏剂　聚乙烯醇与醛类进行缩醛化反应得到聚乙烯醇缩醛。反应式如下：

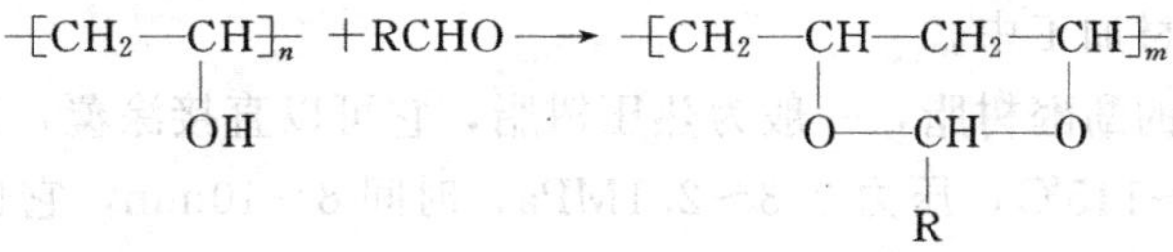

常见的缩醛胶黏剂有聚乙烯醇缩甲醛和聚乙烯醇缩丁醛。缩甲醛可用作日用胶水；又由于其在水中的溶解度很高，掺到水泥砂浆中能增强黏附力，现已成为建筑装饰工程中主要的胶黏剂；聚乙烯醇缩丁醛具有良好的柔韧性、光学透明性，常用于无机玻璃的黏结以制造安全玻璃、汽车工业的防护玻璃等。

(3) 丙烯酸酯及改性丙烯酸酯胶黏剂

丙烯酸酯胶黏剂是由甲基丙烯酸酯、丙烯酸酯、α-氰基丙烯酸酯或它们与其他烯类单体经聚合反应所得的胶黏剂。丙烯酸酯胶黏剂的特点是：无色透明，成膜性好，能在室温下快速固化，使用方便，黏结强度高，耐一般酸碱，耐老化，适用于多种材料的黏结。丙烯酸酯作胶黏剂时较少使用单独聚合物，一般都用共聚物如甲酯、乙酯、丁酯等相互配合，或与醋酸乙烯、丙烯腈、甲基丙烯酸酯及其他能交联的官能性单体共聚组成各种剂型的聚合物。

① α-氰基丙烯酸酯胶黏剂　α-氰基丙烯酸酯胶黏剂俗称快干胶或瞬干胶。具有快速胶接等特点，但价格较贵。常用的此类胶黏剂有 501、502、504 胶。其结构通式：

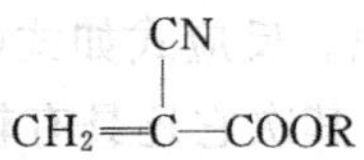

值得注意的是α-氰基丙烯酸酯胶黏剂具有一些不愉快的气味，对眼睛、鼻黏膜有刺激作用，大量使用时，要注意通风。

② 乳液型、溶液型丙烯酸酯胶黏剂　乳液型丙烯酸酯胶黏剂一般是通过乳液聚合得到共聚物，其主要具有耐老化性、耐水性好，耐皂洗、耐磨、胶膜柔软等特点；主要用于织物方面，如无纺布用、静电植绒等；还可用于建筑方面作装饰用胶黏剂和密封剂。

溶液型丙烯酸酯类胶黏剂分为两种：

a. 将聚合物溶解于适当的溶剂中制成一定黏度的聚合物溶液胶；

b. 以（甲基）丙烯酸酯为主的单体进行自由基溶液聚合制得的胶。该类胶称为第一代丙烯酸酯胶黏剂。其特点是具有透明性，一般用于有机玻璃及有机玻璃与金属间的黏结。

③ 改性丙烯酸酯胶黏剂　这类胶黏剂又称为反应型丙烯酸酯类胶黏剂，它是由丙烯酸酯、高分子弹性体溶液，在引发剂、促进剂的促进剂作用下，进行接枝共聚而成。它具有室温固化快、黏结强度高、使用方便等特点。主要用于瓷砖、地板砖、硬质聚氯乙烯、有机玻璃等金属与非金属的黏结。也被认为是第二代丙烯酸酯类胶黏剂（SGA）。

4.2.2 热固性树脂胶黏剂

热固性树脂胶黏剂是在热和固化剂单独作用或联合作用下使树脂形成交联结构，这类胶固化后不熔化，也不溶解。

(1) 酚醛树脂胶黏剂

酚醛树脂是酚（苯酚、甲酚、二甲酚、间苯二酚）和醛（甲醛、乙醛、糠醛等）在酸性或碱性催化剂催化下所生成的体型网状结构树脂。系全世界上最早实现工业化的合成树脂品种。酚醛树脂可分为热塑性和热固性两种类型，用于胶黏剂的主要是热固性树脂。

酚醛树脂品种主要有三种，即水溶性酚醛树脂（以 NaOH 为催化剂）、醇溶性酚醛树脂（以 $NH_3 \cdot H_2O$ 为催化剂）和钡酚醛树脂［以 $Ba(OH)_2$ 为催化剂］，其中以水溶性酚醛树脂最重要，大量用于木材加工中。

用于胶合板制造的酚醛树脂，一般为热压树脂，它可以直接涂覆，进行木材的黏结，其固化温度一般为 120～145℃，压力 0.3～2.1MPa，时间 8～10min，它也可和固化剂配合使用。以提高胶层的韧性、强度和缩短固化时间。

(2) 氨基树脂胶黏剂

氨基树脂胶黏剂是由氨基树脂、固化剂、助剂等组成。而氨基树脂是含氨基（$—NH_2$）一类聚合物的总称，主要指脲醛树脂和三聚氰胺甲醛树脂。

① 脲醛树脂胶黏剂　脲醛树脂胶黏剂是尿素与甲醛在酸或碱催化下发生缩聚制得初期脲醛树脂；反应式如式(4-1)，再在固化剂或助剂使用下，形成不溶、不熔的末期树脂。脲醛树脂有较高的胶合强度，较好耐热性及耐腐性。主要用于层压板、刨花板的制造。

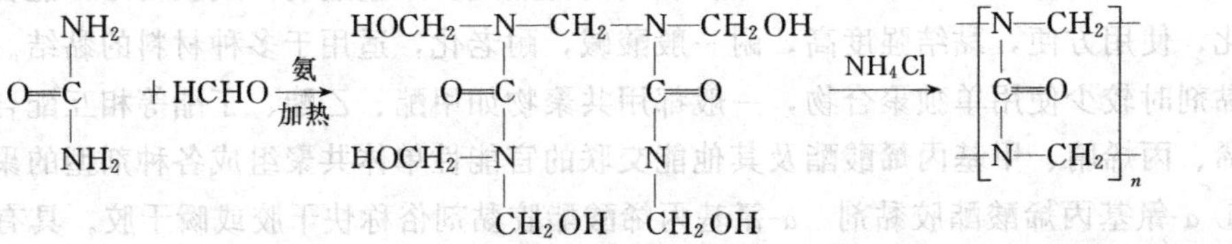
(4-1)

② 三聚氰胺甲醛树脂胶黏剂　三聚氰胺甲醛树脂的制备与脲醛树脂胶黏剂类似；胶黏剂的固化反应也同脲醛树脂胶黏剂类似。反应式如式(4-2)，与脲醛树脂相比，这种胶黏剂有较大的化学活性，因此固化速度快。其次它还具有较好的耐水性、耐热性、耐老化性能。缺点是价格较贵，所以用量上受到限制。它主要用于制造装饰板、层压板，特别是耐水胶合板以及木质家具等。

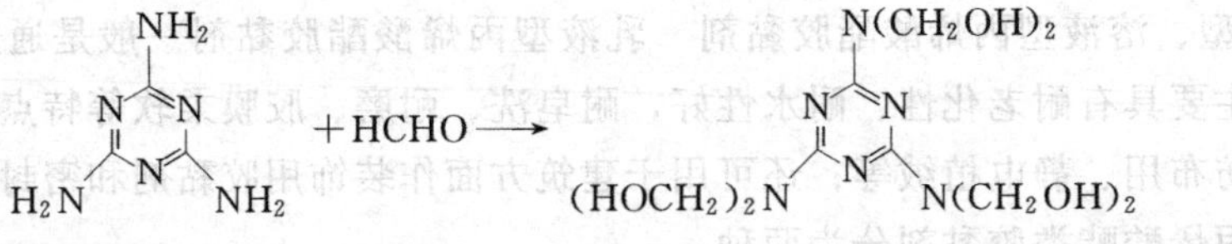
(4-2)

(3) 环氧树脂胶黏剂

环氧树脂胶黏剂有优良的化学性质，能够胶合多种材料，所以环氧树脂有万能胶之称。在环氧树脂的结构里既有刚性的分子链有又有极性的环氧环，因而它具有很大的内聚力，黏结强度高、极低的收缩率、优异的化学稳定性。它对大部分材料如木材、金属、玻璃、塑料、橡胶、皮革、陶瓷、纤维等都具有良好的黏合性能，只对少数如聚苯乙烯、聚氯乙烯、赛璐珞等黏合力差。固化后的环氧树脂具有良好的耐化学腐蚀、耐热性、耐酸碱性、耐有机溶剂性及良好的电绝缘性。此外，环氧树脂固化后，由于收缩率低，如加入适当的填充剂，收缩率能降至 0.1%～0.2%，并可在 150～200℃下长期使用，耐寒性也可达－55℃。

环氧树脂的种类很多，用作胶黏剂的品种主要是双酚 A 缩水甘油醚。它是由双酚 A 和环氧氯丙烷在碱作用下生成，其反应式如式(4-3)。

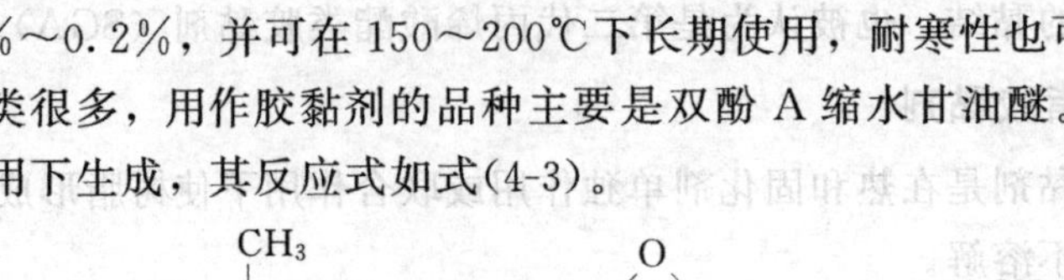

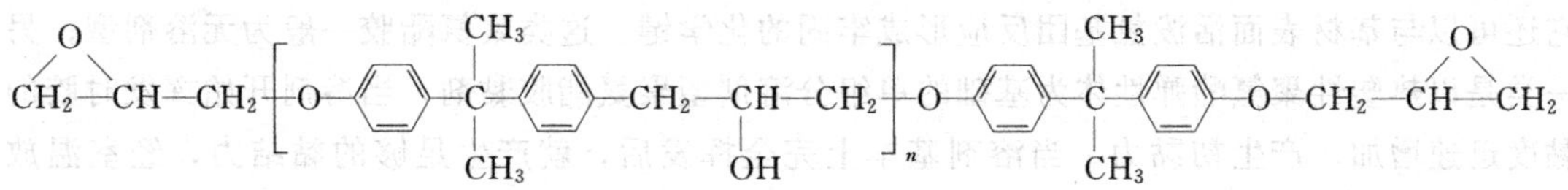

(4-3)

其中 $n=0\sim19$，平均相对分子质量为 300～7000，表 4-2 是国产双酚 A 型环氧树脂的主要品种及规格。

表 4-2 国产双酚 A 型环氧树脂牌号及规格

牌号 新	牌号 老	外观	软化点/℃	环氧值 /(当量/100g)
E-51	618	淡黄色至棕黄色透明黏性液体		0.48～0.54
E-44	6101		12～20	0.41～0.47
E-42	634		21～27	0.38～0.45
E-33	637		20～35	0.26～0.40
E-31	638		40～55	0.23～0.38
E-20	601	淡黄色至棕黄色透明固体	64～76	0.18～0.22
E-14	603		78～85	0.10～0.18
E-12	604		85～95	0.09～0.14
E-06	607		110～135	0.04～0.07
E-03	609		135～155	0.02～0.04

环氧树脂胶黏剂的组成如下。

① 固化剂　环氧树脂本身是热塑性线型结构化合物，不能直接用作胶黏剂，必须加入固化剂。常用的固化剂有脂肪胺、芳香胺、羧酸、酸酐、酚和硫酸等。

② 增韧剂　主要为改善环氧树脂的脆性，提高抗冲击能力和剥离强度。常用的增韧剂有邻苯二甲酸二丁酯、邻苯二甲酸二辛酯、亚磷酸三苯酯等。

③ 稀释剂　主要是为了降低胶黏剂的黏度，改善工艺性能，增强被粘物的浸润性。常用的有非活性稀释剂（丙酮、甲苯、乙酸乙酯等）和活性稀释剂（501 环氧丙烷丁基醚、662 甘油环氧树脂、600 二缩水甘油醚等）两大类。

④ 填料　填料不仅可以降低成本、还可以改善胶黏剂的许多性能。常用的填料有：石棉粉、水泥粉、滑石粉、刚玉粉等。

(4) 聚氨酯胶黏剂

在主链上含有氨基甲酸酯基（—NHCOO—）的胶黏剂称为聚氨酯胶黏剂。由于结构中含有极性基团—NCO—，提高了对各种材料的黏结性。能常温固化。它广泛用于黏结金属、木材、型材、皮革、陶瓷、玻璃等。

聚氨酯是由多异氰酸酯与多元醇反应生成，反应如式(4-4) 所示：

$$\mathrm{OCN{-}R{-}NCO + HO{-}R'{-}OH \longrightarrow \left[\overset{O}{\overset{\|}{C}}{-}\overset{H}{\overset{|}{N}}{-}R{-}\overset{H}{\overset{|}{N}}{-}\overset{O}{\overset{\|}{C}}{-}O{-}R'{-}O \right]_n} \tag{4-4}$$

聚氨酯胶黏剂从使用形态上可分为单组分胶黏剂和双组分胶黏剂。

① 单组分聚氨酯胶黏剂　单组分聚氨酯胶黏剂的优点是可直接使用，无双组分胶黏剂使用前需调胶的麻烦。单组分胶黏剂主要有两种类型：一是以—NCO 为端基的聚氨酯预聚体为主体的湿固化聚氨酯胶黏剂，它利用空气中微量水分及基材表面微量的吸附水而固化，

它还可以与基材表面活泼氢基团反应形成牢固的化学键。这类聚氨酯胶一般为无溶剂型；另一类是以热塑性聚氨酯弹性体为基础的单组分溶剂型聚氨酯胶黏剂，当溶剂开始挥发时胶的黏度迅速增加，产生初黏力。当溶剂基本上完全挥发后，就产生足够的黏结力，经室温放置，多数聚氨酯弹性体中链段结晶，这时黏结强度进一步提高。

② 双组分聚氨酯胶黏剂　双组分聚氨酯胶黏剂是由含端羟基的主剂和含端 NCO 基团的固化剂组成，与单组分相比，双组分性能好，黏结强度高，且同一种双组分聚氨酯胶黏剂的两组分配比可允许一定范围。因此可以调节固化物的性能。

4.2.3　橡胶胶黏剂

橡胶胶黏剂是一类以氯丁、丁腈、丁基硅橡胶、聚硫等合成橡胶或天然橡胶为主体材料配成的胶黏剂。它具有优良的弹性，适合黏结柔软或热膨胀系数相差悬殊的材料。例如橡胶与橡胶、橡胶与金属、塑料、皮革、木材等之间的黏结。

橡胶胶黏剂的种类也很多，但按使用的目的不同，可分为非结构胶和结构胶。前者的黏料是单纯的橡胶体系；后者的黏料是橡胶与热固性树脂复合而成。按形态不同可分为溶剂型、乳液型和无溶剂型（液体橡胶）3 种；按固化机理又可分为硫化型和非硫化型 2 种；按原料不同可分为氯丁橡胶胶黏剂、天然橡胶胶黏剂、丁腈橡胶胶黏剂、硅橡胶胶黏剂等。各种橡胶胶黏剂的特性和用途见表 4-3。

表 4-3　各种橡胶胶黏剂的特性和用途

胶黏剂名称	结构特点与性能	用　途
氯丁橡胶	有极性较大的氯离子存在，结晶性较高，因而具有较高的内聚强度和黏结力，但耐低温性较差	常用于制鞋业，橡胶与金属黏结，木材、织物的黏结等
丁腈橡胶	有强极性 CN 基，对极性材质有很强的黏结力，耐油性、耐老化性能好	常用于橡胶与橡胶、橡胶与金属、织物的黏结
天然橡胶	极性小，适于黏结非极性材料，耐油性、耐溶剂性、耐老化性较差	天然橡胶制品黏结、橡胶膏及绝缘压敏胶带等
丁苯橡胶	非极性，不适于黏结极性材质，耐油性和耐老化性能、耐溶剂性能优于天然橡胶胶黏剂	只适用于丁苯橡胶制品的黏结
丁基橡胶	非极性，饱和程度高，耐老化性能优，适于黏结非极性材料，对金属和玻璃有一定的黏合力	非极性塑料的黏结；丁基橡胶制品的黏结，热熔压敏胶黏剂
氯磺化氯乙烯	有极性的氯和氯磺酰基，对极性和非极性均有良好的黏结力，饱和分子链结构赋予它优异的耐老化和耐化学品性能	除硅橡胶、氟橡胶外，可黏结各种橡胶制品，还可用于橡胶与金属的黏结
聚硫橡胶	主链为饱和的—S—O—结构，具有优异的耐老化性能和耐油性，但弹性和内聚强度低	用于密封胶、织物与金属、橡胶、皮革等材料的黏结
硅橡胶	主链为—Si—O—饱和结构，耐热性、耐老化性能、低温柔性优良，内聚强度低，黏结力小	主要用作密封胶

4.2.4　特种胶黏剂

前面着重从胶黏剂的基质材料角度介绍了各种胶黏剂，还有些胶黏剂，仅从基质组成考察并不能反映出它们内在的性能、用途、剂型或应用方面的特殊性，这些胶黏剂往往统称为特种胶黏剂。

（1）热熔胶黏剂

热熔胶黏剂简称热熔胶，是一种热塑性高聚物为黏料、不含溶剂或水的固体胶黏剂。热熔胶使用时经加热熔融、涂布、润湿、压合、冷却固化而形成胶接。

常用的热熔胶黏剂有：

① 乙烯-醋酸乙烯酯共聚体热熔胶 主要用于聚丙烯管、聚乙烯钙塑管、薄膜、注射件、冷库密封、书籍无线装订、扬声器引出线、纸板箱包装等。

② 聚酰胺热熔胶 常见的品种有二聚酸型和尼龙型两类。主要用于织物加工、无纺布制造、地毯背衬、服装加工、制鞋等。

③ 聚氨酯热熔胶 主要用于塑料、橡胶、织物、金属等材料，特别是硬聚氯乙烯塑料制品的黏结，它具有很好的实用性。

（2）压敏胶黏剂

压敏胶黏剂简称压敏胶，是对压力敏感，只需接触压力就可把两种材料胶接在一起的胶黏剂。把压敏胶涂在纸基、布基或塑料薄膜上，用于制造各种压敏胶黏带和压敏标签，这是压敏胶的主要用途。常见的类型有橡胶型和树脂型两大类。其组成见表 4-4。

表 4-4 压敏胶的组成

组分	聚合物	增黏剂	增塑剂	填料	黏度调节剂	防老剂	硫化剂	溶剂
用量	30%～50%	20%～40%	0～10%	0～40%	0～10%	0～2%	0～2%	适量
作用	给予液层足够内聚强度和黏结力	增加黏结层黏附力	增加胶层快黏性	增加胶层内聚强度，降低成本	调节胶层黏度	提高使用寿命	提高胶层内聚强度、耐热性	便于涂布施工
常用原料	各种橡胶、无规聚丙烯、聚乙烯基醚、氟树脂等	松香、萜烯树脂、石油树脂等	邻苯二甲酸癸二酸酯等	氧化锌、二氧化钛、二氧化锰、黏土等	蓖麻油、大豆油、液体石蜡、机油等	防老剂 A、防老剂 D 等	硫黄，过氧化物等	汽油、甲苯、醋酸乙酯、丙酮等

4.2.5 无机胶黏剂

由无机物制成的胶黏剂，也称为无机胶。无机胶黏剂是人类历史上最早使用的胶接材料，其共同特点是耐热性好，性质脆，主要用来胶接刚性体或受力较小的物体。无机胶黏剂大体可分为四类：普通水泥和矾水泥等水泥类；软合金和硬合金等金属类；熔接玻璃的玻璃类；水玻璃等水基无机物类。

想一想！（完成答案）

1. 逐步加聚反应是可逆平衡反应吗？（ ）
2. 缩聚反应中，若想获得较高分子量的树脂，采取从系统中移走生成的低分子物质的措施对吗？（ ）
3. 乙二醇分别与己二酰氯、对苯二甲酸酯缩聚，生成的低分子物质是__________。
4. 聚氨酯胶黏剂的制备是采用逐步聚合反应中的__________反应。
5. 试写出间歇法生产聚氨酯的反应方程。

____。

4.3 间歇法生产聚氨酯胶黏剂胶粒

4.3.1 缩聚反应

（1）逐步聚合反应

目前所使用的众多合成树脂胶黏剂中有很多的合成树脂都是通过逐步聚合反应得到的。如环氧树脂、酚醛树脂、聚酰胺、聚氨酯等，近年来出现的一些新型聚合物如聚砜、聚酰亚胺等也是通过逐步聚合反应合成的。

逐步聚合反应，顾名思义，它的主要特征是形成大分子的过程是逐步的。如果以 O、X 表示能相互作用的各类官能团（—COOH、—OH、—NH_3等），以⨂表示反应后形成的新键合基团（—OCO—、—NHCO—等），以 O—O、X—X、O—X 等分别表示不同类型双官能团单体，其逐步聚合的过程就可示意如下：

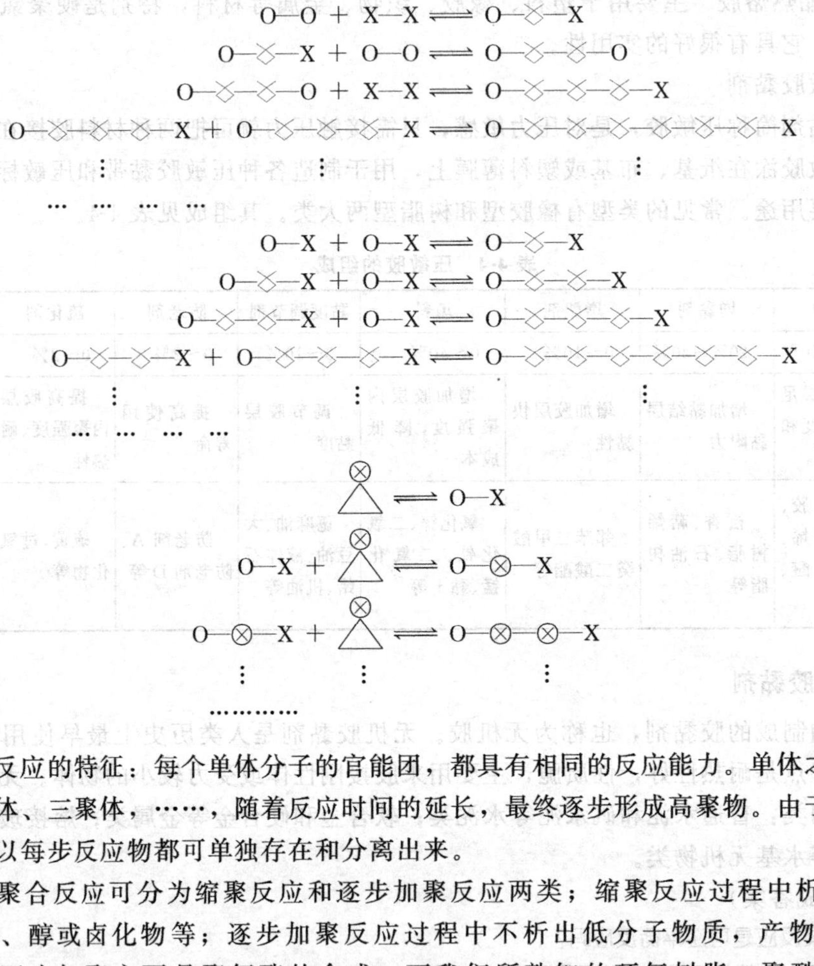

逐步反应的特征：每个单体分子的官能团，都具有相同的反应能力。单体之间很快反应形成二聚体、三聚体，……，随着反应时间的延长，最终逐步形成高聚物。由于是逐步进行反应，所以每步反应物都可单独存在和分离出来。

逐步聚合反应可分为缩聚反应和逐步加聚反应两类；缩聚反应过程中析出小分子物质，如水、醇或卤化物等；逐步加聚反应过程中不析出低分子物质，产物仅仅是聚合物自身。逐步加聚主要是聚氨酯的合成；而我们所熟知的环氧树脂、聚酰胺、酚醛树脂、脲醛树脂、硅橡胶等都是通过缩聚反应得到的。可见，缩聚反应是非常重要的逐步聚合反应。

(2) 缩聚反应

缩聚反应是由含有两个或两个以上官能团的单体分子间逐步缩合聚合形成高聚物树脂，同时析出低分子副产物（如水、醇、氨、卤化氢等）的化学反应。它还是可逆平衡反应。逐步加聚反应则与之相反，是不可逆反应。其反应通式为：

$$n\mathrm{aAa}+n\mathrm{bBb} \rightleftharpoons \mathrm{a}\!-\!\!\left[\mathrm{A—B}\right]_n\!\!-\mathrm{b}\ +(2n-1)\mathrm{ab}$$

$$n\mathrm{aAb} \rightleftharpoons \mathrm{a}\!-\!\!\left[\mathrm{A}\right]_n\!\!-\mathrm{b}\ +(n-1)\mathrm{ab}$$

式中，aAa 、bBb、aAb 分别代表参加反应的单体，a、b 代表反应的官能团。

① 缩聚反应常用单体　缩聚反应的单体是含有两个或两个以上官能团的有机化合物，工业上常用的缩聚反应单体见表 4-5。

表 4-5 缩聚反应和其他逐步聚合反应常用的单体示例

官能团	二 元	多 元
醇 —OH	乙二醇 $HO(CH_2)_2OH$ 丁二醇 $HO(CH_2)_4OH$	丙三醇 $C_3H_5(OH)_3$ 季戊四醇 $C(CH_2OH)_4$
酚 —OH	双酚 A 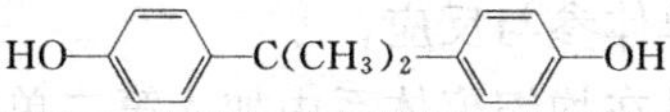	
羧 —COOH	己二酸 $HOOC(CH_2)_4COOH$ 癸二酸 $HOOC(CH_2)_8COOH$ 对苯二甲酸 	均苯四甲酸 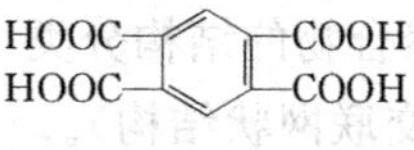
酐 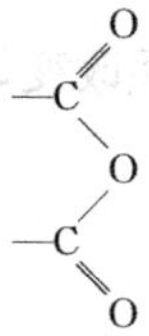	邻苯二甲酸酐 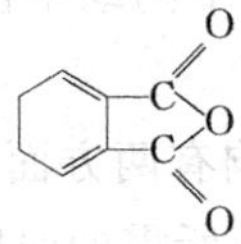 马来酸酐 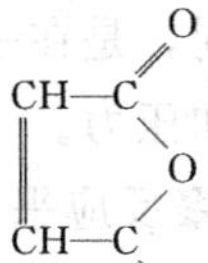	均苯四甲酸酐 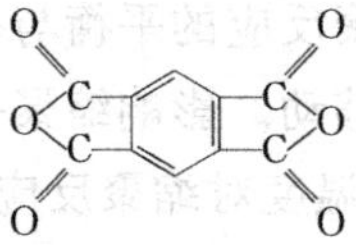
酯 —COOR	对苯二甲酸二甲酯 	
酰氯 —COCl	光气 $COCl_2$ 己二酰氯 $ClOC(CH_2)_4COCl$	
胺 —NH_2	己二胺 $H_2N(CH_2)_6NH_2$ 癸二胺 $H_2N(CH_2)_{10}NH_2$ 间苯二胺 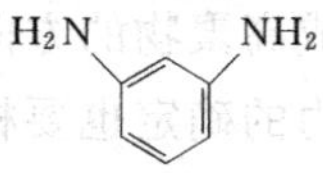	均苯四胺 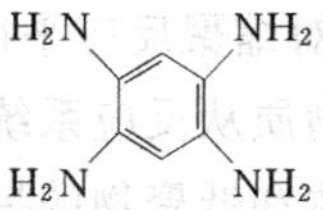
活泼氢 —H	甲酚 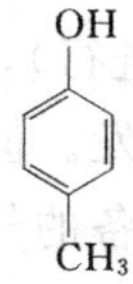 或 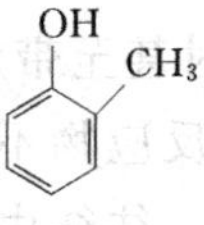	苯酚 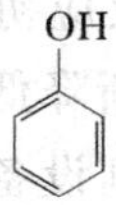 间苯二酚 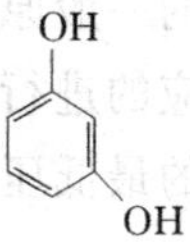
脲		尿素 $CO(NH_2)_2$
氯 —Cl	二氯乙烷 $ClCH_2CH_2Cl$ 环氧氯丙烷 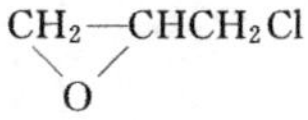 二氯二苯砜 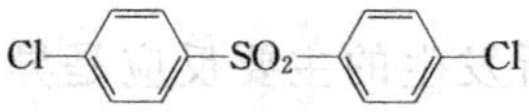	
氰酸 —N=C=O	苯二异氰酸酯 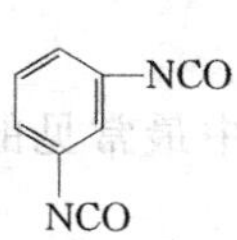 间苯二异氰酸酯 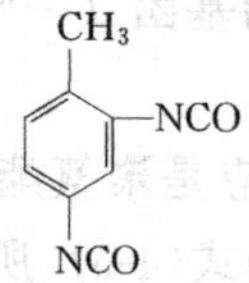	
醛 —CHO	甲醛 HCHO 糠醛 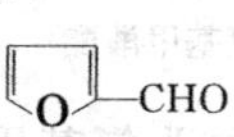	

② 缩聚反应的分类　缩聚反应的分类方法很多，主要有如下几种。

a. 按缩聚反应的热力学特征分类　可分为平衡缩聚和不平衡缩聚。

b. 按参加反应的单体种类分类　可分为均缩聚、混缩聚和共缩聚。

均缩聚体系：反应系统中只有一个单体参与反应；

混缩聚体系：反应系统中有两种单体参与反应；

共缩聚体系：有两种情况，一种是在均缩聚体系中加入第二单体的反应；另一种是在混缩聚体系中加入第三单体的反应。

c. 按生成聚合物的结构分类　可分为线型缩聚（生成的树脂为线型结构）和体型缩聚（生成的树脂为交联网状结构）。

（3）影响缩聚反应平衡的因素

缩聚反应的平衡与一般化学反应的平衡相同，是在一定条件下的动平衡。条件改变，平衡就要移动。影响缩聚平衡的因素主要是温度和压力。

① 温度对缩聚反应平衡的影响　温度对缩聚反应平衡的影响有两方面。

a. 升高温度可以提高反应速率，从而缩短缩聚反应到达平衡所需的时间。

b. 升高温度可以增加低分子物质的挥发度，有利于低分子物质从反应系统移除，使体系低分子物质浓度降低，缩聚反应向着生成高聚物的方向移动。

但是温度升高也会造成高聚物发生降解，因此确定反应温度的一般原则是起始温度要比单体的熔点高 20～30℃，随着反应的进行，不断提高反应温度，最高温度一般不超过 300℃。

② 压力对缩聚反应平衡的影响　压力对缩聚反应平衡的影响主要表现在降低压力，有利于低分子物质从反应系统移除，缩聚反应向着生成高聚物的方向移动。但是压力太低，也还会导致单体和低聚物的挥发。因此缩聚反应中压力的确定也要根据实际情况，经过反复实验才能确定。

确定压力的一般原则是反应初期常压进行（有时甚至带压进行），防止单体和低聚体的挥发，随着反应的进行，逐渐降低压力，但要保证反应物不挥发。但是降低压力也是有限的，因为体系的最低压力受到设备的气密性的限制，往往由设备的气密性决定体系的最低压强。

影响缩聚反应平衡的除上述两个主要因素外，还包括单体浓度和催化剂的影响。

4.3.2　间歇法生产聚氨酯胶黏剂胶粒

（1）聚氨酯化学

聚氨酯胶黏剂制备及固化过程中，所发生的主要反应是异氰酸酯与活泼氢化合物的反应，除此以外还有异氰酸酯的自聚反应以及一些其他交联反应等。

异氰酸酯化合物中含反应性活泼的异氰酸酯基团（—NCO），能跟许多含活泼氢的化合物反应。

① 异氰酸酯与醇类化合物的反应　这类反应是聚氨酯合成中最常见的反应，也是聚氨酯胶黏剂制备和固化过程最基本的反应，反应如式(4-5) 所示：

$$\mathrm{R{-}NCO + R'{-}OH \longrightarrow \underset{\text{氨基甲酸酯}}{RNHCOOR'}} \tag{4-5}$$

异氰酸酯与醇类（含伯羟基或仲羟基）的反应产物为氨基甲酸酯，多元醇与多异氰酸酯生成聚氨基甲酸酯（简称聚氨酯、PU）。

② 异氰酸酯与水反应　异氰酸酯与水反应，首先生成不稳定的氨基甲酸，然后氨基甲酸分解成二氧化碳和胺，在过量的异氰酸酯存在下，生成的胺与异氰酸酯继续反应生成脲。反应如式(4-6) 所示：

$$2R{-}NCO + H_2O \longrightarrow \underset{\text{取代脲}}{RNHCONHR} + CO_2 \qquad (4\text{-}6)$$

这个反应是聚氨酯预聚体湿固化胶黏剂的基础。

③ 异氰酸酯与胺反应　在聚氨酯胶黏剂固化过程中，胺常常作为其主要的固化剂。反应如式(4-7) 所示：

$$R{-}NCO + R'{-}NH_2 \longrightarrow \underset{\text{取代脲}}{RNHCONHR'} \qquad (4\text{-}7)$$

(2) 聚氨酯的结构与性能

聚氨酯可看做是一种含软链段和硬链段的嵌段共聚物。软段由低聚物多元醇（通常是聚醚或聚酯二醇）组成，硬段由多异氰酸酯或它与小分子扩链剂组成，软段和硬段的结构不同，聚氨酯胶黏剂的黏结性能也不相同。

~~~~软段~~~~ [硬段] ~~~~软段~~~~ [硬段] ~~~~软段~~~~

例如，由 PPG/MDI/1,4-BD 组成的聚氨酯中（其中 PPG 为聚丙烯二醇；MDI 为 4,4′-亚甲基二苯基甲烷二异氰酸酯；1,4-BD 为 1,4-丁二醇扩链剂）

软段　$\text{-}\!\!\left[OCH_2\underset{\displaystyle CH_3}{\underset{|}{C}H}\right]_n\!\!\text{-}$　（聚氧化丙烯）

硬段　$-CONH-MDI-NHCOO(CH_2)_4OCONH-MDI-NHCO-$

(3) 聚氨酯胶黏剂生产原料的准备

聚氨酯胶黏剂配方中一般包含三类原料：第一类为 NCO 类原料（即二异氰酸酯或其改性物、多异氰酸酯），第二类为 OH 类原料（即含羟基的低聚体多元醇、扩链剂等，广义地说，是含活泼氢的化合物），第三类为溶剂和催化剂等添加剂。

由于大多数低聚物多元醇的分子量较低，并且 TDI（甲苯二异氰酸酯）挥发毒性大，MID 常温下为固体，直接配成胶一般性能较差，故为提高胶黏剂的初始黏度，缩短产生黏结强度的时间，通常把聚醚或聚酯多元醇与 TDI 或 MDI 单体反应，制成端 NCO 基或 OH 基的氨基甲酸酯预聚体，作为 NCO 成分或 OH 成分使用。反应如式(4-8)、式(4-9) 和式(4-10) 所示：

$$HO{\sim\sim\sim}OH + OCN{-}R{-}NCO \longrightarrow OCN{\sim\sim\sim}NCO \qquad (4\text{-}8)$$

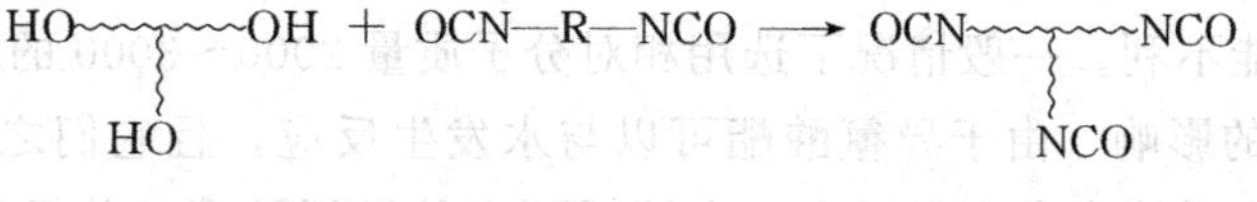
(4-9)

$$HO{\sim\sim\sim}OH + OCN{-}R{-}NCO \longrightarrow HO{\sim\sim\sim}OH \qquad (4\text{-}10)$$

间歇法生产的聚氨酯胶粒的原料有：聚己二酸-1,4-丁二醇酯，MDI 及扩链剂 1,4-丁二醇。

(4) 间歇法聚氨酯胶粒的生产工艺

① 工艺流程图　间歇法生产聚氨酯胶粒的工艺简图和流程图如图 4-1 和图 4-2 所示。
~~~~

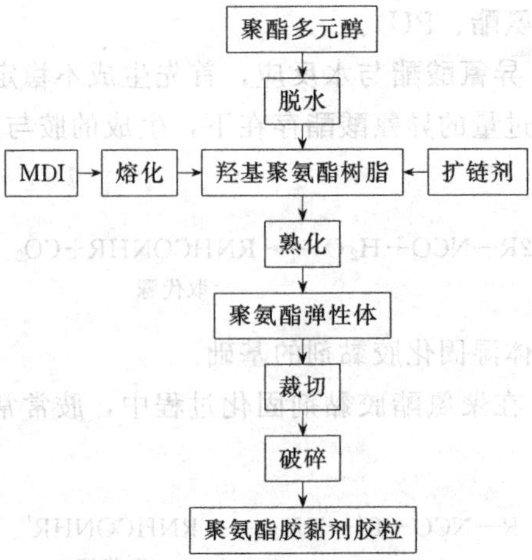

图 4-1 间歇法生产聚氨酯胶粒工艺方框图

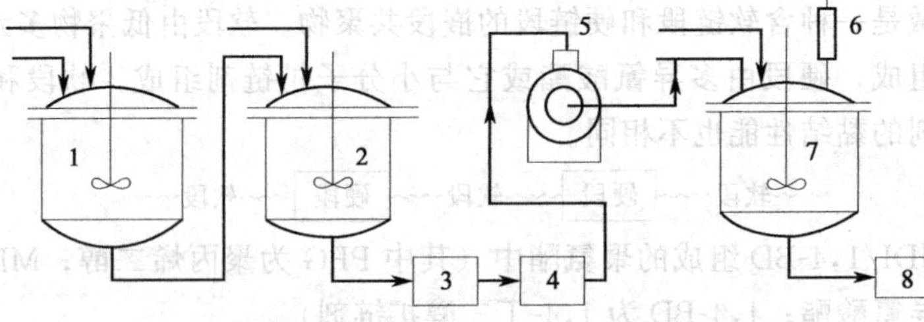

图 4-2 间歇法生产聚氨酯胶粒与胶黏剂的流程图

1—脱水釜；2—聚合反应釜；3—烘房；4—裁切机；5—破碎机；

6—回流冷凝器；7—制胶釜；8—检验车间

工艺说明：由于聚氨酯胶粒产品的含水量要求<1%，因此聚己二酸-1,4-丁二醇酯先在脱水反应釜中，加热至130～135℃，真空下脱水2～3h，聚合反应釜内，在氮气保护下，60℃将MDI预热熔化，然后按照配方比例计量好聚己二酸-1,4-丁二醇酯和扩链剂后，投入聚合反应釜，在氮气保护下进行聚合反应。待反应物黏度明显升高后，放料得到羟甲基聚氨酯物料。将生成羟甲基聚氨酯物料放置烘房中，于130℃下熟化5h，冷却后，将取出的聚氨酯弹性体用裁切和破碎机制成胶粒后，备用。

② 工艺影响因素

a. 聚合温度对反应的影响　温度升高虽然有利于加快反应速率，但温度太高，副反应也随之增多，因此聚合温度一般在60～70℃，不超过100℃。

b. 聚酯分子量对胶粒性能的影响　分子量不同的聚酯制成的胶粒对黏结性能有很大的影响，聚酯分子量越高，生产的胶黏剂黏度越大，但聚酯分子量过高，对日后配成的胶黏剂的渗透性和黏合性能不利。一般情况下选用相对分子质量2000～3000的聚酯多元醇。

c. 聚酯含水量的影响　由于异氰酸酯可以与水发生反应，且它们之间的反应速率相比于聚酯的反应快，当系统中含水量过大，会消耗更多的异氰酸酯，并且加速体系黏度增加。致使反应提前终止。因此系统中含水量要求不大于1%。

本 章 小 结

本章以胶黏剂黏结与传统的铆接、螺杆连接、焊接等相比较的优点入手，着重介绍了胶黏剂的组成、分类和黏结理论。并分别介绍了常用胶黏剂的特点和应用，以及聚氨酯胶黏剂胶粒的生产工艺。

1. 胶黏剂是一种混合料，由基料、固化剂、填料、增塑剂、稀释剂以及其他辅料配合而成。

2. 胶黏剂之所以能够具有良好的黏结性能，是因为它会在黏结界面发生：①存在胶黏剂分子与被粘物之间的吸附力；②胶黏剂与被黏结材料接触，产生了静电引力，它导致了黏结作用的产生；③黏合聚合物制品时，它在两聚合物端头或链节中相互扩散，最终界面的消失和过渡区的产生，从而产生黏结作用；④胶黏剂渗透到被粘物界面的凹凸或孔隙中，固化后像许多小钩和榫头一样，把胶黏剂和被粘物连接在一起。

3. 常用的胶黏剂有热塑性胶黏剂、热固性胶黏剂和橡胶胶黏剂 3 大类。由于各自的性能不同，在不同的领域发挥着作用。

4. 间歇法生产胶黏剂，它是建立在逐步聚合理论的基础上的。逐步聚合反应，它的主要特征是形成大分子的过程是逐步的。它分为缩聚反应和逐步加聚反应两类；缩聚反应过程中析出小分子物质，如水、醇或卤化物等；逐步加聚反应过程中不析出低分子物质，产物仅仅是聚合物自身。逐步加聚主要是聚氨酯的合成；环氧树脂、聚酰胺、酚醛树脂、脲醛树脂、硅橡胶等都是通过缩聚反应得到的。

5. 聚氨酯胶黏剂的合成，它是通过异氰酸酯化合物中的异氰酸酯基团（—NCO)，与含活泼氢的化合物反应，生成聚氨酯树脂。为了发挥其胶黏性能，它的配方中一般包含三类原料：一类为 NCO 类原料（即二异氰酸酯或其改性物、多异氰酸酯)，一类为 OH 类原料（即含羟基的低聚体多元醇、扩链剂等，广义地说，是含活泼氢的化合物)，另一类为溶剂和催化剂等添加剂。

习 题

1. 什么叫胶黏剂？
2. 胶接与其他粘接方法相比有什么优点和不足？
3. 如何正确选择胶黏剂，并适当举例说明。
4. 胶黏剂中常常含有稀释剂，其作用是什么？
5. 胶黏剂按固化方式不同分为哪几类？
6. 简述胶黏剂的吸附理论和机械结合理论。
7. α-氰基丙烯酸酯胶黏剂的优点有哪些？
8. 环氧树脂胶为什么被称为“万能胶”？
9. 压敏胶黏剂的结构特点及主要用途。
10. 试简要说明什么是均缩聚、混缩聚和共缩聚？
11. 试写出环氧树脂制备的反应方程式。
12. 论述聚氨酯胶黏剂的生产工艺，有哪些工艺影响因素？

参 考 文 献

[1] GB/T 13553—1996. 胶粘剂分类.
[2] 曾繁涤编. 精细化工产品工艺学. 北京：化学工业出版社，1997.
[3] 张洁等编. 精细化工工艺教程. 北京：石油工业出版社，2004.
[4] 刘德峥编. 精细化工生产工艺学. 北京：化学工业出版社，2000.
[5] 王久芬编. 高分子化学. 哈尔滨：哈尔滨工业大学出版社，2004.
[6] 李绍熊，刘益军编. 聚氨酯胶黏剂. 北京：化学工业出版社，1998.
[7] 张在新编. 化工产品手册——胶黏剂. 北京：化学工业出版社，1998.

5 化 妆 品

随着生活水平的提高，人们对化妆品的需求量越来越大，对化妆品的品质和功能要求越来越高。化妆品已是人们日常生活中不可或缺的一部分，这无疑加快了我国化妆品工业的迅速发展。化妆品行业具有鲜明的特点：化妆品工业是综合性较强的技术密集型工业，涉及的面很广，要求多门学科知识相互配合，并综合运用，才能生产出优质、高效的化妆品；化妆品的生产一般不经过化学反应过程，而是将各种原料经过混合，使之产生一种制品的性能，故掌握复配技术，是改善制品性能、提高产品质量的一个重要方面；化妆品属流行产品，更新换代特别快；化妆品大多是直接与人的皮肤长时间连续接触的，质量和安全尤为重要。

学习要求

(1) 能叙述化妆品的定义，解释化妆品的作用，概述化妆品的类别。

(2) 能解释膏霜类化妆品、香水类化妆品、发用类化妆品、美容类化妆品之中的常用化妆品的配方组成。

(3) 能陈述雪花膏、洗发香波、香粉、香水的生产工艺流程。

(4) 能根据给定的配方，利用所学理论知识进行化妆品生产试验。

(5) 能严格按设备操作规程、产品生产工艺流程、企业生产规范等进行化妆品生产。

想一想！（完成答案）

1. 何谓化妆品，有何作用?
2. 化妆品一般由哪些部分组成?

5.1 概述

5.1.1 化妆品的定义和分类

(1) 化妆品的定义及作用

① 定义　广义地说，化妆品是指化妆用的物品。不同的国家对化妆品的定义有所不同。按照我国《化妆品卫生监督条例》中的规定，化妆品是指以涂擦、喷洒或其他类似的方法，散布于人体表面任何部位（皮肤、毛发、指甲、口唇等）以达到清洁、消除不良气味、护肤、美容和修饰目的的日用化学工业产品。

化妆品对人体的作用必须是缓和、安全、无毒、无副作用，并且主要以清洁、保护、美化为目的。应当指出，我国《化妆品卫生监督条例》中规定的“特殊用途化妆品”，是指用于育发、染发、烫发、脱毛、美乳、健美、除臭、祛斑、防晒等目的的化妆品。无论是化妆品，或是特殊用途化妆品都不同于医药用品，其使用目的在于清洁、保护和美化修饰方面，并不是为了达到影响人体构造和机能的目的。为方便起见，常将二者统称为化妆品。

② 作用　化妆品的作用主要体现在以下五个方面。

a. 清洁作用 祛除皮肤、毛发、口腔和牙齿上面的脏物。如清洁霜、清洁奶液、净面面膜、清洁用化妆水、泡沫浴液、洗发香波等。

b. 保护作用 保护皮肤及毛发，使其滋润、柔软、光滑、富有弹性，抵御寒风、烈日、紫外线辐射等的损害。如雪花膏、润肤露、防晒霜、润发油、护发素。

c. 营养作用 补充皮肤及毛发营养，增加组织活力，保持皮肤角质层的含水量，减少皮肤皱纹，减缓皮肤衰老以及促进毛发生理机能，防止脱发。如人参霜、维生素霜、珍珠霜、营养面膜、生发水、药性发乳、药性头蜡等。

d. 美化作用 美化皮肤及毛发，使之增加魅力，或散发香气。如香粉、胭脂、发胶、唇膏、香水等。

e. 防治作用 预防或治疗皮肤及毛发、口腔和牙齿等部位影响外表功能的生理病理现象。如雀斑霜、粉刺霜、药物牙膏、生发水、祛臭剂等。

(2) 化妆品的分类

化妆品种类繁多，其分类方法也五花八门。如按剂型分类、按内含物成分分类、按使用部位分类、按使用目的分类、按使用年龄分类、按使用性别分类等。

① 按剂型分类 即按产品的外观性状、生产工艺和配方特点分类。共15类，如水剂、油剂、乳剂、粉状、块状、悬浮状、表面活性剂溶液类、凝胶状、气溶胶、膏状、锭状、笔状、蜡状、薄膜状、纸状等。

此种分类方法有利于化妆品生产装置的设计和选用，产品规格标准的确定以及分析试验方法的研究，对生产和质检部门进行生产管理和质量检测是有利的。

② 按使用部位分类

a. 皮肤用化妆品 指皮肤及面部用化妆品。有洁肤用品如洗面奶、清洁霜、磨砂膏；有护肤用品如雪花膏、润肤乳液、护肤水、保湿霜等；有美肤用品如香粉、胭脂、美白霜等。

b. 发用化妆品 指头发专用化妆品。有洗发香波、洗发膏等；有护发用品如护发素、发乳、发油、焗油等；有美发用品如摩丝、烫发液、染发剂、漂白剂等。

c. 唇、眼用化妆品 指唇及眼部用化妆品。唇部用品如唇膏、唇线笔、亮唇油等。眼部用品有眼影粉、眼影液、眼线液、眼线笔、眉笔、睫毛膏等。

d. 指甲用化妆品 有指甲上色用品如指甲油、指甲白等；有指甲修护用品如去皮剂、柔软剂、抛光剂、指甲霜等；有卸除用品如去光水、漂白剂等。

此种分类较直观，有利于配方研究过程中原料的选用，有利于消费者了解和选用化妆品。但不利于生产设备、生产工艺条件和质量控制标准等的统一。

③ 按功能分类

a. 洁肤化妆品 能去除污垢、洗净皮肤而又不伤害皮肤的化妆品，如清洁霜、洗面奶、浴液、香波、清洁面膜、洁面乳、洁面水、洁面凝膏、磨面膏、去死皮膏、洗手膏、去痱水、去甲水、卸装液等。

b. 护肤化妆品 给皮肤及毛发补充水分、油分或养分，具有特殊营养功效的化妆品，如化妆水、润肤露、按摩膏、雪花膏、香脂、保湿霜、营养霜、奶液、蜜、防裂油、精华素、防皱霜、护发素、发油、发乳、护手霜、护足霜、柔肤水、收敛水、紧肤水、保湿平衡霜等。

c. 美容类化妆品 用于眼、唇、颊及指甲等部位，以达到改善容颜的化妆品。如胭脂、唇膏、粉底、眉笔、指甲油、眼影粉、眼影膏、眼线笔、睫毛膏、眼线液、粉饼等。

d. 特殊用途化妆品用于育发、染发、烫发、脱毛、丰乳、健美、除臭、祛斑、防晒等。

5.1.2 化妆品的组成与特性

(1) 化妆品的组成

虽然化妆品的种类繁多，且具有各种各样的功效，但其组成成分并不复杂，基本上可分为表面活性剂、基质材料、功能性添加剂和感官性添加剂四大部分。

① 表面活性剂 表面活性剂是化妆品中必不可少的成分，尽管它的用量只占总质量的百分之几到百分之十几，所起的作用却是十分重要的。表面活性剂在各种产品中主要起着发泡、去污、洗涤、除油、增溶、乳化等作用。

② 基质材料 基质材料指的是构成化妆品基体的材料，也就是化妆品的载体，它的作用是赋予化妆品各种各样的形态，并且将其他成分分散开来。

如唇膏的基质材料是蜡（石蜡或蜂蜡），乳液、膏霜的基质材料是水，香水的基质材料是惰性的有机溶剂（乙醇），剃须膏药、头发定型“摩丝”的基质材料是氟里昂、二甲醚等压缩气体。

对基质材料的要求最主要的是安全性及惰性（即化学稳定性）。

③ 功能性添加剂 指的是化妆品产品中的有用成分，更准确地说是功效成分。功效成分在产品成本中所占比例不大，可是所起的作用是关键性的。

以护肤品为例，配方中的矿物油和动植物油脂，它们涂在皮肤上形成一层油膜，阻止水分的蒸发来保持皮肤的滋润，同时也适当补充皮肤的油分。超氧化歧化酶能够清除人体内的自由基，具有抗衰老的效果；胶原蛋白能够恢复皮肤的弹性，帮助祛除皱纹等。化妆用的彩色唇膏是由颜料、表面活性剂和蜡组成的，其中颜料只占百分之几，但产品就是靠这一点点颜料起到彩妆的作用的。

④ 感官性添加剂 也称商品性添加剂。它们没有护肤作用，也不具备疗效性，但是从市场销售的角度来说是一类必不可少的成分，缺了它们化妆品就不成为商品。如颜料、香料、香精、增稠剂、防腐剂、抗氧剂、珠光剂等。

(2) 化妆品的特性

化妆品是由多种成分组成的混合体系，品种极其繁多，各类化妆品具有如下共性。

① 胶体分散性 在化妆品制备过程中，通常是将某些组分以极小的液体或固体微粒的形式分散于另一相介质中，形成了多相分散体系。因此，化妆品大都属于胶体分散体系，因此具有胶体分散性。与真溶液不同，胶体分散体系的多相具有不均匀性；组成具有不确定性；有聚结倾向，从而导致不稳定性。

② 流变性 作为流动和具有变形性的产品，化妆品的流变性来自于其本身所具有的黏弹性结构。流变特性是膏霜类、乳液类化妆品具有的共同特性，这些性质虽来自制品内部结构，但既影响化妆品的使用，又关系到化妆品的配方设计和研制过程。

③ 表面活性 大多数化妆品的表面活性来自两个方面，其一来源于化妆品的多相分散体系中，粒子较小，表面积大，具有高表面活性；另一来自表面活性剂，它常作为化妆品的主要辅助原料品种，加入到各类化妆品中，提供了体系的表面活性。

④ 高度的安全性 化妆品是人类日常生活中使用的一类消费品，几乎每天使用，且有使用的持续性特征，属长期使用品。故严格要求其长期使用的安全性就显得格外重要，这也

成为化妆品的共同特点。实际上，对化妆品的安全性要求在原料阶段就已提出。

(3) 化妆品的原料

化妆品生产是一种混合技术，化妆品是由不同功能的原料按一定科学配方组合，通过一定的混合加工技术而制得。化妆品质量的优劣，与所用原料关系很大。所使用的原料必须是对人体无害；制品经过长期使用，不得对皮肤有刺激、过敏或使皮肤色素加深，更不准有积毒性和致癌性。

化妆品因用途不同而种类繁多、成分各异，不同类别的化妆品的原料与配比都有自己的特点。但就整个化妆品体系而言，仍有其共性。化妆品的原料按其在化妆品中的性能和用途可分为主体原料和辅助原料（包括添加剂）两大类。主体原料是能够根据各种化妆品类别和形态的要求，赋予产品基础骨架结构的主要成分，它是化妆品的主体，体现了化妆品的性质和功用；而辅助原料则是对化妆品的成型、色、香和某些特性起作用，一般辅助原料用量较少，但不可缺少。主体原料包括油性原料、粉质原料、胶质原料、溶剂原料和表面活性剂。辅助原料包括保湿剂、防腐剂、抗氧剂、香精、色素和各种添加剂。

① 油性原料　油性原料是化妆品的主要基质原料，一般可以分为油脂、蜡类、脂肪酸、脂肪醇和酯类。油脂和蜡类原料根据来源和化学成分不同，可分为植物性、动物性和矿物性油脂、蜡以及合成油脂、蜡等。

油脂和蜡是一种俗称，主要由脂肪酸甘油酯即甘油三酯所组成，一般来说，常温下呈液态者为油，呈固态者为脂。蜡是一类具有不同程度光泽、滑润和塑性的疏水性物质的总称，包括以高级脂肪酸和高级脂肪醇生成酯类为主要成分的、来源于植物和动物的天然蜡；以碳氢化合物为主要成分的矿物性天然蜡；经过化学方法合成的蜡；各类蜡混合物和蜡与胶或树脂的混合物。

油性原料在化妆品中所起的作用可以归纳为以下几个方面。

- 屏障作用　在皮肤上形成疏水薄膜，抑制皮肤水分蒸发，防止皮肤干裂，防止来自外界物理化学的刺激，保护皮肤。
- 滋润作用　赋予皮肤及毛发柔软、润滑、弹性和光泽。
- 清洁作用　根据相似相溶的原理可使皮肤表面的油性污垢更易于清洗。
- 溶剂作用　作为营养、调理物质的载体更易于皮肤的吸收。
- 乳化作用　高级脂肪酸、脂肪醇、磷脂是化妆品的主要乳化剂。
- 固化作用　使化妆品的性能和质量更加稳定。

a. 植物油

(a) 橄榄油　橄榄油一般是将果实经机械冷榨或用溶剂抽提制得。产品为淡黄色或黄绿色油状液体，不溶于水，微溶于乙醇，可溶于乙醚、氯仿等。其理化性质为：相对密度 d_4^{15}0.914～0.919，酸值＜2.0mgKOH/g，皂化值 186～196mgKOH/g，碘值 80～88gI_2/100g，不皂化值 0.5%～1.8%，折射率 n_D^{20}1.466～1.467。橄榄油中的主要成分为油酸甘油酯和棕榈酸甘油酯。橄榄油用于化妆品中，具有优良的润肤养肤作用，此外，橄榄油还有一定的防晒作用。橄榄油对皮肤的渗透能力较羊毛脂、油醇差，但比矿物油佳。在化妆品中，橄榄油是制造按摩油、发油、防晒油、整发剂、口红和 W/O 型香脂的重要原料。

(b) 蓖麻油　是从蓖麻种子中挤榨而制得。为无色或淡黄色透明黏性油状液体，具有特殊气味，不溶于水，可溶于乙醇、苯、乙醚、氯仿和二硫化碳。其理化性质为：相对密度 d_4^{15}0.950～0.974，酸值＜4.0mgKOH/g，皂化值 176～187mgKOH/g，碘值 80～9gI_2/100g，

折射率 n_D^{20} 1.473～1.477，试剂用蓖麻油凝固点为－18～－10℃。蓖麻油的主要成分是蓖麻油酸酯。蓖麻油对皮肤的渗透性较羊毛脂差，但优于矿物油，因为蓖麻油相对密度大、黏度高、凝固点低，它的黏度及软硬度受温度影响很小，很适宜作为化妆品原料，可作为口红的主要基质，也可应用到膏霜、乳液中，还可作为指甲油的增塑剂。

(c) 霍霍巴油　霍霍巴油是将其种子经压榨后，再用有机溶剂萃取的方法精制而得，是无色、无味、透明的油状液体。其理化性质为：相对密度 d_4^{15} 0.865～0.869，酸值 0.1～5.2mgKOH/g，碘值 81.8～85.7gI_2/100g，皂化值 90.1～101.3mgKOH/g，不皂化物 48%～51%，折射率 n_D^{20} 1.458～1.466。20 世纪 80 年代后期，我国四川和云南一些地方开始引种霍霍巴，可以提供化妆品用霍霍巴油。

(d) 椰子油　椰子油是从椰子的果肉制得的，具有椰子特殊芬芳，为白色或淡黄色猪脂状半固体，不溶于水，可溶于乙醚、苯、二硫化碳，在空气中极易被氧化。其理化特性为：相对密度 d_4^{15} 0.914～0.920，酸值＜6.0mgKOH/g，皂化值 251～264mgKOH/g，碘值 8～10gI_2/100g，熔点 21～25℃。其甘油酯中脂肪酸之组成为：月桂酸 47%～56%，肉豆蔻酸 15%～18%，辛酸 7%～10%，癸酸 5%～7%。椰子油有较好的去污力，泡沫丰富，是制皂不可缺少的油脂原料，亦是合成表面活性剂的重要原料，但椰子油对皮肤略有刺激性，所以不直接用作化妆品的油质原料，故它是化妆品的间接原料。

(e) 棕榈油　棕榈油是从油棕果皮中提取的，其主要产地为马来西亚，该国棕榈油的产量占世界产量的 60%。棕榈油外观为黄色油脂。其理化特性为：相对密度 d_4^{15} 0.921～0.925，皂化值 190～202mgKOH/g，碘值 51～55gI_2/100g，凝固点 42～46℃。其甘油酯中的脂肪酸组成为：棕榈酸 43%，油酸 39%，亚油酸 10%，硬脂酸 3%，肉豆蔻酸 3%。棕榈油易皂化，是制造肥皂、香皂的良好原料，也是制造表面活性剂的原料。

b. 动物油

(a) 水貂油　水貂是一种珍贵的毛皮动物，从水貂背部的皮下脂肪中采取的脂肪粗油，经过加工精制后得到的水貂（精）油，是一种理想的化妆品油基原料。水貂油为无色或淡黄色透明油状液体，无腥臭及其他异味，无毒，对人体肌肤及眼部无刺激作用。其理化特性为：相对密度 0.900～0.925，酸值＜11mgKOH/g，皂化值 190～220mgKOH/g，碘值 75～90gI_2/100g，不皂化物 0.2%～0.4%，凝固点 12℃，水分≤0.5%。水貂油含有多种营养成分，从其甘油酯的脂肪酸组成上来看，与其他作为化妆品的天然油脂原料相比，最大的特点是含有 20%左右的棕榈油酸（十六碳单烯酸），总不饱和脂肪酸超过 75%，水貂油对人体皮肤有很好的亲和性、渗透性，易于被皮肤吸收，其扩展性比白油高 3 倍以上，表面张力小，易于在皮肤、毛发上扩展，使用感好，滑爽不黏腻，在毛发上有良好的附着性，并能形成具有光泽的薄膜，改善毛发的梳理性。近年来的研究还表明，水貂油还有显著的吸收紫外线作用及优良的抗氧化性能。在化妆品中，水貂油应用甚广，可用于膏霜、乳液、发油、发水、唇膏等化妆品中，还可应用在防晒化妆品中。水貂油本身具有一种使人不快的臊腥臭味，必须精制，但精制手段必须不破坏貂油的自然组成特性。目前国外大都采用相当复杂的精制手段，才能得到质量稳定、无臭、无色，适合于化妆品使用的貂油产品。

(b) 羊毛脂　羊毛脂是从羊毛中抽取的一种脂肪物。它是羊的皮脂腺分泌物，使羊毛润滑，有抗日光、风和雨的作用。羊毛脂一般是毛纺行业从洗涤羊毛的废水中用高速离心机分离提取出来的一种带有强烈臭味的黑色膏状黏稠物，经脱色、脱臭后为一种微黄色的半固体，略有特殊臭味。它可分无水和有水两种。无水羊毛脂的理化特性为：熔点 38～42℃，酸值≤1.0mgKOH/g，皂化值 88～103mgKOH/g，碘值 18～36gI_2/100g。羊毛脂能溶于苯、乙醚、氯仿、丙酮、石油醚和热的无水乙酸，微溶于 90%乙醇，不溶于水，但能吸收两倍重的水而不分离。含水羊毛脂含水分约为 25%～30%，溶于氯仿与乙醚后，能将水析出。羊毛脂的组成很复杂，是各种脂肪酸与脂肪醇酯，为低熔点蜡。主要是由甾醇类、三萜烯醇类、脂肪醇类及大约等量的含有大量支链的含亲水基团的脂肪酸所构成，约 96%为酯蜡，3%～4%为游离脂肪醇及微量游离脂肪酸与碳氢化合物。羊毛脂是哺乳类动物的皮脂，其组成与人的皮脂十分接近，对人的皮肤有很好的柔软、渗透性和润滑作用，具有防止脱脂的功效。很早以来一直被用作为化妆品原料，是制造膏霜、乳液类化妆品及口红等的重要原料。

c. 动物性蜡

(a) 蜂蜡 蜂蜡也称“蜜蜡”，是由蜜蜂（土蜂）腹部引根蜡腺分泌出来的蜡质，是构成蜂巢的主要成分，故蜂蜡是从蜜蜂的蜂房中取得的蜡，由于蜜蜂的种类以及采蜜的花卉种类不同，蜂蜡品种与质量亦常有差别，一般为淡黄至黄褐色的黏稠性蜡，薄层时呈透明状，略有蜜蜂的气味，溶于乙醚、氯仿、苯和热乙醇，不溶于水，可与各种脂肪酸甘油酯互溶。蜂蜡的理化特性为：相对密度 0.950～0.970，熔点 62～66℃，碘值4～15gI_2/100g，皂化值 80～103mgKOH/g，不皂化物 50%～58%。蜂蜡的主要成分是棕榈酸蜂蜡酯、固体的虫蜡酸与碳氢化合物。蜂蜡广泛应用于化妆品中，是制造乳液类化妆品的良好助乳化原料，由于蜂蜡熔点高，在化妆品中可用于制造唇膏、发蜡等锭状化妆品，也可用于油性膏霜产品中。

(b) 鲸蜡 鲸蜡是从抹香鲸、槌鲸的头盖骨腔内提取的一种具有珍珠光泽的结晶蜡状固体，呈白色透明状，其精制品几乎无臭无味，长期露于空气中易腐败。它可溶于热（温）乙醇、乙醚、氯仿、二硫化碳及脂肪油，但难溶于苯，不溶于水。其理化特性为：相对密度 0.940～0.950，熔点 42～50℃，酸值＜1mgKOH/g，皂化值 120～130mgKOH/g，碘值＜4gI_2/100g。鲸蜡的主要成分是鲸蜡酸、月桂酸、豆蔻酸、棕榈酸、硬脂酸等，在化妆品中可用作为膏霜类的油质原料，也可用在口红等锭状产品及需赋予光泽的乳液制品中。

(c) 虫胶蜡 又称紫胶蜡，它是一种紫胶虫的分泌物，可以说是我国的特产，故又称为中国蜡。它是一种白色或淡黄色结晶固体，其质坚硬且脆，相对密度为 0.93～0.97，熔点为 74～82℃，不溶于水、乙醇和乙醚，但易溶于苯，其主要成分为 C_{26}的脂肪酸和脂肪醇的酯。在化妆品中可用在制造眉笔等美容化妆品中。

d. 矿物油 化妆品中所用的矿物油、蜡是从天然矿物（主要是石油）经加工精制得到的碳原子数在 15 以上的直链饱和烃类。它们皆是非极性，沸点在 300℃以上。它们来源丰富，易精制，不易腐败，性质稳定，尽管有些方面不如动植物油脂、蜡，但至今仍是化妆品工业重要的原料。

(a) 液体石蜡 是炼油生产过程中沸点 315～410℃的馏分，俗称石蜡油，又称白油、矿油等。它是一种无色、无臭、透明的黏稠状液体，具有润滑性，在皮肤上可形成障碍性薄膜，对皮肤、毛发柔软效果好。白油是一类液态烃的混合物，其主要成分为 C_{16}～C_{21}正异构烷烃的混合物。不同黏度的白油用编号表示，号数越大表示黏度越大。低黏度的白油洗净和润湿效果强，而柔软效果差；高黏度白油洗净和润湿效果差，而柔软效果好。白油不溶于乙醇，可溶于乙醚、氯仿、苯、石油醚等，并能与多数脂肪油互溶。白油化学性质稳定，但长时间受热和光照射，会慢慢氧化，生成过氧化物。为了防止氧化，需要添加抗氧剂。白油毒性较小，但随着蒸气的吸入，会出现呕吐、头痛、头晕、腹泻等症状。白油被广泛用作各种膏霜、唇膏、口红等的原料。

(b) 凡士林 亦称矿物脂。它是将石油蜡膏中加入适量中等黏度的润滑油，再加发烟硫酸去除芳烃，或用烷烃加氢后分去油渣，再经活性白土粗制脱色、脱臭而成。凡士林为白色或微黄色半固体，无气味、半透明、结晶细、拉丝质地挺拔者为佳品，主要成分是C_{16}～C_{32}的烷烃和高碳烯烃的混合物，相对密度为0.815～0.880，熔点为38～54℃。它溶于氯仿、苯、乙醚、石油醚，不溶于乙醇、甘油和水。凡士林化学性质稳定，在化妆品中为乳液制品、膏霜、唇膏、发蜡等制品中的油质原料，也是各种药物软膏制品的重要基质。

(c) 石蜡 又称固体石蜡，是由天然石油或岩油的含蜡馏分经冷榨或溶剂脱蜡而制得，它的成分是以饱和高碳烷烃C_{16}～C_{40}为主体的混合物。石蜡为无色或白色、无味、无臭的结晶状蜡状固体，表面油滑，不溶于水、乙醇和酸类，而溶于乙醚、氯仿、苯、二硫化碳，相对密度0.82～0.90，熔点为50～60℃，其化学性质较为稳定，应用于化妆品中，可作为制造发蜡、香脂、胭脂膏、唇膏等的油质原料。

e. 合成油 合成油性原料一般是用油脂或油性原料经加工合成的改性油脂、蜡，或由天然动植物油脂经水解精制而得的脂肪酸、脂肪醇等单体原料。合成油性原料组成稳定、功能突出，已广泛应用于各类化妆品中。

(a) 硬脂酸 又称十八烷酸，熔点69.5℃，酸值197.2mgKOH/g，为白色或微黄色片状结晶固体，可由牛羊油或硬化的植物油进行水解而制得。不溶于水，可溶于乙醇、乙醚、氯仿等溶剂。工业上以挤压法分离油酸，一般先将硬脂酸加热熔化，放到压饼机里通过空气冷却，经冷压将油酸分出，然后再将硬脂酸加热熔化，再经过热压，除去残留的油酸。挤压次数愈多，油酸含量愈低，故可分为单压、双压、三压硬脂酸。硬脂酸的组成是：硬脂酸55%，棕榈酸和少量油酸。三压硬脂酸中油酸<2%，色泽洁白，碘值3～5gI_2/100g。三压硬脂酸是化妆品乳化制品如膏霜、乳液等不可缺少的重要油基原料，也是合成表面活性剂的重要原料。

(b) 鲸蜡醇 又名十六醇或正棕榈醇。熔点49℃，为白色半透明结晶状固体，不溶于水，溶于乙醇、乙醚、氯仿，与浓硫酸起磺化反应，遇强酸碱不起化学作用。化妆品用鲸蜡醇常含有10%～15%硬脂醇，少量肉豆蔻醇。鲸蜡醇本身没有乳化作用，但它是一种良好的助乳化剂，对皮肤具有柔软性能。在化妆品中，可用作膏霜、乳液的基本油性原料，是化妆品中应用最广的一种重要原料。

(c) 硬脂醇 又名十八醇，熔点59℃，为白色无味蜡状小叶晶体，不溶于水，溶于乙醇、乙醚等有机溶剂。与鲸蜡醇相同，其增稠效果比鲸蜡醇强，可与鲸蜡醇匹配使用，调节制品的稠度和软化点。硬脂醇还是制造表面活性剂的原料，在化妆品中，它是膏霜、乳液制品的基本原料，也是一种乳化稳定剂，可替代鲸蜡醇使用，也有混合醇出售。化妆品中一般使用天然硬脂醇、鲸蜡醇或混合醇。

(d) 胆甾醇 俗名胆固醇。以游离态或脂肪酸酯形式存在于所有动物的组织中，特别是大脑和神经、肾上腺和蛋黄中含量最丰富。胆甾醇可由羊毛脂大量提取，天然羊毛脂中胆甾醇含量可高达30%（质量分数）。胆甾醇为白色或淡黄色、几乎无气味的带珠光的叶片状或粒状的结晶。不溶于水，溶于丙酮、热乙醇、氯仿、二噁烷、乙醚、己烷和植物油等。它是有效的W/O型乳化剂，也用作O/W型助乳化剂和稳定剂。胆甾醇主要添加到营养霜、药用油膏及乳液中，可增加其稳定性和吸水能力。一般与脂肪醇及羊毛脂衍生物复配，其效果比单独使用胆甾醇要好。

(e) 硅油 学名聚硅氧烷，属于高分子聚合物，它是一类无油腻感的合成油和蜡。硅油及其衍生物（有时统称有机硅）是化妆品的一种优质油性原料，有优良的物理和化学特性，可使化妆品具有良好的润滑性能、抗紫外线性能、抗静电性能、透气性、稳定性等。目前硅油几乎应用到各类化妆品中。

(f) 角鲨烷　角鲨烷是从产于深海中角鲨的鱼肝油中取得的角鲨烯加氢反应而制得，为无色透明、无味、无臭的油状液体，微溶于乙醇、丙酮，可与苯、石油醚、氯仿相混合，它的主要成分是肉豆蔻酸、肉豆蔻酯、角鲨烯、角鲨烷等。角鲨烷性质稳定，对皮肤的刺激性较低，能使皮肤柔软。与矿物油系烷烃相比，油腻感弱，并且具有良好的皮肤浸透性、润滑性及安全性，在化妆品中可用作膏霜、乳液、化妆水、口红及护发制品的油性原料。

(g) 硬脂酸单甘油酯　又名单硬脂酸甘油酯，单甘酯。为纯白色至淡黄色的蜡状固体，具有刺激性和好闻的脂肪气味，无毒，可燃。在水和醇中几乎不溶，可分散于热水中。极易溶于热的醇、石油和烃类中。是 W/O 乳状液的乳化剂，是制造膏霜类制品很好的原料。

② 粉质原料　粉类原料是粉末剂型化妆品，如爽身粉、香粉、粉饼、唇膏、胭脂、眼影粉等的基质原料，其用量可高达 30%～80%。其目的是赋予皮肤色彩，遮盖色斑，吸收油脂和汗液。此外在芳香制品中也用作香料的载体。

a. 无机粉质原料

(a) 滑石粉　滑石粉为天然矿产硅酸盐，主要成分为含水硅酸镁（$3MgO \cdot 4SiO_2 \cdot H_2O$），我国辽宁、广西等地有丰富的矿产，经机械压碎、研磨呈粉末状。化妆品用滑石粉，其细度分 200 目、325 目和 400 目等多种规格，色泽洁白、滑爽、柔软，不溶于水、酸、碱溶液及各种有机溶剂，其延展性为粉体类中最佳者，但其吸油性及吸附性稍差。在化妆品应用中，滑石粉对皮肤完全不发生任何化学作用，多用作香粉、爽身粉等粉类原料，也是粉末类化妆品不可缺少的原料。

(b) 钛白粉（TiO_2）　为无臭、无味、白色无定形微细粉末，不溶于水及稀酸，溶于热的浓硫酸和碱中，化学性质稳定；它是用硫酸处理铁矿等天然矿石得到的，其纯度约为 98%。钛白粉是一种重要的白色颜料，其折射率为 2.3～2.6，是颜料中最白的物质，其遮盖力是粉末中最强者，为锌白粉的 2～3 倍，且着色力也是白色颜料中最大的，是锌白粉的 4 倍，当其粒度极细微时（30μm），对紫外线透过率最小，可用于防晒的化妆品。钛白粉的吸油性及附着性亦佳，只是其延展性差，不易与其他粉料混合均匀，故最好与锌白粉混合使用，可克服此缺点，其用量可在 10%以内。

(c) 锌白粉（ZnO）　主要成分是氧化锌，是无臭、无味白色粉末，外观略似钛白粉。是由锌和锌矿氧化制得，其相对密度为 5.2～5.6，不溶于水，能溶于酸、碱溶液，置于空气中则逐渐吸收 CO_2 而生成碳酸锌。锌白粉也具有较强的遮盖力和附着力，且对皮肤具有收敛性和杀菌作用。在化妆品中用于香粉类制品，还可用于制造增白粉蜜及理疗性化妆品。

(d) 高岭土　又称白（瓷）土或磁（瓷）土，是黏土的一种，也是一种天然矿产硅酸盐，其主要成分是含水硅酸铝（$Al_2O_3 \cdot 2SiO_2 \cdot 2H_2O$）。高岭土为白色或微黄色的细粉，以色泽白、质地细致者为上品。略带黏土气味，有油腻感，相对密度 2.54～2.60，不溶于水、冷稀酸及碱中，但容易分散于水和其他液体中。对皮肤的黏附性好，具有抑制皮脂及吸收汗液的性能，在化妆品中与滑石粉配合使用，具缓和及消除滑石粉光泽的作用，它是制造香粉、粉饼、水粉、胭脂、粉条及眼影等制品的原料。

(e) 碳酸钙　天然的碳酸钙是大理石、方解石、石灰石等矿石经研磨精制而成的粉末，常称为“重质碳酸钙”。人工碳酸钙是将天然石灰石经过沉淀制取法制得的。其步骤是先将天然石灰石煅烧成生石灰，投入水中而成熟石灰，再吹入CO_2即得到白色粉末状碳酸钙。也可用碳酸钙和氯化钙溶液相互作用而制得碳酸钙。以上用沉淀法制得的碳酸钙都称为“轻质碳酸钙”，可用于化妆品中。而天然碳酸钙的颗粒较粗，色泽较差，化妆品中很少应用。碳酸钙不溶于水，能被稀酸分解释放出CO_2，对皮肤分泌汗液、油脂具有吸收性，还具有掩盖作用。多用在香粉、粉饼等化妆品中。

(f) 碳酸镁　为无臭、无味的白色轻柔粉末，不溶于水和乙醇，遇酸分解放出CO_2，它是由煅烧菱镁矿后加水呈悬乳液，再通入CO_2而制得；或由硫酸镁与碳酸钠溶液反应而得。碳酸镁有很好的吸收性，比碳酸钙还强3～4倍，在化妆品应用中，主要用在香粉、水粉等制品中作为吸收剂。生产粉类化妆品时，往往先用碳酸镁和香精混合均匀吸收后，再与其他原料混合。因它吸收性强，用量过多会吸收皮脂而引起皮肤干燥，一般用量不宜超过15%。

b. 有机粉质原料

(a) 纤维素微珠　纤维素微珠的组成为三醋酸纤维素或纤维素，是高度微孔化的球状粉末，类似于海绵球，质地很软，手感平滑，吸油性和吸水性好，化学稳定性极好，可与其他化妆品原料配伍，赋予产品平滑的感觉。在化妆品中可作为香粉、粉饼、湿粉等的填充剂，也可作为磨砂洗面奶的摩擦剂。

(b) 硬脂酸锌 [$(C_{17}H_{35}COO)_2Zn$]　它属于金属脂肪酸盐类，其通式为$(C_{17}H_{35}COO)_nM$，式中R为碳原子数是16～18的脂肪酸，M代表锌、镁、钙、铝等金属原子，这类盐亦称金属皂，一般不溶于水，但可溶于油脂中。这类粉剂对皮肤具有滑润、柔软及附着性。在矿物油中熔融，可增加黏度，还具有使W/O型乳状液稳定的作用。在化妆品中，硬脂酸锌用于香粉、爽身粉类制品，还可作W/O型乳状液稳定剂。

③ 水溶性聚合物（胶质原料）　水溶性聚合物又称水溶性高分子化合物或水溶性树脂，指结构中具有羟基、羧基或氨基等亲水基的高分子化合物。它们易与水发生水合作用，形成水溶液或凝胶，亦称黏液质。可作化妆品的基质原料，也在化妆品的乳剂、膏霜和粉剂中作为增稠剂、分散剂或稳定剂。水溶性聚合物的种类多，品种见表5-1。

表5-1　化妆品用水溶性聚合物分类

天然高分子化合物	动物性：明胶，酪蛋白 植物性：淀粉 植物性胶质：阿拉伯胶 植物性黏液质：榅桲提取物、果胶 海藻：海藻酸钠
半合成高分子化合物	甲基纤维素、乙基纤维素、羧甲基纤维素、羟乙基纤维素
合成高分子化合物	乙烯类：聚乙烯醇、聚乙烯吡咯烷酮 丙烯酸及其衍生物 聚氧乙烯 其他：水溶性尼龙、无机物等

水溶性聚合物在化妆品中的主要功能如下：

a. 对分散体系的稳定作用；

b. 增稠、凝胶化作用和流变学特性；

c. 乳化和分散作用；

d. 成膜作用；

e. 黏合性；

f. 保温性；

g. 泡沫稳定作用。

④ 溶剂原料　溶剂是液状、浆状、膏状化妆品如香水、香波、洗面奶、香脂、润肤乳液、指甲油等多种制品中不可缺少的一类主要组成部分。它在制品中主要是起溶解作用，使制品具有一定的物理性能和剂型。许多固体型的化妆品虽然其成分中不包括溶剂，但在生产制造过程中，有时也常需要使用一些溶剂，如制品中的香料、颜料有时需借助溶剂进行均匀分散，在制造粉饼类产品中需溶剂作黏结作用。溶剂还可有润湿、润滑、增塑、保香、防冻、收敛等作用。

化妆品中最常用的溶剂为高品质的去离子水。此外常用的有：醇类如乙醇、异丙醇、丁醇、戊醇；酯类如乙酸乙酯、乙酸丁酯、乙酸戊酯；酮类如丙酮、丁酮；醚类如二乙二醇单乙醚、乙二醇单甲醚、乙二醇单乙醚等；芳香族溶剂如甲苯、二甲苯、邻苯二甲酸二乙酯等。

⑤ 表面活性剂　在化妆品中，表面活性剂的作用表现为去污、乳化、分散、湿润、发泡、消泡、柔软、增溶、灭菌、抗静电等特性，其中去污、乳化、调理为主要特性。利用表面活性剂单一性能的化妆品几乎没有，大多是同时利用表面活性剂的多种性能。

a. 表面活性剂在化妆品中的作用

(a) 去污剂　是表面活性剂用途中重要的一个方面。洗涤去污作用是表面活性剂的渗透、乳化分散、增溶、起泡等多种作用的综合表现。具有去污作用的主要是阴离子表面活性剂，其次是非离子表面活性剂及两性离子表面活性剂。在洗发用品、沐浴用品、洁肤化妆品中均用表面活性剂作为去污剂。

(b) 乳化剂　化妆品中以乳化体居多，乳化体性能的好坏，关键是油类原料、乳化剂性能的好坏。其中能否形成均匀、稳定的乳化体系，则取决于乳化剂的性能，故乳化剂在化妆品生产中起着重要的作用。常用阴离子、非离子表面活性剂作为乳化剂。但对于化妆品来讲，所选用的乳化剂不仅要使得到的膏体稳定，还要考虑其润肤性和是否有刺激性。HLB值越高的乳化剂，对皮肤的脱脂作用越强，过多地采用HLB值高的乳化剂，可能会对皮肤造成刺激或引起干燥，所以要尽可能减少亲水性强的乳化剂用量。一般认为，HLB值在3～6的表面活性剂适宜于作W/O型乳化剂，HLB值在8～18的表面活性剂适宜于作O/W型乳化剂。在选择乳化剂时，依据所配制的产品的类型、油相与水相的比例，可确定乳化剂的用量。乳化剂在配方中的用量一般与油相含量关系密切，一般情况下乳化剂质量是油相质量和乳化剂质量之和的10%～20%。其用量有时可达配方的10%。

(c) 增溶剂　在化妆品中，增溶剂主要用于化妆水、生发油、生发养发剂的生产，难溶于水的油脂、香料、药品（如油溶性维生素A）等，可借表面活性剂在水中分散成极微小粒子而呈透明溶液。这种作用就是增溶作用。通过表面活性剂的增溶作用，能使油性成分呈透明溶解状，从而提高产品的附加价值。

(d) 调理剂　所谓调理剂是指具有改善毛发外观和梳理性能的表面活性剂。其调理作用表现在它具有抗静电作用，使头发易梳理、柔软和光亮。调理剂主要是阳离子型表面活性剂。

(e) 稳泡剂　是指具有延长和稳定泡沫的作用并保持其长久性能的表面活性剂。在化妆品工业中常用脂肪醇酰胺。

b. 化妆品中常用的表面活性剂

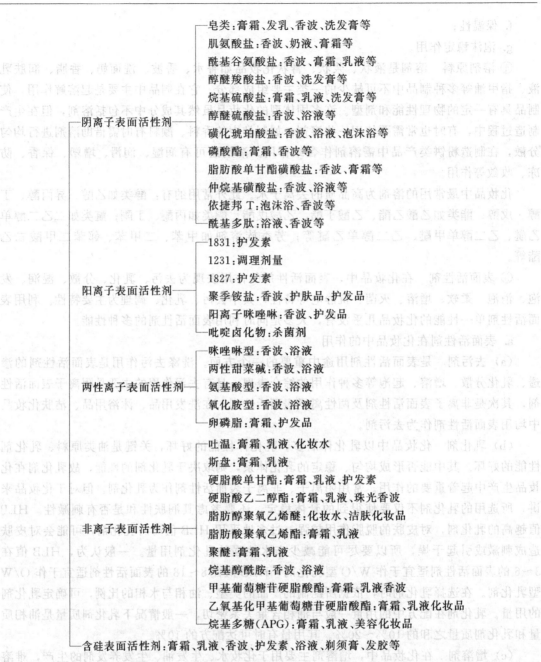

- 阴离子表面活性剂
  - 皂类：膏霜、发乳、香波、洗发膏等
  - 肌氨酸盐：香波、奶液、膏霜等
  - 酰基谷氨酸盐：香波、膏霜、乳液等
  - 醇醚羧酸盐：香波、洗发膏等
  - 烷基硫酸盐：膏霜、乳液、洗发膏等
  - 醇醚硫酸盐：香波、浴液等
  - 磺化琥珀酸盐：香波、浴液、泡沫浴等
  - 磷酸酯：膏霜、香波等
  - 脂肪酸单甘酯磺酸盐：香波、膏霜等
  - 仲烷基磺酸盐：香波、浴液等
  - 依捷邦T：泡沫浴、香波等
  - 酰基多肽：浴液、香波等
- 阳离子表面活性剂
  - 1831：护发素
  - 1231：调理剂量
  - 1827：护发素
  - 聚季铵盐：香波、护肤品、护发品
  - 阳离子咪唑啉：香波、护发品
  - 吡啶卤化物：杀菌剂
- 两性离子表面活性剂
  - 咪唑啉型：香波、浴液
  - 两性甜菜碱：香波、浴液
  - 氨基酸型：香波、浴液
  - 氧化胺型：香波、浴液
  - 卵磷脂：膏霜、护发品
- 非离子表面活性剂
  - 吐温：膏霜、乳液、化妆水
  - 斯盘：膏霜、乳液
  - 硬脂酸单甘酯：膏霜、乳液、护发素
  - 硬脂酸乙二醇酯：膏霜、乳液、珠光香波
  - 脂肪醇聚氧乙烯醚：化妆水、洁肤化妆品
  - 脂肪酸聚氧乙烯酯：膏霜、乳液
  - 聚醚：膏霜、乳液
  - 烷基醇酰胺：香波、浴液
  - 甲基葡萄糖苷硬脂酸酯：膏霜、乳液香波
  - 乙氧基化甲基葡萄糖苷硬脂酸酯：膏霜、乳液化妆品
  - 烷基多糖(APG)：膏霜、乳液、美容化妆品
- 含硅表面活性剂：膏霜、乳液、香波、护发素、浴液、剃须膏、发胶等

⑥ 保湿剂　皮肤保湿是化妆品的重要功能之一，因此在化妆品中需添加保湿剂。保湿剂是一类亲水性的润肤物质，在较低的湿度范围内具有结合水的能力，给皮肤补充水分。它可以通过控制产品与周围空气之间水分的交换使皮肤维持在高于正常水含量的平衡状态，起到减轻干燥的作用。它在化妆品中有三方面的作用：对化妆品本身水分起保留剂的作用，以免化妆品干燥、开裂；对化妆品膏体有一定的防冻作用；涂敷于皮肤后，可保持皮肤适宜的水分含量，使皮肤湿润、柔软，不致开裂、粗糙等。化妆品中常用的保湿剂有多元醇型、天然型。

a. 甘油　无色、无臭、澄清且具有甜味的黏稠液体，在化妆品中作保湿剂、柔软剂，主要应用于O/W型乳状液中，也可用于膏霜类、化妆水、香波等制品中。在高湿条件下，甘油能从空气中吸收水分，在相对湿度低时，甘油会从皮肤深层吸收水分，从而引起皮肤干燥。且高浓度的甘油对干裂的皮肤有刺激性。

b. 丙二醇 无色、无臭、略带有甜味的黏稠液体，易吸湿，在化妆品中可与甘油合并使用，也可代替甘油作为保湿剂和润滑剂，也可作为色素、香精油的溶剂。

c. 山梨醇 白色、无臭的结晶粉末，略带有微甜清凉的感觉。是牙膏、化妆品等膏霜制品的优良保湿剂，也是生产非离子表面活性剂的重要原料。

d. 聚乙二醇 由环氧乙烷脱水缩聚而得，相对分子质量较低者可代替甘油或丙二醇作为保湿剂，可用于膏霜和香波等制品中。相对分子质量较高者多用作润滑剂、柔软剂。

e. 透明质酸 简称 HA，是从动物组织（牛眼玻璃体、牛脐和鸡冠等）中提取的一种酸性透明生物高分子物质，具有调节表皮水分的特殊功能。HA 用于皮肤表面可形成水化黏性膜，能有效地保持水分，使皮肤滋润、滑爽，具有弹性。

f. 乳酸钠 市售的乳酸钠是无色或微黄色透明糖浆状液体，无臭或略带特殊气味，略有咸苦味。其保湿性比甘油好，常用于护肤的膏霜和乳液、香波和护发素等护发制品中，也用于剃须制品和洗涤剂中。

⑦ 防腐剂 在化妆品的生产和使用过程中，难免会混入一些肉眼看不见的微生物。加入防腐剂的目的是抑制微生物在化妆品中的生长繁殖，起到防止制品劣化变质的作用。常用防腐剂种类及性能见表 5-2。

表 5-2 常用防腐剂种类与性能

商品名称	化学名称	抑菌范围	用量/%	pH	毒性(LD_{50})/(mg/kg)	备注
尼泊金酯	对羟基苯甲酸甲酯 对羟基苯甲酸乙酯 对羟基苯甲酸丙酯 对羟基苯甲酸丁酯	抗真菌和革兰阳性菌能力强，对革兰阴性菌能力弱		4～9	6000 6300 13200	遇非离子和阳离子表面活性剂效果降低
福尔马林	甲醛	杀灭真菌和细菌	0.05～0.2	4～10	对黏膜有刺激性	有刺鼻气味，影响香气，在化妆品中使用量少
	苯甲酸及其盐类	抗酵母菌作用好	0.1～0.2	2.5～4.0 最佳	无毒	pH 高时不稳定，较难适应化妆品 pH，逐渐淘汰
Bronopol（布罗波尔）	2-溴-2-硝基-1,3-丙二醇	广谱抗菌活性	0.02～0.05	4～8	307	pH<5.5 使用比较稳定
Kathon CG（凯松 CG）	5-氯-2-甲基-4-异噻唑啉-3-酮 1.15%，2-甲基-4-异噻唑啉-3-酮 0.35%，惰性成分：镁盐（氯化镁或硝酸镁）23.0%，水 75.5%	广谱抑菌	0.02～0.10	4～9	3350	高温下易分解，50℃以下使用。胺、硫化物、亚硫酸盐易使其分解失去活性
Germal Ⅱ（杰马 Ⅱ）	重氮烷基咪唑脲 $C_8H_{14}N_4O_7$	广谱抑菌	0.03～0.30	3～9	2570	常与尼泊金酯复配使用，成为安全广谱抗菌剂
Germaben Ⅱ	Germal Ⅱ 30% 尼泊金甲酯 11% 尼泊金丙酯 3% 丙二醇 56%	广谱抑菌	0.5～1.5	3～9	2000	易溶于水，最好在香精前加入

⑧ 抗氧剂　为了防止化妆品中的动植物油脂、矿物油等组分在空气中自动氧化而使化妆品变质，需要加入抗氧剂。化妆品中常用的抗氧剂大体上可以分为五类：酚类，醌类，胺类，有机酸、醇与酯类，无机酸及其盐类。常用抗氧剂如下。

a. 二叔丁基对甲酚（BHT）　也称二丁基羟基甲苯，结构式为：

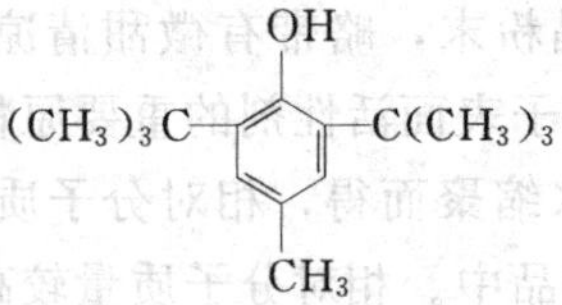

BHT是一种酚的烷基衍生物抗氧剂。无臭、无味、无色或白色结晶（或粉末）。不溶于水、甘油、丙二醇、碱等，溶于无水乙醇、猪油等。BHT无毒，对光、热稳定，熔点为68.5～70.5℃，价格低廉，抗氧效果好，对矿物油脂的抗氧性更好。可单独应用于含有油脂、蜡的化妆品中，其用量一般为0.02%，也可与其他的抗氧剂合并使用。

b. 生育酚　又称维生素E，为红色至红棕色黏液，略有气味，不溶于水，溶于乙醇、丙酮和植物油。对热和光照均稳定。在自然界中存在于植物种子内，生育酚为人体不可缺少的一种维生素，对人体有调节机能作用。同时也是一种理想的天然抗氧剂，具有防止油脂及维生素A被氧化的作用。经氧化后则失去了维生素E功效。它是矿物油脂的最佳抗氧化剂。主要用于高档化妆品的抗氧化，一般用量按活性物30%计，质量分数为0.01%～0.1%。

⑨ 香精　化妆品是否成功，香味往往是非常重要的因素，调配得当的香精不仅使产品具有优雅舒适的香味，还能掩盖产品中某些成分的不良气味。化妆品的加香除了必须选择适宜香型外，还要考虑到所用香精对产品质量及使用效果是否有影响。化妆品的赋香率因品种而异。对一般化妆品来讲，添加香精的数量达到能消除基料气味的程度就可以了。对于香波、唇膏、香粉、香水等以赋香为主的化妆品来说，则需要提高赋香率。

a. 香水、花露水类化妆品的加香　要求香原料的溶解性要好，防止产生浑浊，而对香料的刺激性和变色等要求不高。要求香精头香、尾香足，体香柔和，香气均匀，持久不变。

香水多用花香型或复合花香型香精，用量一般是10%～20%；古龙香水多用柑橘香型、辛香型，用量为5%～10%；花露水以熏衣草型为主，用量为1%～5%。

b. 膏霜和乳液类化妆品的加香　香精用量为0.2%～0.5%，多以清新的花香型为主，如铃兰、玫瑰、茉莉、白兰等香型。应避免使用较深或变色的香精，如香料吲哚、异丁香酚、香兰素、橙花素、洋茉莉醛等；添加的香精不应对皮肤产生刺激性，如丁香酚使用久了会使皮肤呈现红色，安息酸酯类对皮肤有灼热感等。

c. 发用类化妆品加香　香波中香精加入量在0.5%以下，多采用明快的百花香型，婴儿香波则使用柔和的香型。若由软皂组成的香波，碱性较高，不宜采用对碱不稳定的香料。

护发素加香要求与香波类同，但要求尾香强，目前较流行柔和的香型。

发蜡、发油、发乳类化妆品的基质大多由油脂配制而成，故所选择的香精（香料）应在油脂中溶解度较好，香气要求强烈浓厚，用量一般为0.5%～2%。发蜡、发油的香精香型多为馥香、熏衣草和素心兰型，而发乳的香型以略带有女性的紫丁香、茉莉、玫瑰等花香型或百花香型较多。

d. 粉类化妆品的加香　粉类制品使用的香精应有高的稳定性，如檀香、广藿香、木香、香豆素和一些有香气的醇类，应避免使用酯类和柑橘油类香精。化妆品的香粉多用重香型香精，盥洗粉多用清新、凉爽的香型。一般选用沸点较高、持久性好、不易氧化、对皮肤无光敏和刺激作用，色泽不影响粉基介质的香精。香精用量：化妆品的香粉 0.5%～2.0%，盥洗用粉类 0.2%～1.0%。

e. 其他化妆品的加香 唇膏对香气的要求不高，以芳香甜美适口为主，常选用玫瑰、茉莉、紫罗兰、橙花等。要求无刺激性、无毒性，不易析出结晶。香精用量一般为 1%～3%。眉笔、睫毛膏加香要求与唇膏相似，香精用量还可以减少。

⑩ 色素 化妆品中采用色素已有悠久的历史，当人类开始使用化妆品的时候，就在其中添加各种色素，使其色彩鲜艳夺目。色素主要用于美容化妆品中，包括口红、胭脂、眼线液、睫毛膏、眼影制品、眉笔、指甲油及粉末制品、染发制品等。其目的是使肌肤、头发和指甲着色，借助色彩的互衬性和协调性，使得形体的轮廓明朗及肤色均匀，显示容颜特点，弥补容颜局部缺陷，达到美容的目的。同时添加色素还可以掩盖化妆品中某些有色组分的不悦色感，以增加化妆品的视觉效果。所以，色素是化妆品不可缺少的成分。

化妆品的色素除了对颜色的要求外，还有严格的安全性要求。除了一些天然的或惰性的色素外，大部分合成色素或多或少地对人体都会有不同程度的影响。而长期过量使用色素对人体会造成各种积累性的伤害。所以要求化妆品中使用的色素应是安全无毒的，一定要符合化妆品卫生标准要求。

化妆品中常用的色素有：有机合成色素、天然色素和无机颜料等。

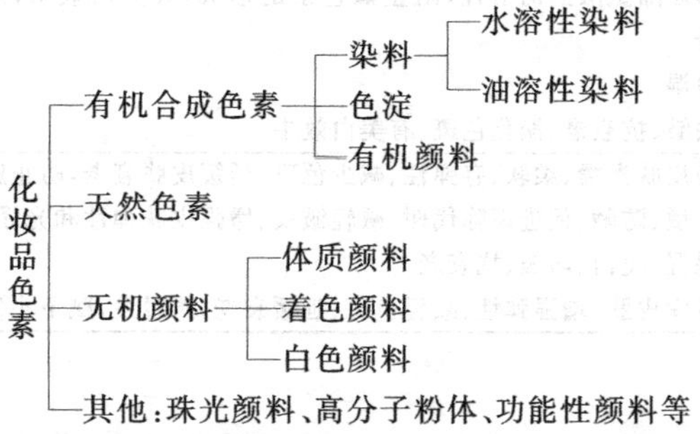

a. 有机合成色素 也称合成色素或焦油色素。是以石油化工、煤化工得到的苯、甲苯、二甲苯、萘等芳香烃为基本原料，再经系列有机反应而制得。

染料是一类带有强烈色泽的化合物，它能溶于水或油及醇溶剂中，以溶解状态，借助于溶剂使物质染色。化妆品中应用较多的有偶氮染料如坚固酸性品红 B、落日黄 FCF、苏丹三号；咕吨染料如盐酸若丹明 B、四溴荧光素等。

有机颜料是既不溶于水也不溶于油的一类白色或有色的化合物。具有良好的遮盖力，经细小的固体粉末形式分散于其他物质中，而使物质着色。化妆品中使用的有机颜料以红色居多，代表性的如立索玉红 B、蓝色 404 号、红色 228 号、红色 226 号，永久橙等。

色淀是将可溶性染料沉淀在吸收基或稀释基上的有机颜料。如用氢氧化铝或硫酸铝作为吸收基（或稀释基），得到的沉淀称为铝色淀，是化妆品中常用的色淀。与颜料相比，色淀增加了不透明性及遮盖力，色泽较鲜艳，着色力强，但耐酸碱性较差。

b. 天然色素 化妆品中常用的天然色素有胭脂虫红、紫草素、β-胡萝卜素、指甲花红、叶绿素等。其优点是安全性高，色调鲜艳而不刺目，赋有天然感，很多天然色素同时也有营养或兼备药理效果。但天然色素产量小、原料不稳定、价格高、纯度低、含无效物多、稳定性差，故在化妆品中的应用受到限制。

c. 无机颜料 也称矿物性色素，是以天然矿物为原料制得的，现多以合成无机化合物为主。化妆品中使用的无机颜料有白色颜料，如钛白粉、锌白粉、铝粉、氢氧化铋等；有色颜料如氧化铁红、氧化铁黄、氧化铁黑、铁蓝、炭黑、氧化铬绿、群青等。

另外，广泛用于化妆品的色素还有珠光颜料，如合成珠光颜料、天然鱼鳞片；无机合成珠光颜料，如氯氧化铋、二氧化钛-云母等。

⑪ 营养、疗效型添加剂　对于强调功效的化妆品，如祛斑、防晒、营养或减肥等产品，常添加化学、生化或天然提取物作为特效添加剂。化妆品中部分常用添加剂见表 5-3。

表 5-3　化妆品中常用的添加剂

名　称	作　用
维生素 A	调节上皮细胞的生长和活性，延缓衰老
维生素 B_1	防治脂溢性皮炎、湿疹、增进皮肤健康
维生素 B_2	防治皮肤粗糙、斑症、粉刺、头屑
维生素 C(衍生物)	抑制皮肤上异常色素的沉着，阻止黑色素的产生和色素的沉积
维生素 D_2	防止皮肤干燥、湿疹，防止指甲和毛发异常
维生素 H	保护皮肤，防止皮肤发炎
维生素 E	抑制由紫外线照射引起的老化作用，促进头发生长及抗炎
氨基酸	提供皮肤与毛发所必需的营养
曲酸(及衍生物)	抗菌、吸收紫外线、保湿、减少皱纹、改善皮肤色斑和肝斑的形成，是美白添加剂，亦作为去头屑剂
熊果苷(及衍生物)	抑制酪氨酸酶的活性，阻止黑色素的形成，具美白效果；还可补充表皮细胞的各种营养成分
透明质酸	保湿
修饰 SOD	去皱、抗衰老、淡化色斑、有美白效果
人参	使皮肤光滑、柔软、有弹性、减少色斑、延缓皮肤衰老，防止脱发
芦荟	抗敏、防晒、促进新陈代谢、减轻皱纹、增强皮肤弹性和光泽，生发乌发
灵芝	保湿、美白、防皱、抗衰老
当归	滋润皮肤、增强弹性、减轻色斑、延缓衰老，防脱发，赋予头发光泽

想一想！（完成答案）

1. 雪花膏的配方一般由哪些原料组成?
2. 香水、古龙水、花露水有何不同?
3. 香粉由哪些原料组成?
4. 洗发香波配方中常用哪些表面活性剂?

5.2　常用化妆品

5.2.1　膏霜类化妆品

膏霜是具有代表性的传统化妆品，它能在皮肤上形成一层保护膜，供给皮肤适当的水分、油分或营养剂，从而保护皮肤免受外界不良环境因素刺激，延缓衰老，维护皮肤健康。近年来，随着乳化技术的改进、表面活性剂品种的增加以及天然营养物质的使用，开发出了各种不同的膏霜制品，其种类与消耗量之多，是其他化妆品望尘莫及的。因而膏霜类化妆品是主要的基础化妆品。

膏霜类化妆品按产品形态，可分为半固体状态不能流动的膏（质地硬）、霜（质地软）和能流动的液体膏霜，如各种乳液；按含油量区分，有乳液、雪花膏、中性膏霜（润肤霜）和香脂；按乳化体类型区分有水包油型（O/W）、油包水型（W/O）、复合乳化型（W/O/

W 或 O/W/O)；按乳化方式区分有传统反应式皂基乳化型、混用式乳化型和非反应式乳化型等。

(1) 雪花膏

雪花膏是一种水包油乳化体。因其色泽洁白，搽在皮肤上就像雪花一样地消失，故称“雪花膏”。

① 雪花膏的原料

a. 硬脂酸　一般用三压硬脂酸，加入量为10%～20%，控制碘值在 $2gI_2/100g$ 以下。一部分硬脂酸（15%～25%）与碱作用生成硬脂酸皂，另一部分硬脂酸在皮肤表面可形成薄膜，使角质层柔软，保留水分。

b. 碱类　碱类和硬脂酸中和成硬脂酸皂起乳化作用。一般用 KOH，为提高乳化体稠度，可辅加少量 NaOH，其质量比为 9∶1。

c. 多元醇　如甘油、山梨醇、丙二醇等。多元醇除对皮肤有保湿作用外，在雪花膏中有可塑作用，当配方里不加或少加多元醇时，在涂抹时会出现“面条”现象。当增加多元醇用量时，产品的耐冻性能也随之提高。

d. 水　雪花膏配方中 60%～80%的是水。水的质量会对膏体质量有很大影响，一般采用蒸馏水或去离子水。

e. 其他　如单硬脂酸甘油酯是辅助乳化剂，用量 1%～2%，使制成的膏体比较细腻、润滑、稳定、光泽度也较好，搅动后不致变薄、冰冻后水分不易离析。尼泊金酯作为防腐剂，羊毛脂可滋润皮肤，十六醇或十八醇与单硬脂酸甘油酯配合使用更为理想，这样即使经长时间贮存，雪花膏也不会出现珠光、变薄、颗粒变粗等现象，乳化更为稳定，同时可避免起面条现象，十六醇或十八醇的用量一般为 1%～3%。另外，加入 1%～2%的白油也具有避免起面条的效果。

② 典型配方与生产工艺　雪花膏配方示例见表 5-4。

表 5-4　雪花膏配方示例

原　料	质量分数/%			
	1	2	3	4
硬脂酸	14.0	18.0	15.0	10.0
单硬脂酸甘油酯	1.0		1.0	1.5
羊毛脂		2.0		
十六醇	1.0		1.0	3.0
白油	2.0			
甘油	8.0	2.5		10.0
丙二醇			10.0	
KOH(100%)	0.5		0.6	0.5
NaOH(100%)			0.05	
三乙醇胺		0.95		
香精	适量	适量	适量	适量
尼泊金酯	适量	适量	适量	适量
去离子水	73.5	76.55	72.35	75.0

生产工艺：膏霜产品的制作由水相及油相原料的制备、乳化、冷却、灌装等工序组成。生产工艺流程见图 5-1。

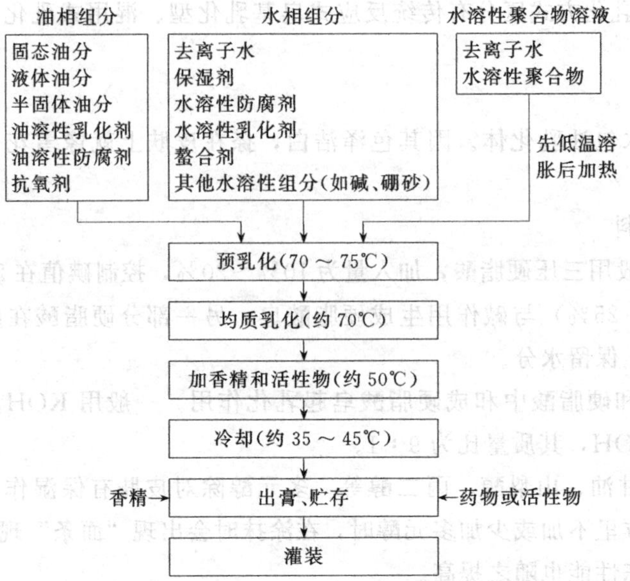

图 5-1 膏霜化妆品的一般生产工艺流程

a. 原料加热

(a) 油相原料加热 硬脂酸、单硬脂酸甘油酯、十六醇、羊毛脂、白油、尼泊金酯等油相原料投入油相锅内，加热至85～90℃，维持30min灭菌。

(b) 水相原料加热 将去离子水、甘油投入水相锅内，加热至90～95℃，搅拌溶解，维持30min灭菌，将氢氧化钾溶液加入水中搅拌均匀，加入到水相锅中。因去离子水加热时和搅拌过程中的蒸发，总计损失约2%～3%，为补充水的损失，往往额外多加2%～3%水分。

b. 混合乳化 将油相原料、水相原料放入乳化锅内，维持75℃左右，搅拌乳化。

c. 搅拌冷却 往乳化锅内通入冷却水，在缓慢搅拌下缓慢冷却。应控制冷却速度和停止搅拌时的温度，冷却速度过快会使膏体粗糙，停止搅拌的温度过低会使膏体稠度降低。50℃左右加入香精。

d. 静置冷却、灌装 一般静置冷却到30～40℃后进行装瓶。装瓶时温度过高，冷却后雪花膏体积略微收缩；装瓶时温度过低，已结晶的雪花膏，经搅动剪切后稠度会变薄。

(2) 润肤霜

润肤霜的作用是恢复和维持皮肤健美的外观和良好的润湿条件，以保持皮肤的滋润、柔软和富有弹性。它可以保护皮肤免受外界环境的刺激，防止皮肤过分失去水分，向皮肤表面补充适宜的水分和脂质。

润肤霜是一种乳化型膏霜，有O/W型、W/O型W/O/W型，现仍以O/W型占主要地位。润肤霜的油性成分含量一般在10%～70%，可以通过调整油相和水相的比例，制成适合不同类型皮肤的制品。W/O型膏体含油、脂、蜡类成分较多，对皮肤有更好的滋润作用，适合干性皮肤使用，而O/W型膏体清爽不油腻，适合油性皮肤使用。在润肤霜中加入不同营养物质、生物活性成分，可以将润肤霜配制成具有不同营养作用的养肤化妆品。润肤霜所采用的原料相当广泛，品种多种多样，目前绝大多数护肤膏霜产品都属于润肤霜。

① 润肤霜的原料 润肤霜的原料主要包括润肤物质和乳化剂，润肤物质又可分为油溶

性和水溶性两类，分别称为滋润剂和保湿剂。

a. 滋润剂　是一类温和的能使皮肤变得更软更韧的亲油性物质，它除了有润滑皮肤作用外，还可覆盖皮肤、减少皮肤表面水分的蒸发，使水分从基底组织扩散到角质层，诱导角质层进一步水化，保存皮肤自身的水分，起到润肤作用。

滋润剂包括各种各样的油、脂和蜡、烷烃、脂肪酸、脂肪醇及其酯类等。天然动植物油、脂含有大量的脂肪酸甘油酯，如橄榄油、霍霍巴油、麦芽油、葡萄籽油、角鲨烷、牛油、果油等具优良的滋润特性；硅油既能让皮肤润滑又能抗水；羊毛脂的成分与皮脂相近，与皮肤有很好的亲和性，还有强吸水性，是理想的滋润剂；白油和凡士林不易被皮肤吸收，使用后感觉油腻，在高级润肤霜中较少应用。

b. 保湿剂　常用多元醇类如甘油、丙二醇、山梨醇。在高档化妆品中常用透明质酸、吡咯烷酮羧酸钠、神经酰胺等。

c. 乳化剂　润肤霜中常选用非离子表面活性剂组成的乳化剂对。常用单甘酯、斯盘系列和吐温系列等。同时随着表面活性剂工业和化妆品工业的发展，高效、低刺激的非离子乳化剂不断出现，如葡萄糖苷衍生物。还可使用自乳化型乳化剂，如 Arlacel 1645 和 Arlatone 983 自乳化型硬脂酸甘油酯。

此外，还需加入防腐剂、抗氧剂、香精等。为提高产品的稳定性及触感质量，还可添加高分子聚合物乳化增稠稳定剂。

② 典型配方与生产工艺　O/W 型润肤霜配方示例见表 5-5。

表 5-5　O/W 型润肤霜配方示例

组　分	质量分数/%	组　分	质量分数/%
白油	18.0	丙二醇	4.0
棕榈酸异丙酯	5.0	Carbopol 934	0.2
十六醇	2.0	三乙醇胺	1.8
硬脂酸	2.0	防腐剂	适量
单甘酯	5.0	香精	适量
吐温-20	0.8	去离子水	61.2

生产工艺：首先将 Carbopol 934 分散于水中，加入丙二醇后加热至 60℃。将油相原料混合并加热至 70℃，并将油相加至水相中，搅拌乳化，再加入三乙醇胺进行搅拌中和，降温后加入香精。配方中 Carbopol 树脂的作用是稳定膏体。

(3) 乳液

乳液又叫奶液或润肤蜜，它和雪花膏、润肤霜都是乳液状化妆品，同属膏霜产品，不同的是乳液是流体的乳状液，其外观呈流动态，而前述几种膏霜是半固态的乳状液，故可称乳液是液体膏霜。乳液含油量小于 15%，乳液制品延展性好，易涂抹，使用较舒适、滑爽，无油腻感，尤其适合夏季使用。

乳液的组分与润肤霜组分类似，也是由滋润剂、保湿剂及乳化剂和其他添加剂组成，但乳液为液体状，其固体油相组分要比润肤霜的含量低。乳液的制备方法与其他膏霜相同，但乳液的稳定性较差，存放时间过久易分层，因此在设计乳液配方及制备时，需特别注意产品的稳定性。

5.2.2　香水类化妆品

香水类化妆品是芳香化妆品中的一类，这类化妆品除了能散发出较浓郁、强烈且宜人的芳香外，还具有爽肤、抑菌、消毒等多种作用。香水类化妆品按产品形态可分为酒精液香水、乳化香水和固体香水三种。以酒精液香水居多，又可分为香水、古龙水和花露水。本书只讲酒精液香水。

(1) 香水类化妆品分类

① 香水　香水具有芬芳浓郁而持久的香气，主要作用是喷洒于衣襟、手帕、身上及发际，散发出悦人香气，给人以美的享受。香水主要供女性使用。目前流行的香水香型有醛香型、清香型、木香型、东方型、馥奇型等。香水按其香精含量可分为浓香水（>20%）、香水（15%～20%）、淡香水（8%～15%）等。香水越陈越香，因为香水经过醇化后，其中醇和酸发生酯化反应形成酯，部分醇氧化成醛，香精和酒精的粗糙刺激性气味变得温和，时间越久，香气就愈加醇厚浓郁。

② 古龙水　又名科隆水（Cologne），是1680年意大利人在德国科隆首先生产的，命名为科隆水。古龙水香气比香水轻淡，以男性为使用对象。现代医学界主张，男性用些香水对健康有好处。目前，古龙水的香气特征多是柑橘类香气，含有迷迭香和薰衣草的香气，具有清爽新鲜和提神的效果。

③ 花露水　是一种用于沐浴后，祛除一些汗臭以及在公共场所消除秽气的夏令卫生用品。花露水的酒精浓度恰为医用消毒酒精浓度，故它具有消毒杀菌、止痒消肿的功效，涂于蚊叮、虫咬之处，或涂抹在患痱子的皮肤上，能止痒且有凉爽舒适的感觉。它与爽身粉有“姐妹”之称，男女老少皆宜。一般日用化妆品的香气会因贮存过期而衰退，但花露水最大的优点是存放时间越长，散发的香气越好。

(2) 香水类化妆品的主要原料

香水、古龙水和花露水的配方组成大致相同，主要原料为香精、酒精和水，有时根据需要加入极少量的色素、抗氧剂、表面活性剂等添加剂。

① 香精　香水的主要作用是散发出浓郁、持久、芬芳的香气，因此，香精是香水的主体，香水是香水类化妆品中含香精量最高的，一般为15%～25%。所用香料也较名贵，往往采用天然的植物净油如茉莉净油、玫瑰净油等，以及天然动物性香料如麝香、灵猫香、龙涎香等配制而成。

古龙水和花露水内香精含量较低，一般为3%～8%，香气不如香水浓郁。一般古龙水的香精中含有香柠檬油、柠檬油、薰衣草油、橙花油、迷迭香等。而花露水多采用幻想香型，常以清香的薰衣草油为主体香料，香精多采用东方香型、素心兰香型、玫瑰香型。

初调配的香水其香气不够协调，需要进行熟化处理。其方法是先在香精中加少量酒精，然后移入玻璃瓶中，在25～30℃和无光的条件下贮存几周后再调制产品。调配时将新鲜和陈旧的同一品种香精混合，可加快香气的协调。香精最好贮存在不锈钢或玻璃的器皿中。

② 酒精　酒精在香水中作为香精的溶剂，对各种香精油都具有良好的溶解性，是配制香水类产品的主要原料之一。所用的酒精根据产品中香精用量的多少而不同。香水内香精含量高，酒精的浓度就需要高一些，否则香精不易溶解，溶液会产生浑浊现象。另外，酒精还可帮助香精挥发，增强芳香性。

香水中酒精的含量通常为95%，古龙水和花露水内香精的含量较香水低一些，因此酒精的含量亦可低一些，古龙水的酒精含量为75%～90%，如果香精用量为2%～5%，则酒精含量可为75%～80%。花露水香精用量一般在2%～5%，酒精含量为70%～75%。

由于在香水类化妆品中大量使用酒精，因此，酒精质量的好坏对产品质量的影响很大。酒精的质量与生产酒精的原料有关，用葡萄为原料发酵制得的酒精质量最好，无杂味，但成本高，适合于制造高档香水；采用甜菜糖和谷物等发酵制得的酒精，适合于制造中高档香水；用山芋、土豆等发酵制得的酒精，含有一定量的杂醇油，气味不及前两种酒精，不能直接使用，必须经过加工精制才能使用。

③ 去离子水　不同香水类产品含水量有所不同。香水因含香精较多，只能少量加入水或不加，否则香精不易溶解，溶液会产生浑浊现象。古龙水和花露水中香精含量较低，可适量加入部分水代替酒精，降低成本。

配制香水类化妆品的水质，要求采用新鲜的蒸馏水或经灭菌处理的去离子水，不允许其中有微生物、铁、铜及其他金属离子存在。水中的微生物虽然会被加入的酒精杀灭而沉淀，但它会产生令人不愉快的气味而损害产品的香气。铁、铜等金属离子则对不饱和芳香物质会发生催化氧化作用，所以还需加入柠檬酸钠或 EDTA 等螯合剂，防止金属离子的催化氧化作用，稳定产品的色泽和香气。

④ 其他添加剂　为保证香水类产品的质量，一般需要加入 0.02%的抗氧剂 BHT。有时还需要加入色素。在香水中还可加入 0.5%～1.2%的肉豆蔻酸异丙酯，能在香水喷洒的表面形成一层薄膜，使香气持久。

(3) 典型配方与生产工艺

① 典型配方　香水配方实例见表 5-6、表 5-7。

表 5-6　香水配方实例　　单位：%(质量分数)

名　称	香　水	淡香水	古龙水	花露水
酒精(95%)	76.0	80.0	80.0	75.0
柑橘型香精			5.0	
玫瑰型香精				3.0
素心兰香精		10.0		
东方型香精	18.4			
柠檬酸钠			0.01	
EDTA-2Na		0.1		0.01
BHT	0.3		0.01	0.01
豆蔻酸异丙酯	5.0			
蒸馏水	0.3	9.9	14.98	21.98

表 5-7　茉莉香水配方示例

组　分	质量分数/%	组　分	质量分数/%
酒精(95%)	79.3	戊基桂醛	8.0
苯乙醇	0.9	乙酸苄酯	7.2
茉莉净油	2.0	松油醇	0.4
香叶醇	0.4	肉豆蔻酸异丙酯	0.7
羟基香草醛	1.1	EDTA	适量

② 生产工艺　在制备釜中加入酒精、抗氧剂、螯合剂，混合搅拌均匀，加入香精搅匀后，如配方中有去离子水则加入其中进行稀释，没有则不加。

将混合物用泵送到陈化罐中进行陈化，香水陈化时间较长，一般短则 1 个月，长则 1 年，一般为 3～6 个月，古龙水、花露水陈化时间一般为 1～3 个月。

陈化结束后经过滤，经夹套式换热器冷却后进入冷冻釜中冷却，保持温度在-5～5℃时，经压滤机过滤到半成品贮罐中，恢复至室温。加入色素调整颜色并调整酒精含量。最后进行包装，生产工艺流程见图 5-2。

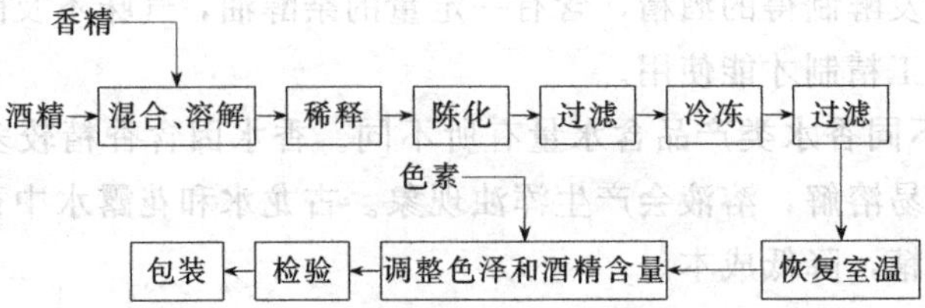

图 5-2 香水类化妆品生产工艺流程

5.2.3 美容类化妆品

美容类化妆品主要指用于脸面、眼部、唇及指甲等部位，以达到掩盖缺陷、赋予色彩或增加立体感、美化容貌目的的一类化妆品。美容化妆品的品种繁多，涉及面很广，不同的使用部位有专用的产品。可分为粉末类美容化妆品、唇膏、胭脂、指（趾）甲类化妆品、眼用化妆品等。本书只介绍几种主要产品。

（1）香粉

香粉是用于面部化妆的制品，可掩盖面部皮肤的颜色，柔和脸部曲线，形成满脸光滑柔软的自然感觉，且可预防紫外线的辐射。好的香粉应该很易涂敷，并能均匀分布；去除脸上油光，遮盖面部某些缺陷；对皮肤无损害刺激，敷用后无不舒适的感觉；色泽应近于自然肤色，不能显现出粉拌的感觉；香气适宜，不要过分强烈。

① 香粉的原料

a. 粉料

(a) 滑石粉　滑爽性最佳，具有光泽，但几乎无黏附性，具有覆盖皮肤上小疤痕的作用，用量一般为 60%～70%。

(b) 高岭土　对皮肤具有良好的黏附性，有抵制皮脂及吸收汗液的作用，与滑石粉配合使用能消除滑石粉的闪光性。

(c) 锌白粉　即氧化锌，有较强的遮盖力，对皮肤具有灭菌和收敛作用，用量一般在 15%左右。

(d) 钛白粉　即二氧化钛，有很强的遮盖力，约是锌白粉的 3 倍，超细钛白粉还可阻挡紫外线，具有防晒作用。但它的延展性差，不易与其他粉料混合均匀，最好与锌白粉混合使用。

(e) 碳酸镁　为白色轻质原料，可用以增加制品的比体积。具有良好的吸收性能，尤其对香精有优良的混合特性，常作为香精混合物。

(f) 碳酸钙　在粉料中具有最佳的吸收汗液和皮脂的性质，亦可作香精的混合剂。

(g) 硬脂酸锌（硬脂酸镁）　具有滑腻感，与皮肤有良好的黏附性，但其遮盖力差，用量约为 3%～10%。

b. 色素　为了调合皮肤颜色，使之鲜艳和有良好的质感，通常添加微量色素。香粉色泽常为白色、米色、天然肤色（肉色）、浅玫瑰色等，要求色素能耐光和热，日久不变色，使用时遇水或油都不会溶化，此外，对弱酸、弱碱应具有稳定性。常用的色素有氧化铁、氧化铬等无机颜料，再配合一些红色或橘黄色的有机颜料和天然、生物色素如紫草宁等。

c. 香精　为了使制品具有宜人的芳香，通常加入一些香气比较醇厚的挥发性较低的香精。常选用的香型有花粉香型、素心兰、馥奇香和玫瑰麝香等。

d. 防腐剂和抗氧剂　可不加，或少量加入。

② 典型配方与生产工艺

a. 典型配方　香粉配方见表 5-8。

表 5-8　香粉配方

香粉配方	质量分数/%				
	1	2	3	4	5
滑石粉	42.0	50.0	45.0	65.0	40.0
高岭土	13.0	16.0	10.0	10.0	15.0
碳酸钙	15.0	5.0	5.0		15.0
碳酸镁	5.0	10.0	10.0	5.0	5.0
钛白粉		5.0	10.0		
氧化锌	15.0	10.0	15.0	15.0	15.0
硬脂酸锌	10.0		3.0	5.0	6.0
硬脂酸镁		4.0	2.0		4.0
香精、色素	适量	适量	适量	适量	适量

表 5-8 中，配方 1 属于轻度遮盖力及很好的黏附性和适宜吸收性的产品；配方 2 属于中等遮盖力及强吸收性的产品；配方 3 属于重度遮盖力及强吸收性的产品；配方 4 属于轻度遮盖力及轻吸收性的产品；配方 5 属于轻度遮盖力及很好的黏附性和适宜吸收性的产品。

b. 生产工艺　香粉的制备方法较简单，主要是混合、研磨、筛分。有的是磨细过筛后混合，有的是混合磨细后过筛。香粉的制备工艺过程为：混合→磨细→过筛→加脂→灭菌→包装。

混合是用机械的方法将各种粉料拌和均匀，是香粉生产的主要工序，常用带式混合机。磨细是将颗粒较粗的原料进行粉碎，并使加入的颜料分布得更加均匀，显出应有的光泽，一般用球磨机。为使粉料颗粒均匀，通过球磨机磨细的粉料还要经过筛处理，过筛后的粉料颗粒应能通过 120 目的标准检验筛网。因一般香粉的 pH 是 8～9，且粉质比较干燥，在香粉内加入少量脂肪物可克服这种缺点。粉料灭菌一般采用环氧乙烷气体灭菌法。香粉的灌装可采用容积法和称量法。

(2) 粉饼

粉饼是由香粉中加入胶黏剂，混合均匀后用压饼机压制而成。由于粉饼具有包装精美、携带和使用方便的特点，现已逐渐代替香粉。粉饼的基本功能与粉状香粉相同，其配方组成相近，但由于剂型不同，在产品使用性能、配方组成和制造工艺上有所不同。

① 粉饼的原料

a. 粉料、色素、香精　同香粉。

b. 水溶性胶黏剂　常用阿拉伯树胶、CMC，通常添加少量的保湿剂如甘油、丙二醇、山梨醇等。

c. 油溶性胶黏剂　包括十六醇、硬脂酸单甘酯、角鲨烷、羊毛脂及其衍生物、地蜡、蜂蜡、白油等。

d. 防腐剂、抗氧剂。

② 典型配方与生产工艺

a. 典型配方　粉饼的配方见表 5-9。

表 5-9　粉饼的配方

粉饼配方	质量分数/%			
	1	2	3	4
滑石粉	60.0	74.0	47.0	55.0
高岭土	12.0	10.0	14.0	13.0
碳酸钙			14.0	
碳酸镁	5.0			7.0
钛白粉		5.0	5.0	
氧化锌	15.0		10.0	10.0
硬脂酸锌	5.0			
阿拉伯树胶	0.05			
黄蓍树胶			0.1	0.1
淀粉			5.0	10.0
白油		3.0		0.2
单硬脂酸甘油酯				0.3
失水山梨醇倍半油酸酯		2.0		
山梨醇		4.0		0.25
甘油	0.25			
丙二醇		2.0		
葡萄糖			0.3	
香精、防腐剂、颜料	适量	适量	适量	适量
去离子水	2.7	—	4.6	4.15

b. 生产工艺　粉饼与香粉的生产工艺基本类同，即要经过灭菌、混合、磨细与过筛。生产工艺流程为：

制备胶合剂→混合、磨细→超微粉碎→过筛→灭菌→压制粉饼

在水相罐中制备胶质溶液，加入去离子水、水溶性胶黏剂及保湿剂，加热搅拌均匀后，加入防腐剂。

在油相罐中制备脂质原料，加入油溶性胶黏剂，加热熔化后备用。

将粉质原料和颜料加入到球磨机中混合磨细，将脂质原料加入球磨机中混合研磨。加入香精、胶质溶液混合研磨。

混合好的粉料筛去石球，于超微粉碎机中粉碎、磨细。在环氧乙烷灭菌器中灭菌后，放入压饼机中压制。

(3) 胭脂

胭脂是涂敷在面部，使面颊具有立体感，呈现红润、艳丽、明快、健康的化妆品。胭脂有多种剂型，一般使用固态制品，习惯上称为胭脂，另外，还有胭脂膏、胭脂水、胭脂霜、胭脂凝胶、胭脂喷剂等。

① 胭脂的原料　胭脂的原料大致和香粉相同，只是色料用量比香粉多，香精用量比香粉少。除颜料和香精外，其他原料有滑石粉、碳酸钙、氧化锌、二氧化钛、硬脂酸锌和镁、淀粉、胶合剂及防腐剂等。胶合剂对胭脂的压制成型有很大关系，它能增强粉块的强度和使

用时的润滑性，常用的胶合剂见表 5-10。

表 5-10 胭脂中常用胶合剂

种 类	原 料	备 注
水溶性胶合剂	1. 天然胶合剂：黄蓍树胶、阿拉伯树胶、刺梧桐树胶 2. 合成胶合剂：甲基纤维素、羧甲基纤维素、聚乙烯吡咯烷酮	用量一般为 0.1%～3.0%，需先溶于水，在压制前需要干燥除去水分，粉块遇水会产生水迹
脂肪性胶合剂	白油、矿脂、脂肪酸酯类、羊毛脂及其衍生物	用量一般为 0.2%～2.0%，抗水，有润滑作用，但单独使用时黏结力不够强
乳化型胶合剂	1. 由硬脂酸、三乙醇胺、水、白油组成 2. 由单硬脂酸甘油酯、水、白油组成	可乳化原料中的脂肪物及水，使油脂和水在压制过程中能均匀分布于粉料中
粉类胶合剂	硬脂酸锌、硬脂酸镁	制成的胭脂细致光滑、附着力好，但压制时需要较大的压力，呈碱性，可能刺激皮肤

② 典型配方与生产工艺

配方示例：

组分	质量分数/%	组分	质量分数/%
滑石粉	60.0	白油	2.0
高岭土	10.0	硅油	1.0
硅处理氧化锌	10.0	无水羊毛脂	1.0
硬脂酸锌	5.0	色淀颜料	3.0
碳酸镁	6.0	防腐剂	适量
凡士林	2.0	香精	适量

生产工艺：将颜料和粉料烘干、混合、磨细、过筛；将凡士林、硅油、白油等胶合剂混熔，喷加香精，将胶合剂和颜料、粉料混合物拌和均匀，经压制成型即得，生产工艺流程见图 5-3。

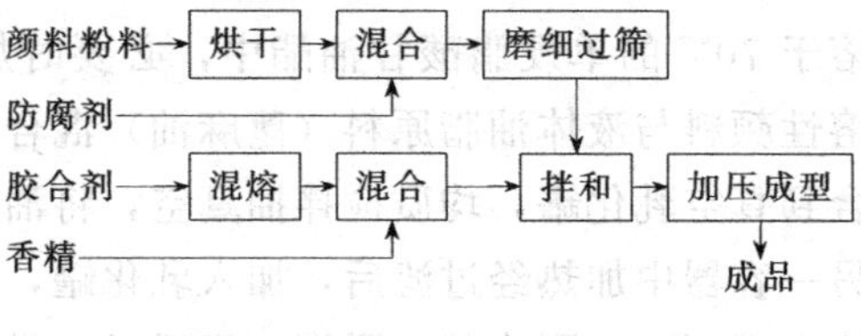

图 5-3 胭脂的生产工艺流程

(4) 唇膏

唇膏又称口红、唇棒，是使唇部红润有光泽，达到滋润、保护嘴唇、增加面部美感及修正嘴唇轮廓有衬托作用的产品，是女性必备的美容化妆品之一。唇膏应具有以下必要的特征：绝对无毒和无刺激性；具有自然、清新愉快的味道和气味；外观诱人，颜色鲜艳均匀，表面平滑，无气孔和结粒；品质稳定，不会因油脂和蜡类原料氧化产生异味或“发汗”等，也不会在制品表面产生粉膜而失去光泽；无微生物污染。

① 唇膏的原料 唇膏是由油、脂和蜡类原料溶解和分散色素后制成的，故唇膏的主要原料是色素和油、脂、蜡两大类。

a. 色素 色素是唇膏中极其重要的成分，常用的色素有三类，一类是溶解性染料，如溴酸红，它不溶于水，能溶于油脂，能染红嘴唇并使色泽持久牢附，单独使用为橙色，但涂于唇部后就会变成鲜红色。一类是不溶性颜料，主要是色淀，其遮盖力好但附着力差，必须与溴酸红染料同时使用。第三类是珠光颜料，多用合成珠光颜料氧氯化铋，用于增加唇膏的珠光效果。

b. 唇膏的基质原料　是唇膏的基质组分。是油、脂、蜡类原料组成的，亦称脂蜡基，是唇膏的骨架，含量一般占90%左右。要求可溶解染料，能轻易涂于唇部并形成均匀的薄膜，使嘴唇润滑而有光泽，无过分油腻的感觉，无干燥不适的感觉，不会向外化开。经得起温度的变化，夏天不软不溶，不出油，冬天不干不硬、不脱裂。常用原料有：精制蓖麻油、高碳脂肪醇、聚乙二醇1000、单硬脂酸甘油酯、高级脂肪酸酯类、巴西棕榈蜡、地蜡、可可脂、羊毛脂及其衍生物、鲸蜡和鲸蜡醇、矿脂、凡士林、卵磷脂等。

c. 香精　唇膏中香精用量较高，质量分数为2%～4%。选择香精主要应考虑到安全性和消费者的接受程度。一般应选用食品级香精。常用为淡花香和流行混合香型，如玫瑰、茉莉、紫罗兰、橙花以及水果香型等。

② 唇膏的种类　一般来说，唇膏大致分为三种类型，即原色唇膏、变色唇膏和无色唇膏。原色唇膏是最普遍的一种，有各种不同的颜色，在色素选择上常把色淀与溴酸红染料合用；变色唇膏内仅用溴酸红染料而不加其他不溶性颜料；无色唇膏则不加任何色素，其主要作用是滋润柔软嘴唇、防裂、增加光泽。

③ 典型配方与生产工艺

唇膏配方示例：

组分	质量分数/%	组分	质量分数/%
蓖麻油	40.0	单硬酸甘油酯	8.0
羊毛脂	15.0	溴酸红	2.0
巴西蜡	7.0	颜料	8.0
蜂蜡	8.0	抗氧剂	适量
地蜡	12.0	香精	适量

生产工艺：将溴酸红溶于70℃的单硬脂酸甘油酯中，必要时加蓖麻油充分溶解，制得染料部。将烘干磨细的不溶性颜料与液体油脂原料（蓖麻油）混合均匀，保温。

将上述两部分原料混合到真空乳化罐，均质搅拌抽真空，将油脂和色淀混合物中的空气除去，将羊毛脂和蜡类在另一容器中加热经过滤后，加入乳化罐，慢速搅拌，不使色淀颜料下沉，并加入香精，然后注入模型，急剧冷却、脱模，最后过火烘面抛光，获得产品，生产工艺流程见图5-4。

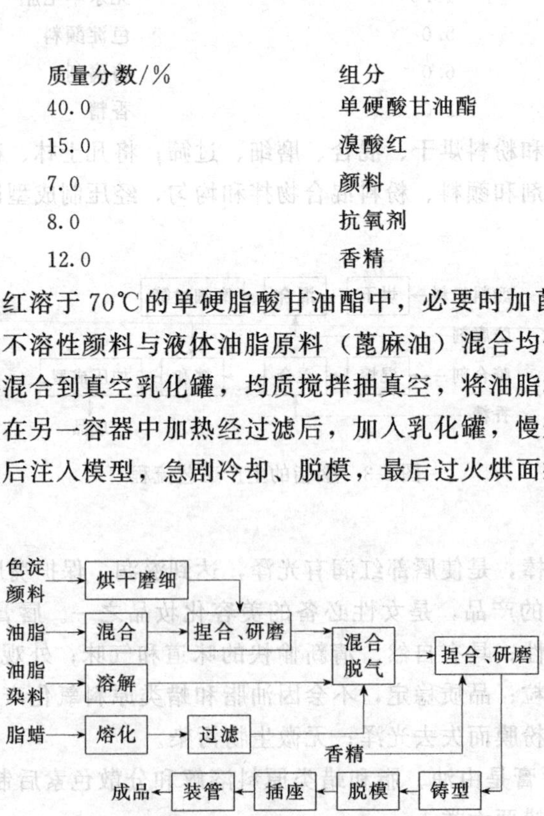

图5-4　唇膏的生产工艺流程

(5) 眼影

眼影是涂敷于上眼睑及外眼角，产生阴影褐色调反差，形成阴影而美化眼睛的化妆品。

有粉质眼影块、眼影膏和眼影液，目前较流行的是粉质眼影块。

① 粉质眼影块的原料　其原料和胭脂基本相同，主要有滑石粉、硬脂酸锌、高岭土、碳酸钙、无机颜料、珠光颜料、防腐剂、胶合剂等。

滑石粉不能含有石棉和重金属，应选择滑爽及半透明状的。滑石粉的颗粒不能过细，否则会减少粉质的透明度，影响珠光效果，如果采用透明片状滑石粉，则珠光效果更佳。由于碳酸钙的不透明性，适用于无珠光的眼影粉块。

珠光颜料采用氧氯化铋珠光剂，无机颜料采用氧化铁棕、氧化铁红、群青、炭黑等。胶合剂用棕榈酸异丙酯、高碳脂肪醇、羊毛脂、白油等。加入颜料配比较高时，也要适当提高胶合剂的用量。

② 典型配方与生产工艺　粉质眼影块的参考配方如表 5-11。

表 5-11　粉质眼影块的参考配方

粉质眼影块配方	质量分数/%		粉质眼影块配方	质量分数/%	
	1	2		1	2
滑石粉	39.5	61.5	无机颜料	1.0	20.0
硬脂酸锌	7.0		二氧化钛-云母	40.0	
高岭土	6.0		棕榈酸异丙酯	6.0	8.0
碳酸钙		10.0	防腐剂	0.5	0.5

生产工艺：粉质眼影块的制作同胭脂，此处不再重复。

5.2.4　毛发用化妆品

毛发用化妆品是一类用于清洁、护理、美化头发的日用化学产品，它在化妆品中占有重要地位，其产品品种繁多，包括洗发用品（液体香波、膏状香波）、护发用品（发油、发蜡、发乳、护发素、焗油等）、美发用品（发胶、摩丝、定型发膏、烫发剂、染发剂、脱毛剂等）和剃须用品（剃须膏、须后水等）。本书主要介绍最常见的液体香波和护发素。

(1) 洗发香波

洗发英文名称为 Shampoo，谐音译为香波，而今香波已成为人们对洗发用品的习惯称呼了。洗发的目的在于清除附着在头发上的汗垢、灰尘、微生物、头屑、臭味等，保持头皮和头发的清洁和美观。而今，人们对香波的要求越来越高，从原来单纯的清洁作用发展到希望香波具有多种功能。如近年来，由于洗头次数的增多和对头发保护意识的增强，人们特别重视洗发香波对眼睛和皮肤的低刺激性以及是否会损伤头皮和头发。对香波不要求脱脂力过强，而要求性能温和。同时具有洗发、护发功能的调理香波，以及集洗发、护发、去屑、止痒等多功能于一体的香波成为市场流行的主要品种。许多香波选用有疗效的中草药或水果、植物的提取液作为添加剂，或采用天然油脂加工而成的表面活性剂作为洗涤发泡剂等，以提高产品的性能，顺应“回归自然”的世界潮流。

① 洗发香波的原料　在香波中对主要功能起作用的是表面活性剂。除此之外，为改善香波的性能，配方中还加入了各种添加剂。因此，香波的组成大致可分为两大类：表面活性剂和添加剂。

a. 表面活性剂　表面活性剂在香波中利用其渗透、乳化和分散作用，将污垢从头发、头皮中除去。香波中常用阴离子、非离子、两性离子型表面活性剂。具体见表 5-12。

表 5-12 洗发香波中常用表面活性剂

类型	名称	特点
阴离子表面性剂	月桂醇硫酸钠(K_{12})	发泡力强,去污力好。但水溶性稍差,脱脂力强,对皮肤、眼睛有轻微刺激性
	十二烷基硫酸三乙醇胺	发泡性能好、去污力好,性质温和,脱脂力及刺激性较K_{12}低,浊点低,与其他阴离子、非离子表面活性剂配伍好
	月桂醇聚氧乙烯醚硫酸盐(AES)	多为钠盐、铵盐。溶解性好,在低温下仍能保持透明,性能温和,易被无机盐增稠,但泡沫稳定性稍差
	月桂酸单甘油酯硫酸铵	洗涤性能和感觉类似K_{12},但比K_{12}更易溶解,在硬水中性能稳定,泡沫良好,但易水解
	脂肪醇聚氧乙烯醚磺基琥珀酸单酯二钠盐(MES)	良好的洗涤和发泡能力,性能温和,刺激性极低,安全性高,生物降解性好。但配制出的产品不易调节黏度
	油酸单乙醇酰胺琥珀酸酯磺酸盐	低刺激性、优良的调理性和增稠性,但在酸性或碱性条件下易水解
	脂肪酰谷氨酸钠	性能温和、安全性高,耐硬水,发泡性能好
两性离子型表面活性剂	十二烷基二甲基甜菜碱(BS-12)	去污力、起泡性和渗透性好,抗硬水,生物降解性好。刺激性小,性能温和,具有调理、柔软、杀菌性能
	咪唑啉型甜菜碱(DCM)	良好的洗涤力,起泡性强,对皮肤、眼睛的刺激性很小,无毒,生物降解性和配伍性好,耐硬水,具有抗静电、柔软、分散等性能
	烷基二甲基氧化胺(OA)	性质温和、对皮肤刺激性小、无毒,还有杀菌、调理作用。易生物降解,有良好的稳泡性能和增稠作用
非离子型表面活性剂	烷基醇酰胺	具有稳泡、增稠作用。对电解质、盐、酸很敏感,且有较强的脱脂性
	脂肪醇聚氧乙烯醚(AEO)	去污力好,耐硬水,对皮肤刺激性小,但泡沫力较差,不能单独使用

b. 调理剂　主要作用是改善洗后头发的手感，使头发光滑、柔软、易于梳理，并且梳理后有成型作用。各种氨基酸、水解胶蛋白、卵磷脂都对头发有调理作用。常用阳离子表面活性剂，如十八烷基三甲基氯化铵、十二烷基氧化胺、十二烷基甜菜碱。阳离子高分子化合物，如阳离子纤维素聚合物（JR-400）、阳离子瓜尔胶（AuAR）、阳离子高分子迪恩普(DNP)、阳离子高分子蛋白质。

c. 稳泡剂　指具有延长和稳定泡沫性能的表面活性剂。主要有烷基醇酰胺、氧化胺。

d. 增稠剂　是用来提高香波的黏稠度，获得理想的使用性能，提高香波的稳定性。常用的增稠剂有：无机盐类，如氯化钠、氯化铵；聚乙二醇脂肪酸酯，如聚乙二醇二硬脂酸酯、聚乙二醇单硬脂酸酯及聚乙二醇二月桂酸酯；氧化胺；水溶性胶质原料，如黄原胶、角叉胶、羧甲基纤维素钠、羟乙基纤维素、聚乙二醇、聚乙烯吡咯烷酮等。

e. 去屑止痒剂　目前使用效果比较明显的有吡啶硫酮锌、十一碳烯酸衍生物和甘宝素。

f. 澄清剂　用来保持或提高透明香波的透明度。常用的有乙醇、丙二醇、脂肪醇柠檬酯等。

g. 赋脂剂　是用来护理头发，使头发光滑、流畅。常用橄榄油、高级醇、高级脂肪酸酯、羊毛脂及其衍生物、硅油等。

h. 螯合剂　防止在硬水中洗发时（特别是皂型香波）生成钙、镁皂而黏附在头发上，增加去污力和洗后头发的光泽。常用柠檬酸、酒石酸、乙二胺四乙酸钠（EDTA）。

i. 防腐剂及抗氧剂　常用尼泊金酯、布罗泊尔、凯松、杰马等。

j. 珠光剂或珠光浆　常用乙二醇硬脂酸酯、聚乙二醇硬脂酸酯。

k. 香精与色素　香波中添加香精对香波有重要意义，必须依据产品的要求进行精心选择和设计，香波的特性往往是品牌的象征。若有需要，香波中可添加合适的色素，首选蓝、绿色。

1. 护发、养发添加剂 主要品种有维生素类，如维生素 E、维生素 B_2 等；氨基酸类，如丝肽、水解蛋白等；中草药提取液，如人参、当归、芦荟、何首乌、啤酒花、沙棘、茶皂素等的提取液。

② 典型配方与生产工艺

液状透明香波配方示例：

组分	质量分数/%	组分	质量分数/%
月桂醇硫酸钠（30%）	20.0	氯化钠	1.0
月桂醇聚氧乙烯醚硫酸钠（70%）	10.0	防腐剂	适量
月桂酸二乙醇酰胺	4.0	香精	适量
柠檬酸	0.1	去离子水	余量
EDTA	0.1		

生产工艺：将 AES 慢慢加入 70℃的热水中，搅拌溶解。将 K_{12} 也在搅拌状态下溶于热水，待全部溶解后，加入月桂酸二乙醇酰胺，待完全溶解后，冷却至 45℃再加入 EDTA、防腐剂、香精等，然后加入柠檬酸调整香波的 pH 至所需范围，再用氯化钠调整香波的黏度。

液状珠光香波配方示例：

组分	质量分数/%	组分	质量分数/%
AES	13.0	柠檬酸	0.3
BS-12	5.0	氯化钠	0.5
脂肪醇酰胺（6501）	2.0	防腐剂	适量
水溶性羊毛脂	1.0	香精	适量
乙二醇单硬脂酸酯	1.0	去离子水	余量

生产工艺：将 AES、BS-12、6501 溶于水，在不断搅拌下加热至 70℃，加入羊毛脂、乙二醇单硬脂酸酯，使其熔化，慢慢搅拌，使溶液呈半透明状，然后通冷却水，使其冷却，并控制冷却速度，使之出现较好的珠光。

冷却至 45℃，加入香精、防腐剂和色素，搅拌均匀后，加入柠檬酸调节 pH 为 6～7，40℃左右时加入氯化钠调节黏度。搅拌均匀，用泵经过滤器送至静置槽内静置、排气，待气泡基本消失后，灌装。生产工艺流程见图 5-5。

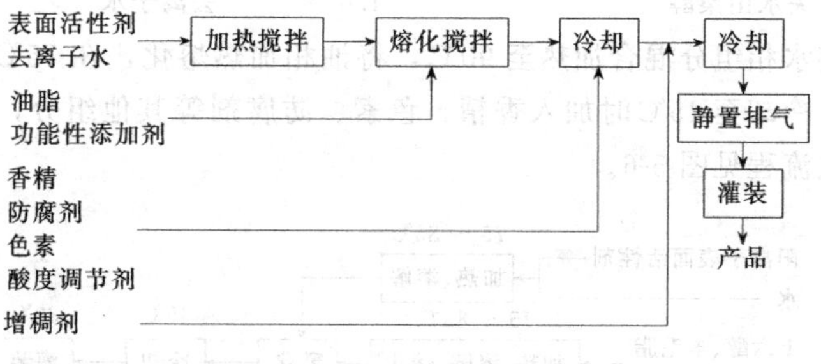

图 5-5 液状香波生产工艺流程

(2) 护发素

护发素也称润丝，作用是使洗发后头发恢复柔软和光泽，具有防止头发干燥、消除静电，使头发易梳理，减少洗发及机械损伤，减轻化学、电烫和染发等带给头发的伤害，并使头发得到一定程度的修复，它对头发具有极好的调理和保护作用。

① 护发素的原料 护发素主要成分为阳离子表面活性剂、油性成分、胶性成分。

a. 主体成分　一般护发素多以阳离子表面活性剂为主体。它能赋予头发柔软性及光泽，使头发有弹性，并阻止产生静电，梳理十分方便。

(a) 常用的阳离子表面活性剂有　十八烷基三甲基氯化铵（1831）、十六烷基三甲基氯化铵（1631）、十二烷基三甲基氯化铵（1231）、十二烷基二甲基苄基氯化铵（1227）、十八烷基二甲基苄基氯化铵（1827）、聚季铵盐、阳离子瓜尔胶。

(b) 有机硅表面活性剂　聚醚类（聚乙二醇或聚丙二醇）、氨基改性的聚二甲基硅氧烷或环状聚二甲基硅氧烷等。

(c) 水溶性高分子化合物　天然高分子化合物如海藻酸钠、黄蓍树胶、阿拉伯树胶；合成高分子化合物如聚乙烯吡咯烷酮、聚乙烯醇、丙烯酸聚合物、羟乙基纤维素等。

b. 辅助成分　护发素的辅助成分有保湿剂、富脂剂及乳化剂。保湿剂如甘油、丙二醇、聚乙二醇、山梨醇等，有保湿、调理、调节制品黏度及降低冰点的作用。富脂剂如白油、植物油、羊毛脂、脂肪酸、高碳醇等油性原料，可补充脱脂后头发油分的不足，起到护发、改善梳理性、柔润性和光泽性，并对产品起增稠作用。乳化剂应选用脱脂力弱、刺激性小且与其他原料配伍性良好的表面活性剂，主要选用非离子表面活性剂如单硬脂酸甘油酯、棕榈酸异丙酯、失水山梨醇脂肪酸酯等，主要起乳化作用，并可起到护发、护肤、柔滑和滋润作用。

c. 特种添加剂　为增强护发素的功效，往往在配方中加入一些具有特殊功能和效果的添加剂，如水解蛋白、维生素 E、霍霍巴油、泛酸、斑蝥酊、芦荟胶、啤酒花、甲壳素、薏苡仁提取物及其他中草药、动植物提取物等。

除上述原料外，护发素中还需加入防腐剂、抗氧剂、色素、香精等。

② 典型配方与生产工艺

乳化型护发素配方示例：

组分	质量分数/%	组分	质量分数/%
1831	2.0	单甘酯	1.0
甘油	5.0	防腐剂	适量
聚乙烯醇	1.0	香精	适量
十六醇	3.0	色素	适量
聚氧乙烯（20）失水山梨醇	1.0	去离子水	余量

生产工艺：将水相组分混合加热至 90℃，将油相加热熔化，在 75℃时，将水相加入油相中，搅拌乳化，冷却至 45℃时加入香精、色素、防腐剂等其他组分，搅拌均匀冷却至室温即可，生产工艺流程见图 5-6。

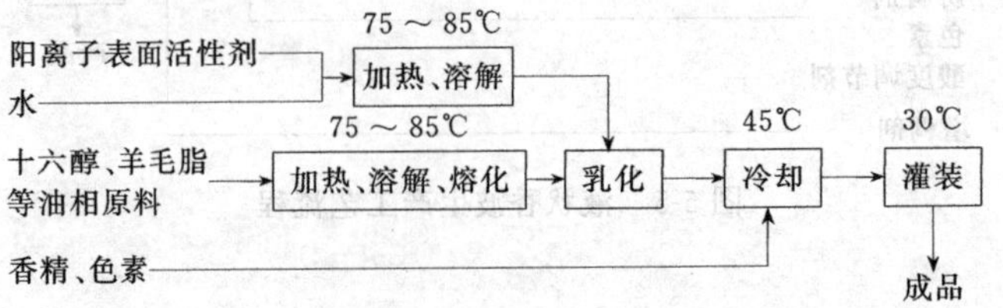

图 5-6　乳化型护发素生产工艺流程

5.2.5　其他类化妆品

除上述常用化妆品外，还有特殊化妆品。特殊化妆品是指用于育发、染发、烫发、脱毛、美乳、健美、除臭、祛斑、防晒的化妆品。这类化妆品通过某些特殊功能以达到美容、护肤、消除人体不良气味等目的。它介于药品和化妆品之间，内含药效成分但不是包治百病的灵丹妙药，是一种具有一定缓和作用的化妆品。这里仅介绍应用较广泛的几种。

(1) 染发化妆品

染发化妆品是具有改变头发颜色作用的化妆品。目前国际上染发剂的染发功效分为三类，即暂时性染发剂、半永久性染发剂、永久性染发剂。

暂时性染发剂使用的主要原料有指甲花、散沫花、春黄菊、五倍子、红花、苏木精等天然植物染料，更多的是使用炭黑、有机合成颜料等法定色素。可将其制成液体、棒状或喷雾状的单组成剂型染发产品。头发经染后，色素附着头发表面，染发功效只维持7～10天，一经洗涤即会褪色。其染料来自天然，因此是一种高安全性染发剂，占国际市场上全部染发产品的23%左右，并有上升趋势。

半永久性染发剂使用的主要原料有金属盐染料、酸性染料、碱性染料等。如乙酸铅、酸性黑、酸性金黄、碱性棕、碱性玫瑰红等。可将其制成液体、凝胶、膏霜单组分剂型染发产品。头发经染后，色素依靠渗透剂的作用浸入发质，染发功效可维持15～30天。半永久性染发剂国际市场上只占约4%的比例。

永久性染发剂使用的主要原料是对位、邻位苯二胺类、氨基酚类及偶合剂间苯二胺、间氨基酚等氧化染料和氧化剂。对苯二胺与适量的酚类、胺类、醚类偶合剂复配使用，可氧化染成金、黄、绿、红、红棕、蓝、黑等颜色。生产中常用的氧化剂有过氧化氢、过硼酸钠、过氧化尿素、过碳酸钠等。将氧化染料、碱剂、氧化剂等制成二剂型粉状、液状、膏霜染发产品使用。头发经染后，氧化染料、氧化剂浸入发髓，发生氧化缩合反应使头发彻底着色，染发功效可保持1～3个月，在国际市场上占73%，是目前国内外生产和销售量最大的一类染发产品。

永久性染发膏配方示例：

组分	质量分数/%	组分	质量分数/%
Ⅰ剂		吐温-80	10.00
对苯二胺	4.00	丙二醇	8.00
2，4-二氨基苯甲醚	1.25	十六醇	2.00
1，5-二羟基萘	0.10	异丙醇	10.00
对氨基二苯基胺	0.07	水溶性硅油	4.00
4-硝基邻苯二胺	0.10	氨水	10.00
油酸	20.00	亚硫酸钠	适量
氮酮	1.00	EDTA-Na_4	适量
去离子水	29.48		
Ⅱ剂			
过氧化氢（28%）	17.00	聚氧乙烯硬脂酸酯	2.50
十六醇	10.00	磷酸（调pH至3.5～4.0）	适量
甘油	0.30	去离子水	70.20

生产工艺：Ⅰ剂是先将染料中间体溶解于丙二醇与异丙醇的混合溶液中。另将亚硫酸钠、水溶性硅油、EDTA-Na_4溶于氨水与水的混合液中；再将油酸、吐温-80、十六醇与氮酮加热混溶，将后两部分混合均匀。再加入染料液，混合均匀，用少量氨水调pH至9～11即可。

Ⅱ剂的制法：将十六醇、聚氧乙烯硬脂酸酯混合加热至70℃；再将甘油加入水中加热至70℃。后将水溶液缓慢加入前混合液中，进行搅拌乳化，搅拌降至室温，加入过氧化氢，后用磷酸调pH至3.5～4.0即可。

(2) 烫发化妆品

烫发化妆品指具有改变头发弯曲度，并维持相对稳定功能的化妆品。目前我国市售的冷烫化妆品大多为二剂型冷烫产品。一般冷烫产品是由巯基乙酸铵、氨水、特种头发护理剂和添加剂等复配而成；高档冷烫产品则采用半胱氨酸甲酯等原料配制。

化学冷烫所用的原料有两种：一种是可使头发软化、卷曲的卷曲剂；另一种是可把变化后的发型固定下来的定型剂。卷曲剂和定型剂构成二剂型冷烫精。常用作化学卷曲剂（第Ⅰ剂）的原料有：还原剂如巯基乙酸铵、巯基乙酸钠、巯基乳酸盐、半胱氨酸甲酯等。并配以适量的碱剂，如氨水、三乙醇胺；渗透剂，如非离子及阳离子表面活性剂；螯合稳定剂，如EDTA、焦磷酸钠；湿润剂如聚乙二醇等。常用作定型剂（第Ⅱ剂）的原料有：氧化剂如过硼酸钠、低浓度过氧化氢或溴酸钠水溶液等；此外还配有甘油、山梨醇等润湿剂；柠檬酸、乙酸、乳酸、酒石酸等pH调整剂。

卷曲剂（第Ⅰ剂）配方示例：

组分	质量分数/%	组分	质量分数/%
巯基乙酸铵	12.0	甘油	5.0
硼砂	0.1	精制水	81.6
羊毛脂聚氧乙烯醚	1.0	EDTA	适量
斯盘-80	0.2	香精	适量
十八烷基三甲基氯化铵	0.1	氨水（28%）	余量

定型剂（第Ⅱ剂）配方示例：

组分	质量分数/%	组分	质量分数/%
过硼酸钠	56.0	碳酸钠	1.2
磷酸二氢钠	42.8	乌洛托品	适量

第Ⅰ剂制法：分别将各原料溶于水，微热使之混合均匀，用氨水调pH8.5～9.2。

第Ⅱ剂制法：各种原料混合、磨细、搅拌均匀，即可制成定型粉剂，使用时配成2%～3%的水溶液，即可使用。

烫发前先要洗发，洗后马上将头发在卷发筒上施以第Ⅰ剂，使用卷发筒卷扎，卷曲时间20～30min，再施以第Ⅱ剂，氧化作用定型5～10min，去除卷发筒，再用水漂洗干净即可。

(3) 防晒化妆品

防晒化妆品是指具有吸收紫外线作用、减轻因日晒引起皮肤损伤功能的化妆品。随着人们对防晒重要性与必要性认识的不断深入，近年来，防晒化妆品市场在世界范围内有了持续稳定的发展。

防晒剂是添加于防晒化妆品的主要原料。按防晒机理，目前用于化妆品的防晒剂可分为紫外线散射剂和紫外线吸收剂两大类。紫外线散射剂多为无机粉体，如氧化锌、二氧化钛、滑石粉、高岭土等。这些粉体是通过散射作用减少紫外线与皮肤的接触，从而防止紫外线对皮肤的损伤。紫外线吸收剂能吸收使皮肤产生红斑的中波紫外线（UVB，波长280～320nm）或使皮肤变黑的长波紫外线（UVA，波长320～400nm），从而可防止皮肤晒成红斑或黑斑。

目前市场上防晒化妆品有防晒油、防晒乳、防晒水、防晒凝胶、防晒棒、防晒蜜、防晒香波、防晒摩丝等。以防晒乳液为主，占市场份额的80%以上。其配方结构可在奶液、雪花膏等基础上加入防晒剂即可，为了取得显著的效果，可采用两种或两种以上的防晒剂复配使用。其制法同一般乳液类化妆品。

想一想！（完成答案）

1. 为何要进行化妆品安全性评价？
2. 化妆品的质量评价包括哪些方面？

5.3 化妆品的安全性和质量评价

安全性、稳定性、使用性和有效性是评价化妆品的四大要素。化妆品是每天都使用的日常生活用品，因此，它的安全性居首要地位。化妆品与外用药不同，外用药物即使具有某些暂时性的副作用，一旦停止使用，这些副作用即可消失。但化妆品是长期使用的，并长时间停留在皮肤、毛发等部位上，所以，化妆品不应有任何影响健康的不良反应或有害作用。对化妆品的安全性要求从原料、生产直至包装各阶段都有非常严格的要求。

5.3.1 化妆品的安全性评价

化妆品的安全性可根据卫生部门的有关规定和各种有关的法规要求进行评价。由于消费者众多，需制定一系列确保安全的方法和法规。化妆品的安全性评价涉及卫生学、卫生化学、毒理学和物理学等学科领域。为了保证化妆品的安全性，防止化妆品对人体产生近期和可能潜在的危险，各国都制定了化妆品的相关法规。我国制定了国家标准——《化妆品安全评价程序和方法》，标准中规定了化妆品的安全性评价程序。本书只对主要部分进行介绍。

（1）急性毒性试验

急性毒性常被称为半致死量，记做LD_{50}，是FDA规定化妆品及化妆品组分的毒理指标之一。LD_{50}指某实验总体中引起动物半数死亡的剂量或浓度。它是一个统计计算处理的数值。用试物质量（mg）和受试动物体重（kg）之比，即以mg/kg表示。并注明试验物质摄取的途径、受试动物的种类、产源、性别、体重等。LD_{50}数值越小，受试物质毒性越高；反之LD_{50}数值越大，其毒性越低。急性毒性试验一般可分为急性经口试验和急性皮肤毒性试验。

① 急性经口毒性试验　急性经口毒性是指口服被试验物质后受试动物所引起的不良反应。

实验动物常用成年小鼠（体重18～22g）或大鼠（体重180～200g）。实验前，一般禁食16h左右，不限制饮水。将受试物配成悬浮液或液体，采用灌胃方法，用针头将其注入动物胃内。取五个阶段的服用量，对5群（每群5～10只）实验动物，按体重口服或针服被试物质。通常观察7～10天，判断生死，找出致死量的范围、中毒表现和死亡情况。评价结果见表5-13。

表5-13 化妆品的急性毒性评价（LD_{50}）　　单位：mg/kg

级别	大鼠经口LD_{50}	兔涂敷皮肤LD_{50}	级别	大鼠经口LD_{50}	兔涂敷皮肤LD_{50}
极毒	<1	<5	低毒	500～5000	350～2180
剧毒	1～50	5～54	实际无毒	≥5000	≥2180
中等毒	50～500	44～350			

② 急性皮肤毒性试验　急性皮肤毒性试验指试验物质涂敷皮肤一次剂量后所产生的不良反应。

选用两种不同性别的成年大鼠、豚鼠或家兔均可。实验时将试验物质涂敷于动物背部脊柱两侧，擦抹面积不能少于动物体表面积的 10%。将两种性别的实验动物随机分成 5～6 组，每组 10 只为宜。试验物质为液体时，取原液；若为固体，将其研磨为粉状，再水或植物油调配成均匀的糊状，以便涂抹。最高剂量可达 2000mg/kg。

给药后观察动物的全身中毒表现和死亡情况，包括动物皮肤、毛发、眼睛和黏膜的变化，呼吸、循环、自主和中枢神经系统、四肢活动和行为方式等的变化，特别要观察震颤、惊厥、流涎、腹泻、嗜睡、昏迷等现象。评价结果见表 5-13。

(2) 皮肤刺激性试验

皮肤刺激是指皮肤接触试验物质后产生的可逆性炎性症状。

用以皮肤刺激性试验的每种试验动物至少要健康成年的 4 只。试验前 24h，将实验动物背部脊柱两侧毛发剪掉（不可损伤表皮），去毛范围为左、右各约 3cm×6cm。

若试验物为液态，采用原液或预计的应用浓度；若试验物为固态，将其研磨成粉状用水或合适赋形剂 1：1 浓度调制。取试验物质 0.1mL(g) 涂在背部皮肤上，用油纸或两层纱布覆盖，并予以固定，防止脱落。敷用时间为 24h，亦可一次敷用 4h。在除去受试物后的 1h、24h、48h 时观察涂抹部位皮肤的反应。皮肤刺激性反应评价见表 5-14，皮肤刺激强度评价见表 5-15。

表 5-14　皮肤刺激性反应评价

皮肤反应		积分	皮肤反应		积分
红斑形成	无红斑	0	水肿形成	无水肿	0
	勉强可见	1		勉强可见	1
	明显红斑	2		皮肤隆起轮廓清楚	2
	中等-严重红斑	3		水肿隆起约 1mm	3
	紫红色红斑并有焦痂形成	4		水肿隆起超过 1mm	4
				水肿隆起超过 1mm，且范围扩大	8

表 5-15　皮肤刺激强度评价

强　度	分　值	强　度	分　值
无刺激性	0～0.4	中等刺激性	2.0～5.9
轻刺激性	0.5～1.9	强刺激性	6.0～8.0

皮肤刺激性试验可采用急性皮肤刺激试验（一次皮肤涂抹试验），亦可采用多次皮肤刺激试验（连续涂抹 14 天）。通常在许多情况下，家兔和豚鼠对刺激物质较人敏感，动物试验结果可提供较重要的依据。

(3) 眼睛刺激性试验

眼睛刺激性试验是指眼睛表面接触试验物质后产生的可逆性变化，即在停止置入受试物一段时间后，这种改变可以恢复原状。

眼睛刺激性试验可分为一次性和多次性试验两种。

一次性眼睛刺激性试验的具体方法是用 0.18mL 或 0.1mL 的液态试样滴入家兔一侧结膜囊内，另一侧眼作为对照。滴药后使眼被动闭合 5～10s，记录滴药后 1h、6h、24h、48h 的局部反应，并观察恢复情况。如果受试物明显引起眼刺激反应，可再选 6 只兔子，将受试物滴入一侧眼内，使其接触 4s 或 30s 后用生理盐水冲洗干净，再观察眼的刺激反应，记录对试验动物结膜、角膜、虹膜的影响。观察结果，按表 5-15 所列眼损害分级标准进行评价。

多次眼睛刺激性试样是将受试样品的原液 0.1mL 或配成的 50%软膏约 100mg 滴入或涂入兔子一侧结膜囊内，另一侧为对照。每日两次连续 14 天。实验结束后，继续观察 7～14 天，然后按表 5-16 所列眼损害分级标准进行评价。

表 5-16 眼损害分级标准

分级标准		角膜	虹膜	结膜
轻度	0	正常	清晰	血管正常
	1	散在或弥漫性浑浊	皱褶加深、充血、对光反应存在	血管充血、轻度水肿
中度	2	半透明区易分解	虹膜模糊不清、出血，对光反应消失	血管不易分清，呈浑红色、水肿、眼睑部分外翻
	3	出现灰白半透明区	虹膜细节不清，瞳孔勉强看到	呈紫红色，水肿至眼睑半闭合
重度	4	角膜不透明	虹膜无法辨认	水肿使眼睑超过闭合

按上述分级标准评定，如一次或多次接触受试物，不引起角膜、虹膜和结膜的炎症变化，或虽引起轻度反应，但这种改变是可逆的，则认为该受试物可以安全使用。

(4) 皮肤过敏性试验

皮肤过敏性试验是以诱发过敏为目的而进行的诱发性投药，以确认药物的诱发性效果和过敏性。实验动物多数是豚鼠，每组受试动物数为 10～25 只。试样配成 0.1%水溶液。从头向尾部成对地做三次皮内注射。经一星期后，第 8 天用 2cm×4cm 滤纸涂以赋形剂配制的试验物质，将其贴于注射部位，持续 48h 做封闭试验。

(5) 皮肤光敏试验（皮肤的光毒性和光变态过敏试验）

皮肤的光变态反应是指某些化学物质在光参与下所产生的抗原体皮肤反应。不通过机体免疫机制，而由光能直接加强化学物质所致的原发皮肤反应，则称为光毒反应。

实验动物选用白色的豚鼠和家兔，每组动物 8～10 只。照射源一般采用治疗用的汞石英灯、水冷式石英灯作光源，波长在 280～320nm 范围的中波紫外线或波长在 320～400nm 范围内的长波紫外线，光源照射时间一般大于 30min，以确保试验物质有足够时间存留在皮肤内穿透皮肤。

(6) 人群斑贴试验

斑贴试验是将化妆品实用于人体皮肤，利用皮肤的小部位进一步验证它的安全性。

每一试物试验人数不少于 25 人，常用背部和手腕内侧作为试验部位。试验方法如下：将 5%十二烷基硫酸钠（K_{12}）溶液 0.1mL 滴在 2cm×2cm 大小的四层纱布上，然后敷贴在受试者上背部或前臂屈侧皮肤上。24h 后将敷贴物去掉，皮肤应出现中度红斑反应。如无反应，调节 K_{12} 浓度或再重复一次。

按上述方法将 0.2mg 试验物质敷贴在同一部位，固定 48h 后，去掉斑贴物，休息一日，重复上述步骤共四次。如试验中皮肤出现明显反应，诱导停止。

最后一次诱导试验，选择未做过斑贴的上背部或前臂屈侧皮肤两块，间距 3cm，一块做对照，一块敷贴含上述试验物质 0.2mL(g)的 1cm×1cm 纱布，封闭固定 48h 后，去掉斑贴物，立即观察皮肤反应，之后 24h、48h、72h，再观察皮肤反应的发展或消失情况。皮肤反应评级标准见表 5-17。

表 5-17 皮肤反应评级

皮肤反应	分级	皮肤反应	分级
无反应	0	浸润红斑、丘疹隆起、偶尔可见水疱	2
红斑和轻度水肿、偶见丘疹	1	明显浸润红斑、大小水疱融合	3

如人群斑贴试验表明试验物质为轻度致敏原，可作出禁止生产和销售的评价。致敏原强弱标准见表 5-18。

表 5-18 致敏原强弱标准

致敏比例	分级	分类	致敏比例	分级	分类
(0～2)/25	1	弱致敏原	(14～20)/25	4	强致敏原
(3～7)/25	2	轻度致敏原	(21～25)/25	5	极强致敏原
(8～13)/25	3	中度			

(7) 致畸试验

致畸试验是鉴定化学物质是否具有致畸性的一种方法。通过致畸试验，鉴定化学物质有无致畸性，为化学物质在化妆品中的安全使用提供依据。

胚胎发育过程中，接触了某种有害物质影响器官的分化和发育，导致形态和机能的缺陷，出现胎儿畸形，这种现象称为致畸作用。引起胎儿畸形的物质称为致畸物。

试验动物一般选用大、小白鼠，要求是健康性成熟未交配动物。可通过给试验动物服用试验物质，观察其胎儿发育情况等。将记录结果进行数理统计，即可得出受试物是否有致畸作用，还可进一步得出试验物质的致畸强度和致畸危害指数等。

(8) 致癌试验

致癌试验系指动物长期接触化学物质后，所引起的肿瘤危害。确定经过一定途径长期给予试验动物不同剂量的试验物质的过程中，观察部分生命周期间肿瘤疾患产生情况。

5.3.2 化妆品的质量评价

好的化妆品应该使消费者能够长期安全地连续使用，并有良好的感观质量。当消费者对产品的内在质量缺乏必要的检验手段和知识时，感官质量就显得非常重要，外观新颖美观的包装和香气迷人的化妆品，消费者便于购买。外观好的化妆品，如果内在质量较差，消费者只能购买一次，而内在质量非常好的化妆品，虽然外包装差些，但消费者仍然乐于长期使用。化妆品的内在质量主要指产品的稳定性、使用性和有效性。

(1) 稳定性评价

从热力学的角度，膏霜化妆品和乳液类化妆品均是不稳定的体系，产品的稳定性和货架寿命是产品的质量标志。

在实验室通常可用强化自然条件的方法来测定乳化体的稳定性，即用加速老化法和离心法来评价产品的稳定性。

① 加速老化法　一般将产品在 40～70℃条件下存放几天，再在-30～-20℃条件下存放几天，或者在这两个条件下轮流存放，以观察乳状液的稳定性。或与某一产品作对比试验。要求产品能够在 45℃条件下放置 4 个月左右仍然保持稳定。

② 离心法　把产品放入离心机，在某速度下旋转直至分层，通过离心机的半径、转速、旋转时间可计算出该产品在通常情况下可存放的时间。可利用下式计算：

$$T_1=\frac{4\pi^2Rn^2T_2}{g}$$

式中 T_1——乳化体在通常情况下存放时间，h；

T_2——乳化体在离心力场中旋转分层时间，h；

R——离心机的半径，m；

g——重力加速度，9.81；

n——离心机的转速，r/s。

(2) 使用性评价

化妆品直接涂敷于皮肤、头发时会产生不同的感觉，这种感觉的使用效果只能靠人的感觉器官进行测试。使用感的评价对消费者来说是对产品使用时的直接感受。一般是把化妆品直接涂敷于皮肤、头发上，通过观察或感受产品是否容易取出、容易涂敷，使用时感觉是否光滑、细腻、均匀，使用后是否达到产品所说的功效等方面进行评价。

(3) 有效性评价

使用化妆品的最终目的，是为了达到一定的效果，例如皮肤的防皱、保湿、增白，头发的光滑、易梳理、去屑止痒等，这些就是化妆品的有效性。是生产厂家在产品研制过程中进行的评价，一般从以下几个方面进行。

① 皮肤表面状况的测定　通过测定皮肤的角质层功能、皮肤表面皱纹状况、皮肤表面的弹性、皮肤皮脂量、皮肤的色调等来评价皮肤表面的状况，之后通过对比使用化妆品前后皮肤表面状况的变化来评价化妆品的效果。

② 防晒效果的测定　防晒化妆品的防晒效果用防晒系数 SPF 值表示。指在涂有防晒剂防护的皮肤上产生最小红斑所需能量与未加防护的皮肤上产生相同程度红斑所需能量之比。SPF 值越大，其保护作用越强。

$$\mathrm{SPF}=\frac{\mathrm{MED(PS)}}{\mathrm{MED(US)}}$$

式中 MED(PS)——已被保护皮肤引起红斑所需最低的紫外线剂量；

MED(US)——未被保护皮肤引起红斑所需最低的紫外线剂量。

③ 头发用品的效果测试　通过测定头发损伤度、烫发水对头发卷曲效果、头发梳理性能等进行评价。

单元小结

1. 化妆品是指以涂擦、喷洒或其他类似的方法，散布于人体表面任何部位（皮肤、毛发、指甲、口唇等）以达到清洁、消除不良气味、护肤、美容和修饰目的的日用化学工业产品。

2. 化妆品的作用主要体现在五个方面：清洁作用、保护作用、营养作用、美化作用、防治作用。

3. 化妆品的组成基本上可分为表面活性剂、基质材料、功能性添加剂和感官性添加剂四大部分。

4. 化妆品是由多种成分组成的混合体系，各类化妆品的共性是：胶体分散性、流变性、表面活性、高度的安全性。

5. 化妆品生产是一种混合技术，化妆品是由不同功能的原料按一定科学配方组合，通过一定的混合加工技术而制得。化妆品的原料按其在化妆品中的性能和用途可分为主体原料和辅助原料（包括添加剂）两大类。主体原料包括油性原料、粉质原料、胶质原料、溶剂原料和表面活性剂。辅助原料包括保湿剂、防腐剂、抗氧剂、香精、色素和各种添加剂。

6. 膏霜类化妆品是选用合适的油相、水相配方及乳化剂，在高速搅拌及加热条件下，利用乳化剂的乳化作用，将油、水两相混合乳化制得。

7. 香水类化妆品是把调配好的香精等原料溶于乙醇中，经陈化、过滤等工序而制得的。

8. 香粉是由遮盖剂、滑爽剂、吸收剂、黏附剂、颜料、香精经混合研磨、过筛、灭菌等工序制作而成的。

9. 洗发香波的主要成分是表面活性剂和添加剂，制备时是将各种原料依次溶解即可。

10. 安全性、稳定性、使用性和有效性是评价化妆品的四大要素。其中安全性居首要地位。对化妆品的安全性要求从原料、生产直至包装各阶段都有非常严格的要求。

11. 化妆品的质量评价可从稳定性评价、使用性评价、有效性评价三个方面进行。

习　题

1. 什么叫化妆品？有何作用？
2. 化妆品有何特性？
3. 水溶性聚合物在化妆品中有何作用？
4. 表面活性剂在化妆品中有何作用？
5. 化妆品中常用哪些保湿剂？各有何特点？
6. 膏霜化妆品的生产工艺流程如何？
7. 香水类化妆品由哪些原料组成？如何制作香水？
8. 香粉配方中的原料各有什么作用？粉饼的原料组成及制作与香粉有何区别？
9. 唇膏有哪几类？其原料配方有何不同？
10. 洗发香波由哪些原料组成？其制作工艺与膏霜产品有何区别？
11. 护发素由哪些原料组成？各起什么作用？
12. 何谓 LD_{50}，其大小表明什么？
13. 如何评价化妆品的稳定性？
14. 化妆品的有效性评价可从哪几个方面进行？

参 考 文 献

[1] 董银卯主编．化妆品配方工艺手册．北京：化学工业出版社，2005.
[2] 钱旭红．徐玉芳．徐晓勇等编著．精细化工概论．北京：化学工业出版社，2000.
[3] 徐宝财编著．日用化学品．北京：化学工业出版社，2002.
[4] 宋启煌主编．精细化工工艺学．北京：化学工业出版社，2004.
[5] 王培义编著．化妆品——原理·配方·生产工艺．北京：化学工业出版社，2006.
[6] 李明阳主编．化妆品化学．北京：科学出版社，2002.
[7] 刘德峥主编．精细化工生产工艺学．北京：化学工业出版社，2000.

6 石油加工助剂

石油加工过程和石油产品性能调和都是在炼油厂内完成的，前者使用炼油助剂，后者使用石油产品添加剂，二者紧密结合，对提高石油产品产量、质量和性能以及增加产品规格种类起着不可替代的作用。

石油加工助剂是指在石油加工过程和石油产品中加入的起物理作用或化学作用的少量物质，又称为石油添加剂，如破乳剂、缓蚀剂、阻垢剂、金属钝化剂、CO 助燃剂、FCC 汽油辛烷值助剂、硫转移剂和消泡剂等。为了优化石油加工过程单元操作和提高石油产品的数量和性能水平，石油加工助剂经长期的研究开发与生产实践，已逐步成为一个独立的石油化学品门类。在石油工业比较发达的国家里，石油加工助剂已成为精细化学品的重要分支。

学习要求

(1) 了解石油加工助剂的作用、作用机理及常用的添加剂。

(2) 掌握石油炼制常用助剂种类、作用机理和作用性能。

(3) 了解燃料油相应的使用性能，掌握常用添加剂的种类和作用。

(4) 了解润滑油相应的使用性能，常用添加剂的种类和作用。

(5) 理解并掌握烷基化反应原理及清洁剂——烷基水杨酸钙的生产工艺。

想一想！(完成答案)

1. 你所了解的石油炼制方法有哪些？(至少写出 3 种方法)

答案：______________________________。

2. 原油里含有哪些物质？(至少写出 3 种)

答案：______________________________。

3. FCC（催化裂化）中，对催化剂危害较大的金属有哪些？

答案：______________________________。

6.1 石油炼制助剂

6.1.1 石油常减压蒸馏助剂

(1) 原油破乳剂

从地下深处开采的原油都含有 NaCl、$CaCl_2$、$MgCl_2$ 等盐类以及相当数量的水分，这些盐一般能溶解于水，而原油从地下采出时经过地层的空隙与空气、水混合，又经过泵送的搅动，在原油中晶态石蜡、胶质、沥青质、环烷酸盐、卟啉和卟啉金属络合物等亲油性天然乳化剂的作用下，油水之间形成了稳定的乳化液，其中的水很难自动沉降下来。为了破坏这种稳定的乳化液，在脱水工艺中需加入原油破乳剂。

① 破乳剂的种类　破乳剂属于表面活性剂类型，其分子由亲油亲水基团组成，亲油部分由碳氢基团，特别是长链碳氢基团构成；亲水部分由离子或非离子型的亲水基团构成。因此按照亲水基团的特点，破乳剂分为非离子型破乳剂、阳离子破乳剂、阴离子破乳剂和两性

破乳剂。

② 常用的破乳剂

a. 烷基酚醛树脂-聚氧丙烯聚氧乙烯醚　举例如下。

（a）聚氧乙烯聚氧丙烯烷基苯酚甲醛树脂，AR 型破乳剂

$$\left[Ar-CH_2\right]_x^{O-(C_3H_6O)_m-(C_2H_4O)_nH}$$

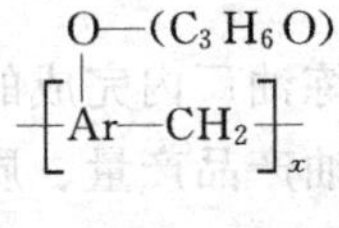

（b）聚氧丙烯聚氧乙烯聚氧丙烯烷基苯酚甲醛树脂，AF 型破乳剂

$$\left[Ar-CH_2\right]_x^{O-(C_3H_6O)_m-(C_2H_4O)_n-(C_3H_6O)_p-H}$$

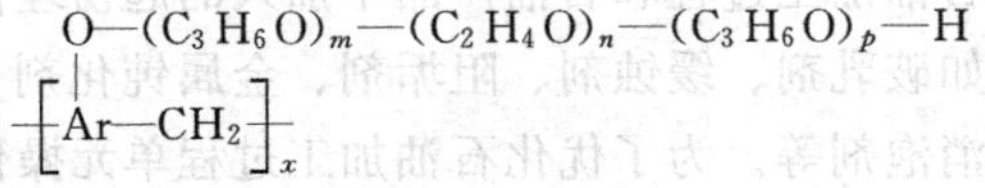

b. 聚甲基苯基硅油聚氧丙烯聚氧乙烯醚　举例如下。

（a）聚氧乙烯聚丙烯甲基硅油

$$H(C_2H_4O)_n-(C_3H_6O)_mO-(\underset{CH_3}{\overset{CH_3}{Si}}O)_x-(C_3H_6O)_m-(C_2H_4O)_mH$$

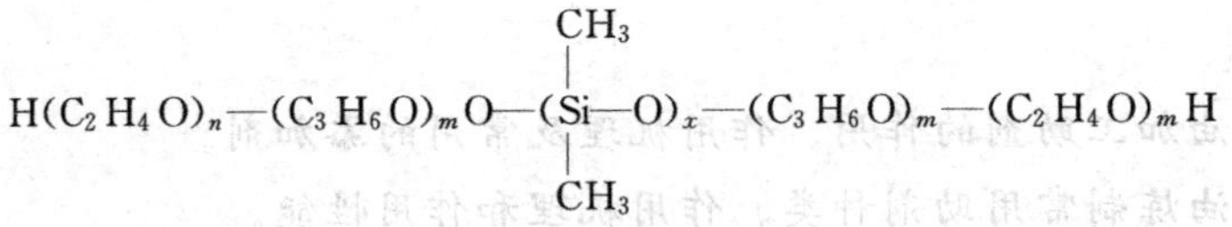

（b）多段氧烷基化甲基硅油

$$H(C_2H_4O)_n-(C_3H_6O)_mO-(\underset{CH_3}{\overset{CH_3}{Si}}O)_x-(C_3H_6O)_m-(C_2H_4O)_m-(C_3H_6O)_o-(C_2H_4O)_pH$$

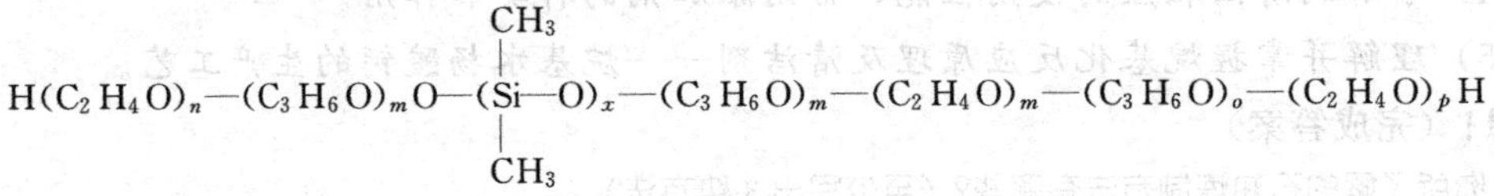

c. 聚磷酸酯如聚氧乙烯聚氧丙烯烷基磷酸酯

$$RO-\underset{\underset{O-(C_3H_6O)_m-(C_2H_4O)_mH}{\overset{\|}{O}}}{\overset{O-(C_3H_6O)_m-(C_2H_4O)_mH}{P}}$$

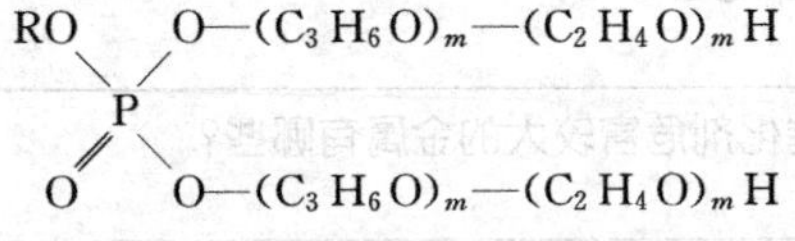

d. 聚氧乙烯聚氧丙烯超高分子聚合物。

e. 聚氧丙烯聚氧乙烯嵌段共聚物及其改性产物。

这类破乳剂，根据引发剂的种类不同，如丙二醇、丙三醇、多亚乙基多胺、酚醛树脂、酚胺树脂，又可分为若干种类。常用的石油破乳剂的性质见表 6-1。

表 6-1　常见破乳剂的性质

名　称		主要成分	适 应 性
AE 系列	AE1910，AE1919，AE2040，AE4010，AE2010 等	多亚乙基多胺聚醚	油田,炼厂低温脱水,降黏防黏,适合于中等密度、高含蜡原油
SH 系列	SH9101，SH9105，SH9601，SH991 等	聚氧乙烯聚氧丙烯超高分子醚	高密度、高黏度、高酸值原油
GT 系列 FC 系列	GT940，GT922，FC9301，FC961 等	多种聚氧丙烯聚氧乙烯醚,氧丙烯酯复配高分子量破乳剂	适用于中等密度、高含盐含水原油,如长庆、陕北、阿曼等原油的高、低温原油破乳
BP 系列	BP169，BP2040	丙二醇聚氧丙烯聚氧乙烯醚	江汉原油
ST 系列	ST-12，ST-13，ST-14	酚胺树脂聚醚	高密度、高黏度原油
GD 系列	GD9901，MD01	丙烯酸改性聚醚	高密度、高黏度稠油

(2) 原油脱钙剂

原油中除烃类化合物外，还含有少量O、N、S和金属化合物。这些金属化合物虽然含量很低，但对石油加工尤其是对一些催化剂影响很大，称为金属杂质。原油中常见的金属杂质有Na、Ca、Mg、Fe、Ni、V等。除Na以氯化物等无机盐形式存在外，Ca、Mg、Fe等金属大部分以环烷酸盐、酚盐等形态存在。而Ca作为原油中的主要杂质之一，对原油的加工以及产品均有不同程度的破坏，已逐渐被人们所重视。

脱钙剂是指脱除原油中的以Ca为主的有机化合物的一种助剂，常和脱除无机盐的破乳剂一起加入到电脱盐装置中，将大部分金属脱除在常压蒸馏装置之前。

国外自20世纪80年代开始原油及馏分油脱金属尤其是脱Ca的研究，其中首推美国Chevron（雪佛龙）公司。该公司产品在美国及中国申请过数篇专利，见表6-2。

表6-2 美国Chevron公司脱钙剂专利

专利号	法律状况	脱钙剂	特点
CN86107286	1995-12-13 终止	氨基羧酸盐，如EDTA	成本高，用量大
CN1055552A	1995-06-14 被撤销	硫酸及其盐类	用量大
CN89102016O	授权	二元羧酸类，如草酸、丁二酸	成本高
CN87105863	1995-10-16 终止	柠檬酸	成本高

中原某石化公司研究所1992年采用脱钙剂在原油电脱盐的同时脱Ca，并拥有用无机含磷螯合物（无机聚磷酸钠）从烃原料中脱除金属杂质和用复合剂从烃原料中脱除金属两项专利。1992年6月天津某石化厂完成工业试验，当时大港原油Ca含量较低，脱除效果较明显。1996年以来，大港原油Ca含量逐渐上升，此时采用上述脱钙剂，脱钙率＜10%，见表6-3。

表6-3 天津某石化厂电脱盐脱金属效果

金属离子	1992年6月脱钙剂加入量为10mg/L			1996年12月脱钙剂加入量为10mg/L		
	脱前/(mg/L)	脱后/(mg/L)	脱除率/%	脱前/(mg/L)	脱后/(mg/L)	脱除率/%
Na	17.2	1.6	90.7	40.4	25.0	38.1
Ca	8.6	2.6	69.8	87.6	83.5	4.68
Fe	3.4	2.0	41.2	3.6	3.6	0
Ni	28.0	27.8	0.7	35.7	34.0	4.8

(3) 原油蒸馏活化剂

提高原油常减压蒸馏装置的总拔出率是合理利用原油的最重要手段之一。350℃前的轻质油潜含量和常压装置轻质油总拔出率的差值可占原油的5%～7%，这取决于被加工原油的质量、拔出产品的种类及比例。用添加活化剂的方法强化原油蒸馏过程，提高常减压蒸馏装置的拔出率，是合理利用原油最行之有效的方法，目前国内外很多炼油工作者都在从事这方面的研究工作。

① 原油蒸馏活化剂的种类 原油蒸馏活化剂可分为富芳烃活化剂、表面活性剂和复合活化剂三大类，具体如下。

a. 富芳烃活化剂 如减压馏分油、裂解焦油、FCC回炼油和糠醛精制抽出油。

b. 表面活性剂 如C_{12}～C_{14}、C_{16}～C_{20}高级脂肪醇。

c. 复合活化剂 如含酚的FCC回炼油。

常见原油蒸馏活化剂见表6-4。复合活化剂（含酚的FCC回炼油）对大庆重油减压蒸馏过程考察见表 6-5。

表 6-4　原油蒸馏活化剂应用情况汇总

原料油	加工过程	原油蒸馏活化剂		馏分油	拔出率增加值/%
		种　类	用量(质量分数)/%		
西伯利亚原油	常压蒸馏	Ⅰ号润滑油	1	柴油	2.5
大庆原油	实沸点蒸馏	减二线润滑油	1.5	初馏点～200℃	0.29
				200～350℃	2.08
			1.8	初馏点～200℃	0.22
				200～350℃	2.86
		减三线润滑油	1.0	初馏点～200℃	1.03
				200～350℃	0.91
		减四线润滑油	3.0	初馏点～200℃	0.22
				200～350℃	1.15
大庆原油	实沸点蒸馏	FCC 回炼油	1.0	<350℃	2.6
				350～500℃	4.9
			2.0	<350℃	2.8
				350～500℃	0.42
			3.0	<350℃	4.4
				350～500℃	1.5
辽河原油	常压蒸馏	表面活性剂 A09	100～300μg/g	<350℃	2.4～4.4
		表面活性剂 A03	75μg/g	<350℃	2.4
	减压蒸馏	表面活性剂 A09	100～300μg/g	350～480℃	1.3～2.3
		糠醛精制抽出油	1	350～500℃	3.4
			2		4.4
			2.5		4.8
临商原油	减压蒸馏	FCC 回炼油	1.25	减压馏分油	6.6
		减三线糠醛抽出油	1	减压馏分油	10.6
前苏联某炼油厂	减压蒸馏	减三线精制抽出油	2	减压馏分油	7.7
前苏联乌法炼油厂	常压蒸馏	C_{16}～C_{20}脂肪醇	3	初馏点～180℃	5
	减压蒸馏	FCC 重油(192～455℃)	1	减压馏分油	1
			2		4
			3		3
马岭原油	常压蒸馏	常压渣油	5	柴油	1.4～1.7
				常三线蜡油	1.5～2.8

表 6-5　复合活化剂（FCC 回炼油＋酚）强化蒸馏效果比较

复合活化剂加量(质量分数)/%	0.5				1.0				1.5			
复合剂中酚含量(质量分数)/%	0.00	0.01	0.02	0.03	0.00	0.01	0.02	0.03	0.00	0.01	0.02	0.03
350～500℃馏分油拔出率增加(质量分数)/%	0.67	6.1	5.4	5.24	1.77	5.79	4.51	3.25	2.17	2.46	3.55	3.39

② 原油蒸馏活化剂的特点　由表 6-4 和表 6-5 数据可以得到如下结论：

a. 原油活化剂对原油的常减压蒸馏过程有明显的强化作用，强化蒸馏效果与原油、活化剂的种类、组成、性质和活化剂用量有关。

b. 活化剂中芳烃含量越高，强化蒸馏效果越好，所评选的几种富芳烃活化剂的效果依次为：糠醛精制抽出油＞FCC回炼油＞减压馏分油＞常压渣油。

c. 复合活化剂（FCC回炼油＋酚）对减压蒸馏的强化作用优于FCC回炼油。

d. 表面活性剂对常压蒸馏强化作用优于减压蒸馏过程。

e. 活化剂强化原油常减压蒸馏过程增加的馏分油是原油、常压渣油潜在的轻质馏分，即活化剂不改变馏分油性质。

（4）馏分油脱酸剂

炼油厂在加工高酸值原油时，常减压蒸馏装置生产的馏分油（直馏柴油和减压馏分油）中含有石油酸，石油酸主要由环烷酸和酚类等物质组成，其中环烷酸含量达95%以上。石油酸对金属有腐蚀作用，使炼油设备、贮油容器过早损坏。它还降低柴油的安全性，使柴油在贮存过程中氧化生成胶质、沉渣，使喷油嘴积碳和汽缸沉积物增加，造成活塞磨损和喷嘴结焦；酸度过大，还会引起柴油乳化。减压馏分油中的石油酸除了导致腐蚀作用和润滑油氧化安全性变差外，还会加重润滑油糠醛精制等加工过程的负荷。所以，在石油加工中，必须对馏分油进行脱酸精制。另一方面，石油酸尤其是其中的环烷酸是重要的化工原料之一，因此从馏分油中脱酸并回收环烷酸具有重要的意义。

目前，馏分油脱酸技术主要分为化学精制法、物理萃取法和吸收法三大类。近年来，西南石油学院（SWPI）馏分油精制课题组经过10年的研究，在国内外首次提出并开发成功馏分油脱酸技术。针对不同的原料油，该技术有不同的组合工艺，包括单溶剂法和双溶剂法、微量碱脱酸剂法和绿色脱酸剂法等4种脱酸技术。

微量碱脱酸剂法是根据酸碱等摩尔反应原理进行。测定原料油的酸含量，使加入的脱酸剂中NaOH的量基本接近原料油中的有机酸含量，使二者发生等摩尔反应，这样可以使碱耗降至最低。

绿色脱酸剂法采用可再生脱酸剂与原料油中的有机酸发生等摩尔反应，生成的有机酸复合物被萃取剂萃取脱除，再加热萃取剂相，回收破乳剂；有机酸复合物水解为脱酸剂和环烷酸。

单溶剂法是将脱酸剂和萃取剂合而为一，加剂方便，实施工艺简单，但脱酸反应受萃取温度限制。

双溶剂法是脱酸反应和萃取过程分开进行，脱酸剂可以在馏分油换热过程中加入，可大幅度提高脱酸操作温度，使脱酸的反应进行彻底。

馏分油脱酸剂种类见表6-6。

表6-6 馏分油脱酸剂种类

脱酸方法		脱酸剂组成	适应范围
单溶剂法	微量碱脱酸剂法	NaOH、破乳剂、萃取剂等	低酸值、低黏度和低密度的轻质馏分油脱酸
	绿色脱酸剂法	脱酸剂、破乳剂、萃取剂等	
双溶剂法	微量碱脱酸剂法	脱酸剂(NaOH)、萃取剂(破乳剂、萃取剂)等	高酸值、高黏度和高密度的重质馏分油脱酸
	绿色脱酸剂法	脱酸剂、萃取剂(破乳剂、萃取剂)等	

6.1.2 催化裂化助剂

（1）FCC金属钝化剂

金属钝化剂早已在燃料油、润滑油和循环水中使用。FCC工艺用金属钝化剂，是为了抑制进料中Ni、V、Fe等重金属对FCC催化剂的污染即对催化剂活性和选择性的影响而加入的一类精细化工产品。

① 金属污染与钝化作用 Ni、V、Fe 等金属对 FCC 催化剂的污染及钝化是一个复杂的物理-化学过程。Ni 主要促进脱氢反应，使催化剂选择性下降；V 主要是破坏催化剂分子筛结构，使其活性降低。Fe 的污染主要表现是使油浆产率上升。油浆密度下降等；其中 Ni、V 对 FCC 催化剂的影响见表 6-7。

表 6-7 Ni、V 对 FCC 催化剂的影响

Ni	V
不损害分子筛	损害分子筛
不降低活性	降低活性
降低选择性、H_2 增加	H_2 基本不增加
产氢量与转化率有关	产氢量与转化率无关
增加催化剂	增加催化剂

对 Ni 的钝化作用主要是通过钝化剂组分如 Sb、Bi 等与催化剂表面沉积的 Ni 发生物理-化学作用，使 Ni 转化为无脱氢活性或低脱氢活性的组分，同时阻止 Ni 分散。

对 V 的钝化作用普遍认为主要是钝化金属与 V 形成高熔点化合物，这种化合物在 FCC 再生条件下是稳定的，不会在催化剂分子筛上流动；或者钝化金属与 V、催化剂分子筛、基质组分相互作用，在催化剂表面形成一层薄膜覆盖在 V 上面，阻止 V 向分子筛孔内迁移，从而减小 V 对分子筛的破坏。

② 金属钝化剂分类 应用于工业装置的金属钝化剂，按溶液性质主要有油剂和水剂两种。油剂一般是某种金属的有机化合物，如 Sb、Sn、Bi 等，加入柴油中使用。水剂是用金属粉末加入水中，并辅以分散剂保证均匀性，在一定时间内不沉淀。若按钝化剂的作用分主要有以下三类。

a. 纯镍剂 以 Sb 为主，还有 Bi、Ce 纯镍剂，主要产品见表 6-8。

表 6-8 主要的纯镍剂钝化剂

纯镍剂类别	Sb 基纯镍剂钝化剂		Bi 基纯镍剂钝化剂
	有机 Sb 钝化剂	无机 Sb 钝化剂	
主要成分	Sb_2O_3 和各种有机化合物的反应物	Sb 的氧化物、水（或有机溶剂）和分散剂构成的悬浮液或胶体溶液	Bi 的氧化物溶解在适量的烃类溶剂中，形成的胶体悬浮物
常用产品	二丙基二硫代磷酸锑，二异丙基二硫代磷酸锑，环烷酸锑等	Sb_2O_3 与甲基乙烯基醚或顺丁二烯水解共聚物铵盐 Sb_2O_3 与磷酸双烷基酯或羟甲基纤维铵盐	氧化铋与苯、二甲苯、醇类、二醇类、弱有机酸等形成的胶体悬浮物
比较	锑化物易随产品带出装置，或沉积在设备上，锑对人体健康有影响		所需设备简单，对人体无害，不随产品带出，能减轻产品和设备的污染

b. 纯钒剂 如 Sn 基纯钒剂及非 Sn 基纯钒剂。

V 在催化剂上主要以酸性氧化物或钒酸形态存在，通过一些碱性氧化物的酸碱作用可以达到钝 V 的作用。实验证明，Sn 在降低 V 的催化剂的污染方面非常有效。Sn 的钝化剂主要是其有机盐，如六丁基锡、四苯基锡和四乙基锡等。

虽然 Sn 对 V 有一定的钝化作用，但锡化物毒性较大，对人体的皮肤和眼睛有较强的刺激性，从而使 Sn 剂使用受限。

c. 复合钝化剂 即将纯镍和纯钒组分复合在一起，可以同时钝化 Ni 和 V。

在 FCC 装置中催化剂的 Ni、V 污染同时存在，且在不同的装置二者的污染程度不同。因此 LPEC 研发了 LMP-6 复合钝化剂，它可以同时钝化 V 和 Ni 的水溶性多功能金属钝化剂。由于将钝化 V 和钝化 Ni 的有效组分有机地结合在一起，更合理、更有效地抑制 Ni、V 对 FCC 催化剂的污染。

近年来又发展了纯铁剂等，但尚未普遍使用。

(2) FCC 固钒剂

固钒剂是一种应用于 FCC 装置上的助（催化）剂。它的物理性质与主催化剂相似。它载有能与原料油中的钒化合物强烈反应的物质，利用 V 易在催化剂之间迁移的性质将其固定在助剂上，从而减轻 V 毒害催化剂，以维持催化剂较高的活性。固钒剂又称为金属捕捉剂、金属捕集剂或捕钒剂。

由于固钒剂要和主催化剂一起流化，因此它的颗粒大小、密度、强度均应与主催化剂一致。

近年来新开发的固钒剂见表 6-9。

表 6-9 新固钒剂的性能

公司与牌号	性能
Engelhard Co, MgO	抗 Ni 抗 V 的催化剂含 V 600μg/g，MAT 转化率提高 6%，干气产率下降 22%
日本汽油精制公司, MgO	1993 年已工业化投入，抗 Ni 抗 V，焦炭选择性好
Grace Co. Davison, RV^{4+}、RV^{5+}	$RV4^{+}$抗 Ni 抗 V，固 V 因子为 6～7，脱 V 率为 28%；$RV5^{+}$技术固 V 因子为 12.2，脱 V 率为 49%
Chevron Co, CVP-3	抗 Ni 抗 V，固 V 因子为 17
Major oil Refining Co, 新固钒剂	催化剂中的 Ni 和 V 含量均为 3000μg/g 的水平时，提高加入量，可提高转化率 4%，提高其汽油产率 3.87%，H_2和焦炭的产率下降

(3) FCC 塔底油裂化助剂

FCC 塔底油裂化助剂是指为了控制和加速 FCC 分馏塔底油浆进一步裂化使之轻质化，达到提高轻质油品收率又同时减少小分子烃和焦炭产率而使用的一种助催化剂，由于它随主催化剂一起流动，加入量一般为 10%，以尽量减少对主催化剂的稀释作用。

近年来，塔底油裂化助剂的开发应用已经得到广泛的重视，但已经工业应用的较少，大多处于研发阶段。Intercat 公司开发的塔底油裂化助剂 BCA-105 和 RIPP 公司开发的多产柴油塔底油裂化助剂 LDC-971 均已在工业装置上应用。它们的物理性质见表 6-10。

表 6-10 塔底油裂化助剂物理性能

开发者		Intercat	RIPP	开发者		Intercat	RIPP
牌号		BCA-105	LDC-971	牌号		BCA-105	LDC-971
化学组成/%	Al_2O_3	61.8	63.4	物理性质	比表面积/(m^2/g)	109	160
	Re_2O_3	0.12	—		空隙度/(mL/g)	0.28	0.23
	Na_2O	0.29	0.14		表面视密度/(g/mL)	0.77	0.85
	Fe_2O_3	0.59	0.46		平均颗粒/μm	93	65
					微反活性(800℃,4h)/%	40	38

(4) 降低 FCC 汽油烯烃助剂

汽油含有过量烯烃是造成汽车尾气有害物质排放的关键成分，因此降低汽油烯烃含量成为判断其质量优劣的主要指标之一。而加入的降低 FCC 汽油烯烃助剂是一种能够最大限度地促使烯烃发生芳构化的化合物，它既能降低汽油烯烃又能提高汽油辛烷值，具有机动灵活、见效快、调整方便的特点。

为了适应不同 FCC 装置对助剂使用的不同要求，如有的装置要求助剂堆比小，有的要求汽油辛烷值不降低，有的要求提高汽油辛烷值，开发了一系列降低 FCC 汽油烯烃含量的

LAP 助剂。助剂的分类及主要物理性质见表 6-11。

表 6-11 LAP 系列 FCC 汽油烯烃助剂的分类及理化指标

项　目	LAP-2A	LAP-2B	LAP-2C	LAP-2D
性能特点	高堆比，提高辛烷值，多产低碳烯烃	中堆比，提高辛烷值，多产低碳烯烃	高堆比，保持辛烷值不降低	中堆比，保持辛烷值不降低
堆积密度/(kg/m^3)	850	760	850	780
比表面积/(m^2/g)	≥140	≥180	≥140	≥180
孔体积/(mL/g)	≥0.15	≥0.12	≥0.15	≥0.14
粒度分布/%				
0～40/μm	≤20	≤20	≤20	≤20
40～140/μm	≥65	≥65	≥65	≥65
≥140μm	≤15	≤15	≤15	≤15

(5) FCC 汽油脱硫剂

商品汽油中 90%以上的硫来自 FCC 汽油，因此生产低硫汽油的关键在于降低 FCC 汽油中硫的含量。而我国商品汽油中 FCC 汽油约占 80%，硫含量问题更为突出。FCC 汽油中典型的硫化物为硫醇、四氢噻吩、噻吩及苯并噻吩等，其中噻吩类硫化物占总硫含量的 80%以上。所以减少噻吩类硫化物是降低 FCC 汽油中硫含量的关键。

① 国外 FCC 汽油脱硫剂　目前在国际市场上销售的脱硫剂主要有：Grace-Davison 公司开发的 GSR 脱硫助剂、Akzo-Nobel 公司开发的 RESOLVE 助剂产品系列以及 Statoil's 研究中心开发的脱硫助剂。其主要成分与脱硫效果详见表 6-12。

表 6-12 国外各类 FCC 汽油脱硫助剂

G-D 公司系列助剂	GSR-1 代脱硫助剂	GSR-2 代脱硫助剂	D-P Tism 脱硫助剂
主要组成	负载于 Al_2O_3 载体上的 L 酸 (ZnO)	在 GSR-1 基础上，又添加了锐钛矿型 TiO_2	经特殊处理、具有强 L 酸中心的 USY 分子筛
硫脱除率	15%～25%	20%～30%	40%
Akzo-Nobel 公司 RESOLVE 助剂			
主要组成	高氢转移活性组分、ADM-20 高可接近活性基质		
硫脱除率	20%		
Statoil's 研究中心开发的脱硫助剂			
主要组分	水滑石煅烧物[Mg(Al)O]为基质的 L 酸(ZnO)		
硫脱除率	用量为主剂的 10%，汽油总硫脱除率为 22%		

② 国内 FCC 汽油脱硫助剂　LPEC 炼制所以 Y 型分子筛和改进的活性基质为双活性组分，制备了 GSR-1 型降低汽油硫含量助剂。中型提升管实验表明，加入 10%的新鲜助剂，汽油硫含量可降低 52.8%，加入 10%的老化后助剂（760℃，100%水蒸气，6h）的汽油硫脱除率仍可达 36.9%。

6.1.3 其他炼油过程助剂

(1) 提高 FCC 汽油辛烷值助剂

FCC 汽油中高辛烷值烃类分为芳烃、环烷烃、烯烃及链烷烃四组，它们的辛烷值贡献按这一顺序递减。提高 FCC 汽油辛烷值助剂如 TKC 助剂、LRA-100 助剂等加入到催化裂化过程中，它即针对正构烷烃，促进使之发生芳构化反应，从而起到提高辛烷值的作用。

(2) FCC 再生过程 CO 助燃剂

它是浸渍过贵金属（主要是 Pt）的与主催化剂物理性能相近的 SiO_2-Al_2O_3 微粒粉末，

它与主催化剂一起流化，少量加入即可促进烧焦完全，并使再生器密相段中的CO转化为CO_2，故称为CO助燃剂或CO燃烧助剂。

(3) FCC硫转移剂、脱NO_x助剂

硫转移剂和脱NO_x助剂是为了减少FCC装置再生烟气中SO_x、NO_x排放对大气的污染而使用的一种助剂。

想一想！(完成答案)

1. 你所知道的石油产品有哪些？答案：________________。
2. 无铅汽油是因为没有添加________的缘故。
3. 造成燃料油或润滑油使用过程中生成胶质沉淀，或生成油泥和积炭的物质有哪些？答案：________________________________。
4. 燃料油添加剂和润滑油添加剂中，发挥的作用相近的有哪些？答案：________________________________。

6.2　石油产品用添加剂

由石油加工过程直接生产的石油产品，主要包括燃料、润滑油（脂）、石蜡和沥青等，几乎应用到国民经济的各个领域。石油产品中使用添加剂最多的是润滑油，其次是汽油、煤油及柴油等燃料油。本节主要介绍燃料油添加剂和润滑油添加剂。

6.2.1　燃料油添加剂

燃料油添加剂可分为两大类，一类为保护性添加剂，主要解决燃料贮运过程中出现的各类问题的添加剂；另一类是使用性添加剂，主要解决燃料燃烧或使用过程中出现的各种问题的添加剂，包括各种改善燃烧性能或改善燃烧生成物特性的添加剂。其中燃料油通用保护性添加剂有抗氧剂、金属钝化剂、抗腐蚀剂或防锈剂、抗乳化剂等；汽油专用添加剂有抗爆剂、抗表面引燃剂、汽化器清净剂、防冰剂等；柴油专用添加剂有分散剂、低温流动改进剂、十六烷值改进剂、消烟剂等；其次还有喷漆燃料添加剂等。

(1) 汽油抗爆剂

主要用于改善汽油的燃烧特性，提高其辛烷值一类添加剂。辛烷值是车用汽油最重要的质量指标，采用抗爆剂是提高车用汽油辛烷值的重要手段。

① 汽油抗爆剂的分类

a. 金属有机物抗爆剂

(a) 烷基铅型抗爆剂　烷基铅型抗爆剂［四乙基铅（TEL）、四甲基铅］是目前公认的抗爆效率最高、应用最早和最广泛的汽油抗爆剂。但是四乙（甲）基铅是剧毒的易挥发液体，易毒害人、畜。使用它们对大气造成Pb污染，危害人体健康，使汽车排气催化净化器中的催化剂中毒和排气中微粒子增加。因此，一些工业发达国家早已停止用含Pb汽油，我国也于2000年实现了汽油无铅化。

(b) 二茂铁　二茂铁（$C_{10}H_{10}Fe$）最早用作于火箭燃料的助燃剂，后来代替汽油中有毒的四乙基铅作为抗爆剂，制成高档无铅汽油，以消除燃油排出物对环境的污染及对人体的毒害。如汽油中加入0.0166～0.0332g/L的二茂铁和0.05～0.1g/L乙酸叔丁酯，辛烷值可增加4.5～6。但其燃烧产物Fe_2O_3留在燃烧室里无法引出，增加了发动机的磨损而未能推广应用，目前二茂铁抗爆剂已禁止使用。

(c) 锰基抗爆剂　锰基抗爆剂有各种有机锰化合物，如甲基环戊二烯三羰基锰[$CH_3C_5H_5Mn(CO)_3$(MMT)]、环戊二烯三羰基锰[$C_5H_5Mn(CO)_3$]、羧酸锰和环烷酸锰等。其中MMT由美国乙基公司1953年开发，目前MMT已在美国、加拿大、中国、新西兰等国家广泛应用于无铅化汽油的生产。

b. 非金属有机抗爆剂　各种金属有机抗爆剂虽然效率高，但其金属氧化物是固体，不易排出汽缸，长期使用会不断有金属积累，引起火花塞失灵，排气阀寿命缩短，积碳增加。所以人们又在研究使用纯有机化合物作为抗爆剂。我国使用较多的是一种简称MTBE（甲基叔丁基醚）的有机抗爆剂。这种抗爆剂在世界上应用得比较广泛。MTBE加入汽油中对汽油的理化性质及密度都影响不大，而且具有良好的抗爆性，它的缺点是使汽油比较容易吸收水分，在使用、贮运中难以控制。MTBE在汽油中的加入量各国规定不一，美国规定11%，欧盟允许15%。

② 常用汽油抗爆剂

a. 抗爆剂MMT及其性能　目前在市场上销售的抗爆剂MMT，除美国乙基公司生产研制的HiTEC®3000、HiTEC®3062两种以外，还有江西师范大学化工有限公司研制的M-98、M-62。它们的质量、性能相当。其典型理化性质比较见表6-13和表6-14。

6-13　抗爆剂M-98、HiTEC®3000理化性能对比表

项　目	M-98	HiTEC®3000
纯度(质量分数)/%	98	98
锰含量(质量分数)/%	24.4	24.4
密度(20℃)/(g/cm³)	1.38±0.02	1.38
凝固点/℃	≤-1	-1
溶解性	汽油：可混溶	汽油：可混溶
	甲苯：可混溶	甲苯：可混溶

表6-14　抗爆剂M-62、HiTEC®3062理化性能对照表

项　目	M-62	HiTEC®3062
纯度(质量分数)/%	62	62
锰含量(质量分数)/%	15.1	15.1
密度(20℃)/(g/cm³)	1.11±0.02	1.11
凝固点/℃	≤-20	-22
溶解性	汽油：可混溶	汽油：可混溶
	甲苯：可混溶	甲苯：可混溶

(a) 抗爆剂MMT一般使用规律

• 蜡油催化裂化汽油，RON在87～89时，MMT用量18 mgMn/L，辛烷值增益在2.5～3.0。单独使用MMT就可以使蜡油催化汽油达到90号无铅汽油规格。

• 重油催化裂化汽油，RON在90左右，但抗爆指数还未达到90号无铅汽油规格时。加入浓度小于9mgMn/L的MMT，就可以使其达到90号无铅汽油的规格；若与重整汽油调和，加入18mg Mn/L，可生产93号无铅汽油。

• 在90号汽油组别，MMT的辛烷值改进成本约为MTBE的25%；93号汽油组别，使用MMT可提高93号无铅汽油的产量。

• 如催化重整汽油RON在94～95左右，使用MTBE抗爆剂，并使用MMT适当调和，可生产出95号或97号优质无铅汽油。

• 催化裂化（FCC）汽油与直馏汽油调和，对MMT的感觉性更好，采用重油FCC汽

油、MMT 生产 90 号无铅汽油时，可以消化 5%～10%直馏汽油。

• 在汽油中加入 18 mgMn/L 剂量 MMT 的辛烷值改进效果与调和 8%（质量）MTBE 的效果相当。

(b) 抗爆剂 MMT 的加入量 见表 6-15。

6-15 MMT 加入量换算表

项 目	M-98 加入量(100mg/L)	M-62 加入量(161mg/L)	HiTEC®3000 加入量(100mg/L)	HiTEC®3062 加入量(161mg/L)
$1m^3$汽油	74g(53.6mL)	119.1g(107.4mL)	74g(53.6mL)	119.1g(107.4mL)
1t 汽油	100g(72.5mL)	161g(145.1mL)	100g(72.5mL)	161g(145.1mL)
$1000m^3$汽油	74kg(53.6L)	119.1kg(107.4L)	74kg(53.6L)	119.1kg(107.4L)
1000t 汽油	100kg(72.5L)	161kg(145.1L)	100kg(72.5L)	161kg(145.1L)

注：加入量为国家规定允许添加的最大限量，加入后汽油中的锰量≤18mgMn/L。

MMT 对光敏感，见光易氧化、分解，含 MMT 的汽油样品必须使用棕色瓶或小铁罐，存放在阴暗处。MMT 应贮存在阴凉、干燥和通风良好处，远离火源。

b. 抗爆剂 MTBE MTBE 是一种优质的高辛烷值汽油添加剂和抗爆剂，它不仅能有效提高汽油辛烷值，而且还能改善汽车性能，降低尾气中 CO 含量，同时降低汽油的生产成本。它可由碳四馏分（含异丁烯）和甲醇为原料，采用强酸性阳离子交换树脂为催化剂生产，反应式如下：

$$CH_2=C(CH_3)_2+CH_3OH \xrightleftharpoons{\text{催化剂}} (CH_3)_3COCH_3$$

吉林化学工业公司（简称吉化）年产 27500tMTBE 生产工艺于 1986 年投产。生产工艺流程见图 6-1。

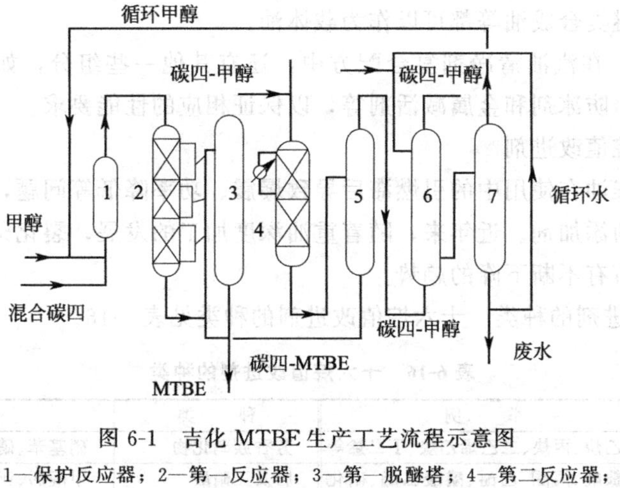

图 6-1 吉化 MTBE 生产工艺流程示意图

1—保护反应器；2—第一反应器；3—第一脱醚塔；4—第二反应器；5—第二脱醚塔；6—甲醇萃取塔；7—甲醇回收塔

工艺流程和操作步骤：混合碳四馏分和甲醇（包括回收甲醇）在保护反应器中脱除有害杂质后，经预热进入第一反应器。第一反应器是三段外循环绝热式固定床反应器，每段反应器出口物料部分经冷却器冷却后进入该段入口，可根据物料浓度及工艺要求调整循环量。第一反应器反应产物进入第一脱醚塔，塔顶为碳四、甲醇和少量的 MTBE，塔底为产品 MTBE，第一脱醚塔顶物料进入第二反应器，补充甲醇后进一步使未反应的异丁烯与甲醇反应。然后进入第二脱醚塔，使 MTBE 与剩余的碳四和甲醇分离。第二脱醚塔顶为不含醚的碳四和甲醇，进入甲醇萃取塔后，回收甲醇。

(2) 汽油清净剂

当发动机在空转期间，空气中的污染杂质进入汽化器，以及由于环保要求安装废气循环装置，或由于正压排气装置的操作不良，使废气中夹带污染物进入汽化器，都可以在汽油机的节流阀体生成沉积物，从而影响发动机的寿命和造成能量的浪费。为防止这些沉积物的生成，可在汽油中加入适量的汽油清净剂。

① 汽油清净剂的功能

a. 清洗作用清洗化油器、喷嘴、进气口与进气阀等处的沉积物；

b. 保洁作用对新购或刚保养的车，加入汽油清净剂后，发动机排放不随行车里程数的增加而增加，使车辆处于良好的状态；

c. 提高无铅汽油润滑性；

d. 改善汽车尾气排放，节省燃料；

e. 含特效稀释剂，使清净剂与汽油易混合；

f. 汽油清净剂对汽油质量不产生影响。

② 汽油清净剂的组成

a. 主剂　作为主剂的化合物有酰胺型、聚烯胺型、聚醚胺型和聚氨酯型等几类物质。对于主剂的选择，国内外各种牌号的汽油清净剂各不相同。如巴斯夫公司以高活性聚异丁烯胺为主剂，中国石油兰州润滑油研发中心以酰胺型聚合物为主剂。

b. 携带剂　要使汽油清净剂中的主剂发挥作用，必须要有足够量的携带剂也称载体油，其作用是保证在高温下仍具有一定活性。通常载体油的选择要有助于难溶于汽油中的组分充分溶解，又要它自身能够完全燃烧，尽量减少在燃烧室内形成沉积物，矿物油、聚 α-烯烃合成油、聚烯烃及聚醚类合成油等都可以作为载体油。

c. 其他功能剂　在汽油清净剂复合配方中，还有其他一些组分，如溶剂、防锈剂、抗氧防腐剂、减摩剂、防冰剂和金属减活剂等，以保证相应的性能要求。

(3) 柴油十六烷值改进剂

为了解决某些柴油在使用中的引燃滞后导致爆震、功率降低等问题，可加入改善柴油性质或提高十六烷值的添加剂。近年来，随着重油深度加工的发展，裂化柴油的产量大幅度提高，柴油的十六烷值有不断下降的趋势。

① 十六烷值改进剂的种类　十六烷值改进剂的种类见表 6-16。

表 6-16　十六烷值改进剂的种类

种　类	举　例	种　类	举　例
脂肪族烃	乙炔、丙炔、二乙烯乙炔、丁二烯等	芳香族硝化物	硝基苯、硝基萘等
醛、酮、醚、酯等	糠醛、丙酮、乙醚、醋酸乙酯、硝化甘油、草酸二异戊酯等	肟及亚硝酸	甲醛肟、亚硝基甲基脲烷等
		氧化生成物	臭氧是这类的代表
金属化物	$Ba(NO_3)_2$、油酸铜、Mn_2O、$KClO_3$、V_2O_5 等	过氧化物	如丙酮过氧化物等
		多硫化物	如二乙茎四硫化物等
烷基硝酸酯 烷基亚硝酸酯 硝化物	硝酸戊酯、硝酯伯己酯、2，2-二硝基丙烷、硝酸异丙酯和硝酸环己酯等	其他	有卤素类、某些硫化物、胺、5-羟基间二嘧烷、1，3-二氧环戊烷-4-甲基硝酸盐、1-甲基-3（或 4）-哌啶醇的硝酸酯、四氢呋喃-二醇二硝酸酯等

② 作用机理　常用的十六烷值改进剂有硝酸戊酯、硝酸已酯等。其作用机理如下：

$$RONO_2 \Longrightarrow RO\cdot + \cdot NO_2$$
$$RH + \cdot NO_2 \Longrightarrow R\cdot + HNO_2$$
$$HNO_2 + O_2 \Longrightarrow HO_2\cdot + \cdot NO_2$$
$$HNO_3 \Longrightarrow OH\cdot + \cdot NO_2$$
$$\cdot NO_2 \Longrightarrow \cdot NO + O$$
$$\cdot NO + O_2 \Longrightarrow \cdot NO_2 + O$$

这些分解的自由基或氧化物,可诱发柴油的燃烧或降低其引燃温度。一般十六烷值改进剂的加入量约为 0.1%(体积分数)。

(4)柴油低温流动改进剂

柴油低温流动改进剂(PPD)又称为柴油降凝剂,是柴油中常见的一种燃料添加剂,它可以改善柴油(特别是冬用柴油)的低温流动性,使柴油在低于浊点的温度下也能较好地通过油管与过滤器,具有良好的低温泵送性能和过滤性能。同时,由于使用流动改进剂,还可以使柴油馏分适当加宽,利于增产柴油。

① PPD 的类型 PPD 有芳香型和酯型。前者主要有烷基萘、烷基酚和烷基化苯乙烯,后者主要有乙烯-醋酸乙烯酯共聚物、丙烯酸高级酯的聚合物、α-烯烃与顺丁烯二酸酯的共聚物、乙烯-醋酸乙烯酯-甲基丙烯酸酯的共聚物,以及乙烯-丙烯的共聚物等。已市售的部分PPD 的类型和结构见表 6-17。

表 6-17 PPD 的类型和结构

类　　型	结　　构	适 用 范 围
乙烯-醋酸乙烯共聚物	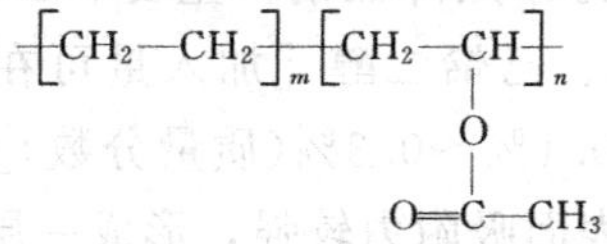 $\left[CH_2{-}CH_2\right]_m\left[\begin{array}{c}CH_2{-}CH \\ \mid \\ O \\ \mid \\ O{=}C{-}CH_3\end{array}\right]_n$	柴油,重柴油,A 油 添加量:0.1%(质量)～0.06%(质量)
乙烯-烷基丙烯酸酯共聚物	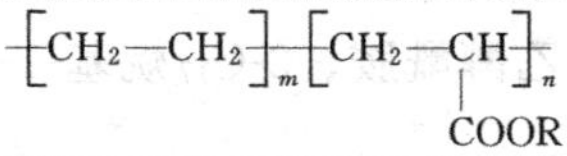 $\left[CH_2{-}CH_2\right]_m\left[\begin{array}{c}CH_2{-}CH \\ \mid \\ COOR\end{array}\right]_n$	柴油,重柴油,A 重油 添加量:0.1%(质量)～0.05%(质量)
氯乙烯聚合物	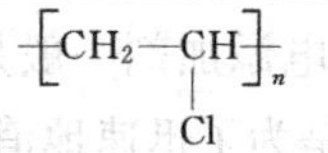 $\left[\begin{array}{c}CH_2{-}CH \\ \mid \\ Cl\end{array}\right]_n$	柴油,A 重油 添加量:0.005%(质量)～0.05%(质量)
聚烷基丙烯酸酯	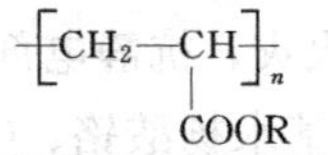 $\left[\begin{array}{c}CH_2{-}CH \\ \mid \\ COOR\end{array}\right]_n$	柴油,A 重油 添加量:0.005%(质量)～0.05%(质量)
烯基丁二酸酰胺化合物	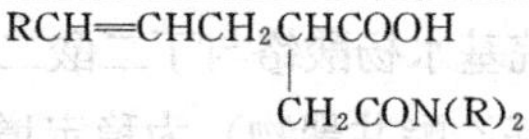 $\begin{array}{l}RCH{=}CHCH_2CHCOOH \\ \qquad\qquad\qquad\mid \\ \qquad\qquad\quad CH_2CON(R)_2\end{array}$	柴油,重柴油,A 重油 添加量:0.1%(质量)～0.06%(质量)

② PPD 的使用 PPD 用量一般为 0.01%～0.1%,实际平均用量约 0.03%。对于蜡含量高或馏分较窄的柴油,添加量约为 0.05%～0.1%。PPD 可在 40～50℃下直接加入柴油中,进行管道调和。如果先用 2～4 倍的柴油稀释,调和温度还可以降低。

(5)抗氧化剂

为防止汽油、喷气燃油、柴油等在贮存过程中氧化生成胶质沉淀,以及在使用过程中燃料中的胶质在燃料汽化、雾化过程中,沉积于吸入系统、汽化器、喷嘴等处,影响发动机的正常运转,往往要加入各种抗氧剂。

常用的抗氧剂为各种屏蔽酚类和芳胺类化合物,酚型抗氧剂主要有 2,6-二叔丁基对甲酚、2,6-二叔丁基酚等。通常酚型抗氧剂的凝固点均大于 0℃,使用时须将其溶解在溶剂中,再添加到汽油、煤油里,这样的液体产品有效成分低,而且冬天贮存时容易析出。芳香胺型抗氧剂比酚型抗氧剂性能好，实际使用较多，但性能较好的胺型抗氧剂通常也是固体，存在油溶性较差等使用上的问题。

目前我国使用的酚型抗氧剂主要是2,6-二叔丁基对甲酚（T501），在燃料油中的一般加入量为0.002%～0.005%；使用的胺型抗氧剂有*N*-苯基-*N*-仲丁基对苯二胺，在燃料油中一般加入量为0.002%～0.004%。

(6) 金属钝化剂

汽油、柴油等燃油在泵送、贮存及发动机燃料系统中接触多种金属如铜、铁、铅等，这些金属会加快燃料的氧化速率，致使燃料油中的烯烃氧化、聚合，最后生成胶质，沉积在汽化器上，从而降低发动机的操作性能。金属钝化剂可与燃料中的铜等金属活性物发生反应生成螯合物，使其失去活性。金属钝化剂本身不起抗氧作用，但和抗氧剂一起使用可降低抗氧剂的用量，提高抗氧剂的效果。金属钝化剂主要有*N*,*N*′-二亚水杨-1,2-丙二胺、双水杨二亚乙基三胺、双水杨二亚丙基三胺、复合有机胺的烷基酚盐等。目前，我国使用的金属钝化剂主要是*N*,*N*′-二亚水杨-1,2-丙二胺（T1201）。该金属钝化剂与铜的钝化作用最有效，一般加入量为0.005%。

(7) 防冰剂

汽油发动机在低温下吸入的空气含有一定量的水分，可能在汽化器节流阀滑板区结冰，阻碍空气畅通地流入，甚至可导致发动机停转。喷气燃料在高空使用过程中由于所含的少量水分冷却后结成冰粒，堵塞滤网和油路。在这些情况下均需加入防冰剂。

防冰剂可分为两种类型：其一为冰点降低剂，主要有醇类和醇醚类，如甲醇、异丙醇[加入量达0.5%～2%(体积分数)]、己烯二醇［加入量可在0.02%～0.2%(体积分数)]、乙二醇甲醚、乙二醇乙醚［加入量0.1%～0.3%(质量分数)］等；另一类为表面活性剂型，它们在汽化器和节流阀滑板区金属表面吸附力较强，形成一层保护膜，防止了冰晶在金属表面的集结。这类防冰剂如C_{17}烷基二乙醇酰胺、2-C_{17}烷基-1-羟乙基咪唑啉等。

(8) 抗静电剂

抗静电剂也称为导电性改进剂，抗静电添加剂一般是具有较强的吸附性、离子性、表面活性等的有机化合物。使用抗静电剂的目的是为了迅速地消除喷气燃料在流动和移动中由于湍流而产生的大量静电及产生电火花，避免引起火灾，抗静电剂能提高燃料的电导率，消除静电危害，保证燃料的安全使用。常用的化合物有烷基水杨酸铬、C_{12}烯基丁二酸锰以及多元酸的铵盐等。国内目前使用的抗静电剂为ASA-3即烷基水杨酸铬与丁二酸二(2-乙基己基)酯酸钙在含氮共聚物(甲基丙烯酸酯与甲基丙烯酸二乙基氨基乙酯共聚物）为稳定增效剂存在下复合而成的产品。

(9) 防锈剂

防锈剂是一种油溶性的表面活性剂，它的作用是在金属表面上形成牢固的膜，隔绝金属表面与水和空气接触，破坏电化学反应条件，从而防止锈蚀的产生。

防锈剂的种类繁多，用得最广的几种防锈剂为：石油磺酸盐、环烷酸锌、烯基丁二酸类、羊毛脂及其镁盐等。

此外在燃料中的添加剂还有多效添加剂（多种添加剂的复合剂）、助燃剂（改善燃料油的燃烧性能）等。

6.2.2 润滑油添加剂

润滑油添加剂的作用，概括起来有三个方面：①减少金属部件的腐蚀及磨损；②抑制发动机运转时部件内部油泥与漆膜的形成；③改善基础油的物理性质。润滑油添加剂主要有载荷添加剂、清净剂和分散剂、抗氧化剂、降凝剂、防锈剂及抗泡剂等。添加剂可以单独加入润滑油中，也可将所需各种添加剂先调成复合添加剂，再加入润滑油中。

(1) 载荷添加剂

载荷添加剂的作用是改善油品的润滑性，减少机械的摩擦磨损，防止烧结的发生。载荷添加剂按其作用可分为油性剂、极压抗磨剂。

① 载荷添加剂的主要类型

a. 油性添加剂　一般使用的油性添加剂有油酸、硬脂酸、长链脂肪胺、高级醇、酰胺、油酸的多元醇酯等。这类添加剂，极性基团相同时，烃基链越长，油溶性越好。烃基链相同时，则硬脂酸优于醇，醇优于酯。

b. 极压抗磨添加剂　一般使用的极压抗磨添加剂有氯化石蜡、磷酸酯、二烷基二硫代磷酸锌、硫化异丁烯等。除此以外还有含多种活性元素的极压添加剂。活性元素氯、硫、磷在摩擦表面上起不同的作用，复合使用取长补短，显示出优良的效果。

② 载荷添加剂的使用性能　部分载荷添加剂的使用性能介绍见表 6-18。

表 6-18　部分载荷添加剂的使用性能

添加剂类型		使用性能	应用范围
油性油	脂肪酸	常用的有油酸和硬脂酸，对降低静摩擦效果显著，润滑性能好。但油溶性差，长期贮存产生沉淀，对金属有一定的腐蚀作用	导轨油
	硬脂酸铝	配制导轨油，防爬性能较好，长期贮存易产生沉淀	
	脂肪醇及酯	配制铝箔轧制油有较好的减摩性能，如辛醇、癸醇、月桂醇和油醇等，在同系列中，碳链长度增加，摩擦减少	铝箔轧制油
	二聚酸类及衍生物	由油酸或亚油酸在白土催化下加压热聚而成，具有油性和防锈性。二聚酸与乙二醇反应生成的二聚酸乙二醇酯，有很好的油性和一定的抗乳化性	冷轧制油
	硫化鲸鱼油	广泛用于齿轮油、导轨油、蒸汽汽缸油、汽油机磨合油和润滑脂。它在高黏度的石蜡基础油中有好的热稳定性、极压抗磨性、减摩性和与其他添加剂的相容性好。目前因禁止捕鲸而禁用	油性剂 极压剂
	硫化鲸鱼油代用品	国内有硫化棉籽油和硫化烯烃棉籽油。特点是油溶性好，对铜片腐蚀性小，具有油性和极压性。可用于切削油、液压导轨油、工业齿轮油和润滑脂	
	脂肪胺	吸附热大，磨损量小，解析温度高	车辆齿轮油
	苯三唑十八铵盐	是脂肪胺衍生物，具有油性、防锈和抗氧等多效性能，可降低摩擦和磨损，突出优点是与含 S 极压剂复合有很好的协同效应	工业齿轮油
极压抗磨剂	氯化石蜡	国内主要有 Cl 含量为 42% 和 52% 两种产品。其活性强、极压性好，稳定性差，易腐蚀。目前应用显著减少	金属加工油 车辆齿轮油
	氯化脂肪酸	具有中等稳定性和腐蚀抑制性，用于拉丝油、切削油	极压剂
	亚磷酸酯	亚磷酸二正丁酯极压抗磨性好，活性高，但易引起腐蚀磨损	车辆齿轮油
	磷酸酯	较常用的是三甲酚磷酸酯(TCP)，有较好的抗磨性，腐蚀性小	航空发动机油 抗磨液压油
	酸性磷酸酯胺盐	代表化合物有酸性磷酸酯十二胺盐及十八胺盐，具有优良的极压抗磨性和好的抗腐蚀、防锈及抗氧化性	车辆齿轮油 工业齿轮油
	硫代酸性磷酸酯胺盐	具有优良的极压、抗磨、抗氧化和热稳定性	
	硫化异丁烯	具有含硫量高，极压性好，油溶性好和颜色浅等优点，与含磷剂配伍性好。用于配制车辆及工业齿轮油和润滑脂等	极压抗磨剂
	MDTC 铅盐	具有优良的极压抗磨和抗氧化性能，适用于润滑脂、发动机油、齿轮油和汽轮机油	
	MDTC 锑盐	具有优良的极压抗磨和抗氧化性能，用于发动机油和润滑脂	
	油状硼酸钾	在极压条件下能生成一种特殊的弹性膜，具有优良的极压抗磨和减摩性能，不腐蚀铜。用于车辆及工业齿轮油、润滑脂、涡轮蜗杆油、防锈润滑两用油、发动机油和金属加工用油等	

(2) 金属清净剂

内燃发动机中，润滑油不可避免地要发生氧化变质，生成漆膜和积炭，并沉积在活塞及活塞环的表面上，严重影响润滑油的润滑、冷却和密封作用，还造成机件的磨损，使燃料油和润滑油的消耗增加。为防止生成的漆膜和积炭的危害作用，使其在机件表面脱落，而在润滑油中加入的化合物称为润滑油清净剂。其使用量占全部润滑油添加剂总量的50%左右。

① 清净剂的主要类型 清净剂是表面活性物质，基本上由亲油、极性和亲水三个基团组成。亲油基团主要是烃基，有烷基和带侧链的芳基两大类。极性基团是连接亲油与亲水两大基团的中间基团，一般是羧基、水杨酸基、磺酸基、硫代磷酸基等。它们自身的酸性强弱，直接影响到盐类的稳定性。亲水基团分为离子型和非离子型两类，离子型所用的金属一般为钙、镁、钡等，非离子型一般为多元胺、多元醇、聚醚等。一般多以离子型清净剂使用为主。例如，磺酸盐、烷基酚盐、烷基水杨酸盐、硫膦酸盐等。这些盐类分别可制成低碱性、中碱性与高碱性，通常以高碱性的居多。

② 清净剂的性能 主要清净剂的性能和性能比较见表6-19、表6-20。

表 6-19 主要清净剂的性能

添加剂		烷基水杨酸钙	烷基酚盐	硫代磷酸钡	硫代烷基酚钙	磺酸镁	磺酸钙	丁二酰亚盐
增溶能力/%	增溶固体	0～3	3.6				6～10	8～20
	增溶丙酮酸/(mmol/kg)	37	32	346	24	—	20	360
分散能力/%	分散有机酸分解产物	—	30～70	—		70	60～100	—
	分散沥青	30～60	30～50	—	—		70～90	80～100
	分散炭黑	10	20～30	40	38	90	100	100
洗涤能力/%	防止炭黑吸附	10					34	85
	洗涤已吸附的炭黑	2～4	3				6	53
	电场下防止炭黑吸附	90～100	90	90	50	20	10	0

表 6-20 主要清净剂性能比较

类别	分散作用		酸中和作用	增溶作用	防锈作用	抗氧化作用
	效果	机理				
中性、碱性磺酸盐	中	电荷相斥	中	中	有	无
高碱性磺酸盐	中	电荷相斥	大	中	有	无
中性、碱性酚盐	小	电荷相斥	中	小	无	无
高碱性酚盐	小	电荷相斥	大	小	无	有
烷基水杨酸盐	小	电荷相斥	中	小	无	有
硫代磷酸盐	中	电荷相斥	中	中	无	有

(3) 无灰分散剂

无灰分散剂是20世纪60年代以后发展最快的一类润滑油添加剂。其突出的性能在于能抑制汽油机油在曲轴箱工作温度较低时产生油泥，从而避免汽油机内油路堵塞、机件腐蚀与磨损。

无灰分散剂有两种类型：聚合型和丁二酰亚胺型。聚合性无灰分散剂的低温分散性好，并且还具有增黏、降凝作用。目前已被列入黏度指数改进剂范畴。丁二酰亚胺型有单丁二酰亚胺和双丁二酰亚胺两类，单丁二酰亚胺对低温油泥分散性较好，但热稳定性差；双丁二酰亚胺除对低温油泥分散性好外，在高温条件下使用效果亦好。丁二酰亚胺无灰分散剂的应用，是近30年来内燃机润滑油最重要的一次发展。特别是配制“长寿油”的汽油机、柴油机以及冬夏都能使用的内燃机润滑油，都离不开丁二酰亚胺的加入。

在内燃机润滑油中，丁二酰亚胺加入量为2%～4%，某些高增压柴油润滑油以及高档汽油润滑油加入量更高。但丁二酰亚胺对润滑油的防锈性能有不利的影响，所以用它配制发动机润滑油时要同时加入防锈剂。一般情况丁二酰亚胺和其他清净剂、分散剂复合使用。

(4) 黏度指数改进剂

它也被称为增黏剂。用以提高油品的黏度，改善黏温特性，以适应宽温度范围对油品黏度的要求。主要用于调配多级内燃机油，也用于自动变速机油及低温液压油等。其主要品种有聚甲基丙烯酸酯、聚异丁烯、乙烯丙烯共聚物、苯乙烯与双烯共聚物等。聚甲基丙烯酸酯改善油品低温性能的效果好，多用于汽油机油；乙烯丙烯共聚物剪切稳定性与热稳定性较好，适用于增压柴油机油，也能用于汽油机油。

(5) 降凝剂

油品温度下降到一定程度后，就要失去流动性而凝固，降凝剂的作用主要是降低油品的凝固点，并保证油品在低温下能够流动。油中含有蜡，在低温下，高熔点的石蜡烃，常以针状或片状结晶析出，并相互联结成立体网络结构，形成结晶骨架，将低熔点油吸附并包围其中，犹如吸水的海绵，致使整个油品丧失流动性。降凝剂有吸附和共晶两个作用，降凝剂虽不能阻止蜡晶的析出，但可以改变蜡的结构。降凝剂通过在蜡结晶表面的吸附或与其形成共晶，改变蜡结晶的形状和尺寸，防止蜡晶粒联结形成三维网状结构，从而保持油品在低温下的流动性。

常用的品种有聚甲基丙烯酸酯（含长烷链的）、聚α-烯烃和烷基萘等。

(6) 抗氧抗腐剂

使用各种润滑油时，常要与空气接触，润滑油易遭受氧化。润滑油氧化是造成润滑油变质和消耗量增大的重要原因之一。氧化结果，使黏度增加，生成的酸性组分腐蚀金属，生成漆膜和积炭，增加磨损，导致润滑油的润滑、防护、导热等性能下降。润滑油的抗氧化性能虽然与基础油的组成、精制方法和精制深度有关，但是，即使是精制最好的润滑油，在使用条件下，也难避免氧化。

为了抑制润滑油的氧化，防止或减轻氧化产物对金属的腐蚀，除了用精制方法除去油品中的易氧化组分外，还必须在润滑油中加入抗氧抗腐剂。

抗氧抗腐剂的主要品种有二烷基二硫代磷酸锌盐（ZDDP）、硫磷烷基锌盐、硫磷丁辛基锌盐及其系列产品。ZDDP在汽油机油中的加入量一般为12mmol/kg油，相当于油中含锌0.08%；在高增压柴油机润滑油中或SE级汽油机润滑油中，加入量适当增加，要求含锌0.1%。

(7) 金属减活剂

油品在使用过程中，由于有氧存在，受热、光的作用，使油品氧化变质，若润滑油中含有金属如铜、铁等，这些金属离子就会加速油品的氧化速率，生成酸、油泥和沉淀。为了避免金属离子对润滑油的自动氧化的催化加速作用，采用的添加剂有两种：一是用膜把金属离子包起来使之钝化，称这种添加剂为金属钝化剂；二是使它变成非催化物质使之减活，称这种添加剂为金属减活剂。国内把用于润滑油的称为金属减活剂，用于燃料油的称为金属钝化剂。

常用的金属减活剂有噻二唑及苯三唑的衍生物。苯三唑是有色金属铜和银的抑制剂，它能与铜生成螯合物，是有效的金属减活剂。但苯三唑是水溶性的，油溶性差，要借助于溶剂才能加入矿物油中。因此为改善其油溶性差的缺点，发展了苯三唑的衍生物，如N,N'-二正丁基氨基亚甲基苯三唑（T551）。噻二唑衍生物是铜的腐蚀抑制剂，非铁金属减活剂。具有优良的油溶性。

(8) 抗泡剂

抗泡剂是一类能改变油-气表面张力，使油中形成的泡沫能快速逸出的化合物。内燃机润滑油、液压传动油、齿轮油等在使用时，都有循环系统，有时会因产生大量的泡沫而影响正常的工作。为避免泡沫的大量产生，在润滑油中加入抗泡沫添加剂。常用的抗泡沫剂有二甲基硅油、丙烯酸酯与醚共聚物等。

想一想！（完成答案）

1. 试写出几种已知的卤代烷烃________________________。
2. 写出烷基水杨酸钙的结构式：________________________。

6.3 润滑油清净剂——烷基水杨酸钙的生产工艺

烷基水杨酸盐作为主要的金属清净剂产品之一，以其良好的高温清净性、酸中和能力和一定的低温分散、抗氧抗腐蚀性能、极压抗磨及与其他添加剂良好的协合作用等特点，被广泛应用于内燃机润滑油领域，对于保证内燃机内部清净、减少积炭、延长发动机寿命起到重要的作用。

6.3.1 烷基化反应

烷基化反应是指在有机化合物分子中的碳、氮、氧等原子上引入烃基的反应，包括引入烷基、烯基、炔基、芳基等。其中以引入烷基最为重要，尤其是甲基化、乙基化和异丙基化最为普遍。烷基水杨酸钙的生产属于 *C*-烷基化反应。

有机芳环化合物在催化剂作用下，用卤烷、烯烃等烷基化剂可以直接将烷基接到芳环上，称为 *C*-烷基化反应。

(1) *C*-烷基化剂

C-烷基化反应常用的烷基化剂有卤烷、烯烃和醇类等。其中卤烷结构不同，反应活性不同，其顺序为：$RCl > RBr > RI$；当卤烷中的卤素原子相同，而烷基不同时其反应活性亦不相同，顺序为：

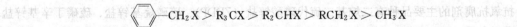

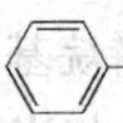 $—CH_2X > R_3CX > R_2CHX > RCH_2X > CH_3X$

烯烃也是常用的烷基化剂，如乙烯、丙烯、异丙烯等，一般可用三氯化铝作催化剂，也有用三氟化硼、氟化氢作催化剂，效果也很好。其次醇类也可作烷基化剂，一般多采用硫酸、氯化锌作催化剂，醚类虽然也可参加烷基化反应，但应用较少。

(2) 催化剂

芳香族化合物 *C*-烷基化反应最初用的催化剂是三氯化铝，后来研究证明，其他许多催化剂也有同样的催化作用，现经常采用的有如下几种，其催化活性依次减弱：

路易斯酸：$AlCl_3 > FeCl_3 > SbCl_5 > SnCl_4 > BF_3 > TiCl_4 > ZnCl_2$；

质子酸：$HF > H_2SO_4 > P_2O_5 > H_3PO_4$、阳离子交换树脂、苯磺酸；

酸性氧化物：SiO_2-Al_2O_3、分子筛、$M(Al_2O_3 \cdot SiO_2)$。

(3) *C*-烷基化反应历程

① 使用卤烷的烷基化反应　卤烷的烷基化反应是亲电取代反应。它先是按照式(6-1)生成活泼的亲电质子（烷基正离子），然后离子对进行烷基反应，其历程如式(6-2) 所示：

$$R—Cl + AlCl_3 \rightleftharpoons \overset{\delta^+}{R}—\overset{\delta^-}{Cl} : AlCl_3 \rightleftharpoons R^+ \cdots AlCl_4^- \quad (6\text{-}1)$$

分子络合物　离子对或离子络合物

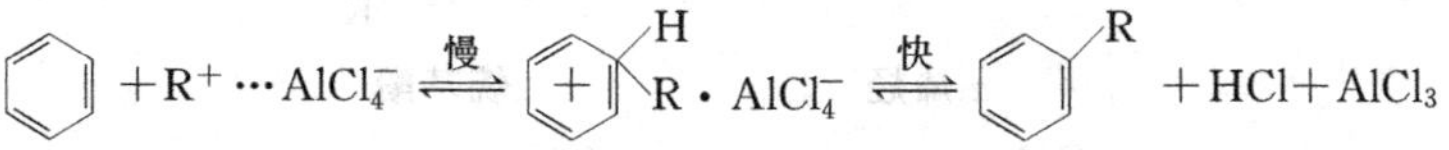

(6-2)

卤烷是活泼的*C*-烷基化试剂，工业上一般使用氯烷，例如氯代高级烷烃在三氯化铝催化下，能与苯烷基化制备高级烷基苯。但由于反应可以释放出氯化氢。工业上可用铝锭或铝球放入烷基化塔内，而不直接使用无水氯化铝。含有少量氯化氢的氯烷和苯按照摩尔比1∶5进入 2～3 只串联的烷基化塔，在 55～70℃完全反应。由于水会分解破坏氯化铝或络合物催化剂，不仅多消耗铝锭，还容易造成管道堵塞，因此进入烷基化塔的氯烷和苯都要经过干燥处理。

② 使用烯烃的*C*-烷基化　在*C*-烷基化反应中，烯烃是最便宜和活泼的烷化剂，广泛应用于工业上芳烃、芳胺和酚类的*C*-烷基化，常用的有乙烯、丙烯、异丁烯以及长链 α-烯烃；可以分别大规模制取乙苯、异丙苯和高级烷基苯。由于烯烃在一定条件下会发生聚合、异构化和成酯等副反应，因此在烷基化时应控制好反应条件，以减少副反应的发生。

烷基化反应时，在三氯化铝作催化剂和微量能提供质子的共催化剂如氯化氢存在的条件下，才能进行烷基化反应，首先按式(6-3)、式(6-4) 生成活泼的亲电质点，然后进攻芳环，其反应历程如式(6-5) 所示：

$$HCl(\text{气}) + AlCl_3(\text{固}) \rightleftharpoons \overset{\delta^+}{H}—\overset{\delta^-}{Cl}[AlCl_3](\text{溶液}) \quad (6\text{-}3)$$

$$R—CH{=}CH_2 + \overset{\delta^+}{H}—\overset{\delta^-}{Cl}[AlCl_3] \rightleftharpoons [R—\overset{+}{C}H—CH_3]AlCl_4^- \quad (6\text{-}4)$$

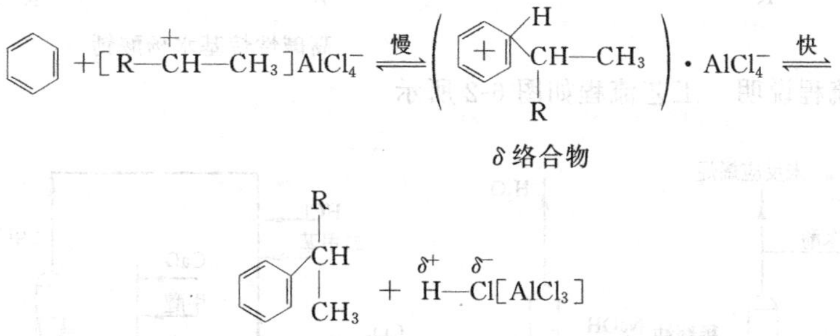

(6-5)

为减少副反应，工业上用烯烃进行烷基化反应的方法有液相法和气相法两类。液相法的催化剂呈液态参与反应，液态苯和气态烯烃或其他液态烷基化剂在催化剂的作用下，完成烷基化反应。液相法用的催化剂有路易斯酸和质子酸。气相法是使气态苯和气态烷基化剂在一定温度和压力下，通过固体酸催化剂，如磷酸-硅藻土，BF_3-γ-Al_2O_3，完成烷基化反应。

6.3.2 烷基水杨酸钙的生产工艺

(1) 生产工艺流程

蜡裂解 α-烯烃在酸性催化剂存在的条件下与苯酚进行烷基化反应，再用苛性碱中和，得到烷基酚钠盐。在烷基酚钠盐中引入 CO_2，通过 Kolbe-Schmidt 反应生成烷基水杨酸钠盐，酸化后得到烷基水杨酸。最后用 CaO［或 $Ca(OH)_2$］中和，得到中性盐；或在促进剂（如甲醇存在下加入过量）CaO 并引入 CO_2，得到高碱性（包含 $CaCO_3$ 胶团）烷基水杨酸钙。其主要反应有：

羟化

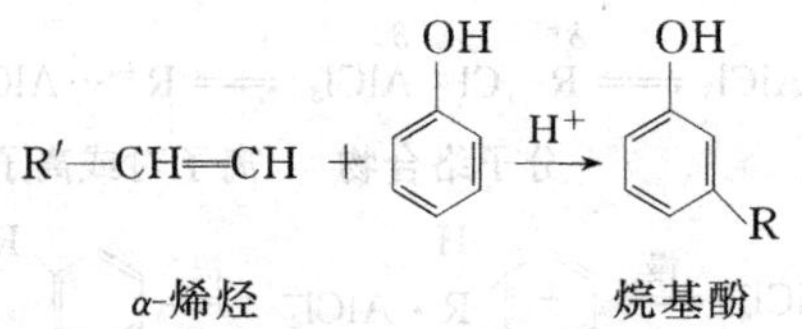

中和

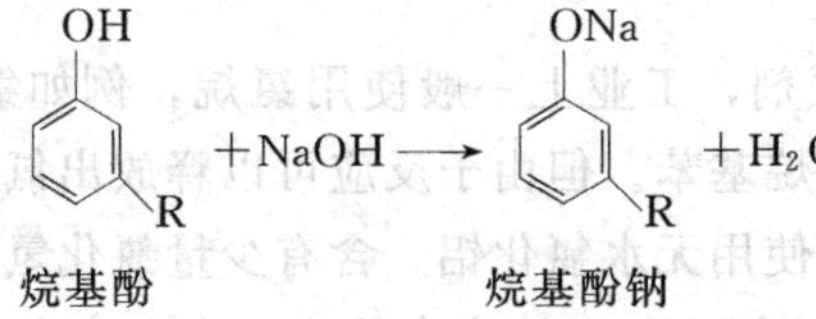

羧化

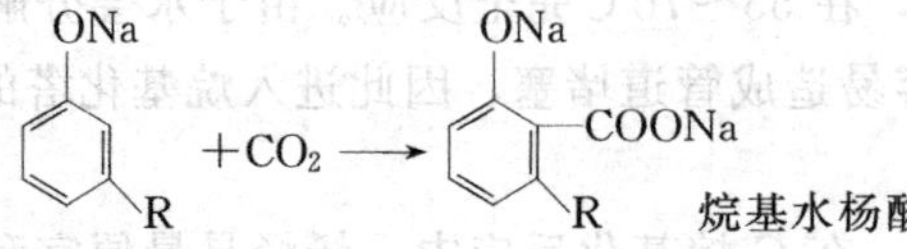

酸化

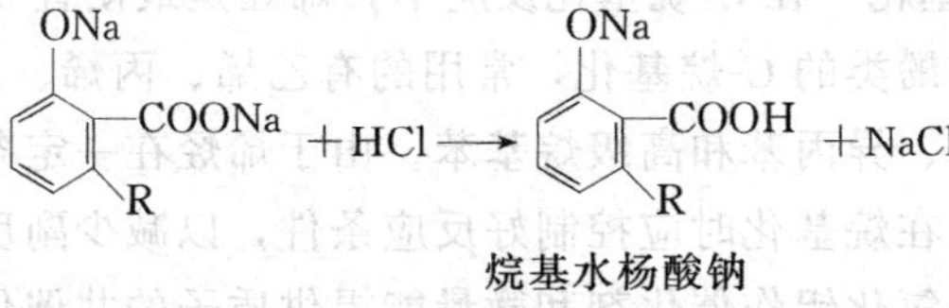

中和

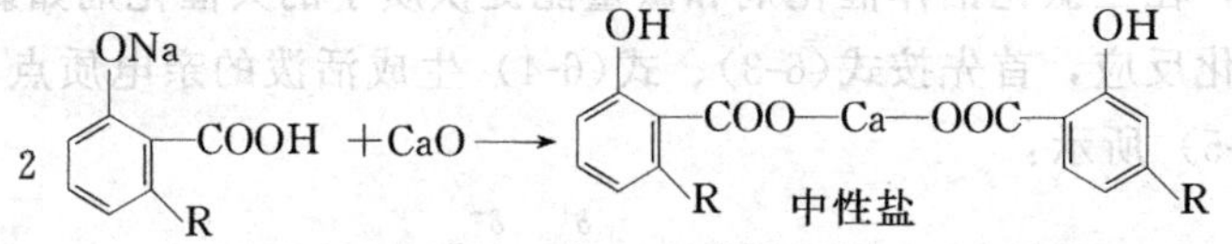

高碱化

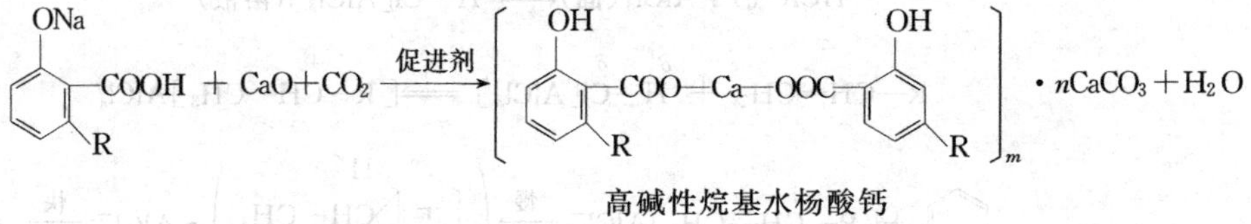

(2) 工艺流程说明　工艺流程如图 6-2 所示。

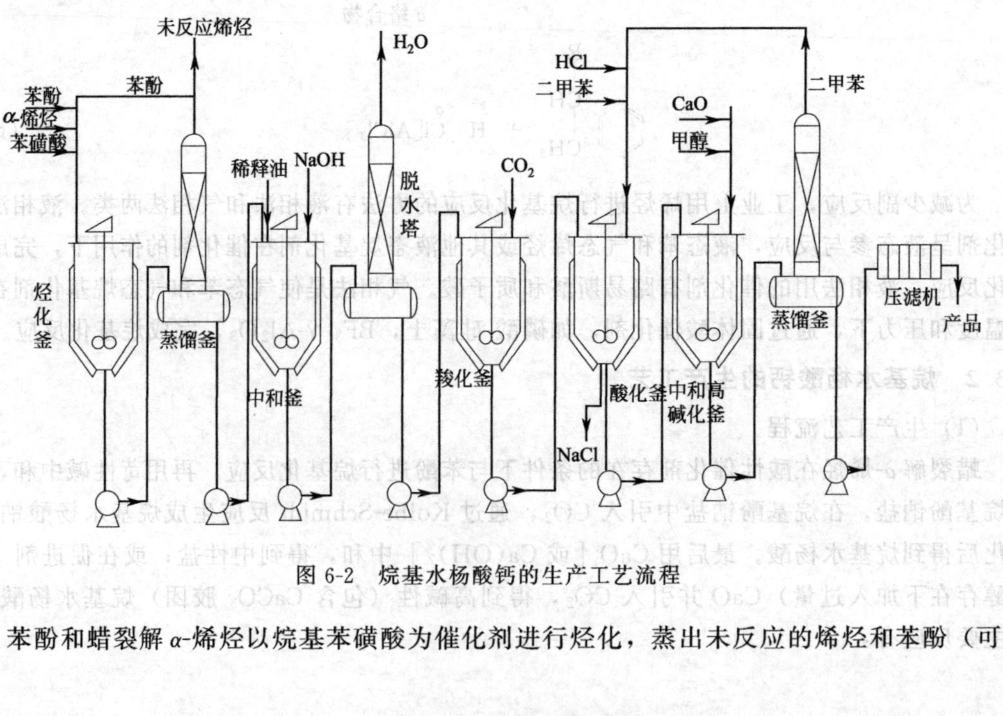

图 6-2　烷基水杨酸钙的生产工艺流程

苯酚和蜡裂解 α-烯烃以烷基苯磺酸为催化剂进行烃化，蒸出未反应的烯烃和苯酚（可回收使用），加入稀释油（150SN），用 NaOH 中和，再蒸馏脱水。升温并通入 CO_2 进行羧化，得到烷基水杨酸钠。再加入二甲苯和盐酸并分出 NaCl 溶液。加入 CaO 中和，或在甲醇促进剂存在下进行高碱化，蒸出二甲苯溶剂，过滤得到产品（含 50%左右稀释油）。

（3）工艺条件

① 溶剂（或促进剂）对胶体结构的影响 烷基水杨酸钙是一种由表面活性剂分子（烷基苯磺酸）及碱性组分构成的胶体添加剂。其胶体结构与使用性能之间存在密切联系，尤其是胶粒较小、分布较均匀的产品有较好的使用性能。其中溶剂（或促进剂甲醇）对胶体结构影响较大。胶粒粒径随溶剂极性的增大而减小，当溶剂的极性减小到一定程度时，反应过程会产生胶冻。

② 工艺参数 CaO 在进行中和或高碱化前先需与溶剂或甲醇进行熟化处理，以提高 CaO 的利用率和保持反应系统的平稳反应，熟化温度 40～60℃，熟化时间约 15～20min。

反应温度与 α-烯烃的链长有关，随着烯烃链长的增加，反应要求的温度逐渐升高，但烯烃的转化率却逐渐下降，表明随着碳数的增加，反应难度越来越大。

单 元 小 结

石油加工过程使用炼油助剂，石油产品性能调和使用石油产品添加剂，在炼油厂内，二者紧密结合，为提高产品产量、质量和性能以及增加产品规格种类起着不可替代的作用。本章分两个模块，介绍了炼油助剂和石油产品添加剂中典型的助剂的分类和作用，同时着重介绍了润滑油清净剂——烷基水杨酸钙的生产过程。

1. 石油常减压蒸馏助剂包括：

（1）原油破乳剂，它能够破坏原油的乳化状态，促使含盐水的自主沉降。它属于表面活性剂的一种。也分为离子型破乳剂、阳离子破乳剂、阴离子破乳剂和两性破乳剂。

（2）原油脱钙剂，钙是原油中主要的杂质之一，它在原油的加工过程中对催化剂会产生一定的影响。原油脱钙剂常与破乳剂一起，在电脱盐装置中，脱除 Na、Ca、Mg、Fe 等金属。

（3）原油蒸馏活化剂，它可以有效地提高轻质油在常压蒸馏中的拔出率。分为富芳烃活化剂、表面活性剂和复合活化剂三大类。

（4）馏分油脱酸剂采用化学精制法、物理萃取法和吸收法 3 种方法在常减压的馏分油中脱酸并回收环烷酸。

2. 催化裂化（FCC）助剂包括：

（1）FCC 金属钝化剂，它在催化裂化中，与 Ni、V 等重金属发生作用，从而抑制其对 FCC 催化剂的危害。

（2）FCC 固钒剂，它的物理性质与主催化剂相似。它载有能与原料油中的 V 化合物强烈反应的物质，利用 V 易在催化剂之间迁移的性质将其固定在助剂上，从而减轻 V 毒害催化剂，以维持催化剂较高的活性。

（3）FCC 塔底油裂化助剂，它控制和加速 FCC 分馏塔底油浆，使之进一步裂化成轻质油。

（4）降低 FCC 汽油烯烃助剂是一种能够最大限度地促使烯烃发生芳构化的化合物。

（5）FCC 汽油脱硫剂，主要品种有 Grace-Davison 公司开发的 GSR 脱硫助剂、Akzo-Nobel 公司开发的 RESOLVE 助剂产品系列以及 Statoil’s 研究中心开发的脱硫助剂，以及国内LPEC炼制所以Y型分子筛和改进的活性基质为双活性组分，制备的GSR-1型降低汽油硫含量助剂。

3. 燃料油添加剂主要分为两大类，一类是保护性添加剂，包括抗氧剂、金属钝化剂、抗腐蚀剂或防锈剂、抗乳化剂等；另一类是使用性添加剂，包括抗爆剂、防冰剂、十六烷值改进剂、汽化器清净剂等。

4. 润滑油添加剂主要有载荷添加剂、清净剂和分散剂、抗氧化剂、降凝剂、防锈剂及抗泡剂等，它主要可以减少金属部件的腐蚀及磨损、抑制发动机运转时部件内部油泥与漆膜的形成和改善基础油的物理性质。

5. 烷基水杨酸钙的制备，是以蜡裂解α-烯烃在酸性催化剂存在的条件下与苯酚进行烷基化反应，再用苛性碱（包含$CaCO_3$胶团）中和，得到烷基酚钠钙。

习 题

1. 石油炼制助剂主要有哪些？各起什么作用？
2. 比较馏分油脱酸各技术的优缺点。
3. FCC中的金属污染有哪些？危害如何？金属钝化剂对各金属发挥怎样的钝化作用？
4. 金属钒在催化裂化中的危害很大，FCC助剂中，针对金属钒的有哪些？各起什么作用？
5. 燃料油添加剂主要有哪些？各起什么作用？
6. 抗爆剂主要起何作用？试阐述MTBE抗爆剂的生产工艺原理。
7. 润滑油添加剂有哪些？各起什么作用？
8. 极压抗磨剂主要起什么作用？
9. 常用烷基化试剂有哪些？
10. 烷基水杨酸钙的影响因素有哪些？

参 考 文 献

[1] 唐晓东编．石油加工助剂作用原理与应用．北京：石油工业出版社，2004.
[2] 黄文轩，韩长宁编．润滑油与燃料油添加剂手册．北京：中国石化出版社，1994.
[3] 刘德峥编．精细化工生产工艺学．北京：化学工业出版社，2000.
[4] 张洁等编．精细化工工艺教程．北京：石油工业出版社，2004.
[5] 韩长宁，朱同荣等编．石油产品添加剂．北京：石油化工科学研究所，1994.
[6] 李和平等编．精细化工工艺学．北京：科学技术出版社，2002.
[7] 张铸勇编．精细有机合成单元反应．上海：华东理工大学出版社，2003.
[8] 王大全编．精细化工生产流程图解．北京：化学工业出版社，1997.
[9] 刘依农．高碱度烷基水杨酸钙制备中的溶剂效应．润滑油，2000，8（15）：16-18.
[10] 王龙延，杨伯伦，潘延民．炼油助剂新发展．中国石化，2004，33（3）：277-283.
[11] SY/T 5359—1998. 中华人民共和国石油天然气行业标准，1999.

7 合成材料助剂

在塑料、橡胶和合成纤维等合成材料及其制品生产、加工使用过程中所添加的各种辅助化学品统称为合成材料助剂或合成材料添加剂。随着合成材料的迅速发展，合成材料助剂的生产已经形成具有一定规模的精细化工分支行业。我国的合成助剂行业经过几十年的发展，已形成一定的产业规模，有些产品具有世界先进水平。

学习要求

(1) 理解并掌握合成材料助剂的定义、类别。

(2) 了解增塑剂的定义、分类，掌握增塑机理、增塑剂的结构与性能的关系。

(3) 掌握阻燃剂阻燃机理、热稳定剂的作用机理。

(4) 了解硫化体系及其他合成材料助剂的定义及类别。

(5) 理解并掌握酯化反应原理及邻苯二甲酸二辛酯的生产工艺。

想一想！(在本节中找出答案)

生活中一件漂亮塑料制品或橡胶制品，要保证它长久使用，需要在生产时加入哪些助剂。试写出 3 种可加入的助剂，并说明它们保护了制品的哪些方面。答案：____________________

____。

7.1 概述

7.1.1 助剂的分类

助剂的门类繁多，品种各异，作用也各不相同。它们或者用于改善合成材料的加工性能，或者提高树脂的稳定性，或者赋予制品新的功能。就化学结构而言，助剂囊括了从无机到有机、从天然化合物到合成化合物、从单一结构到复杂结构等。因此分类比较复杂，目前比较通行的分类方法是按照助剂的功能和作用进行分类。在功能相同的类别中，再按照作用机理或化学结构类型进一步细化。合成材料助剂按照功能可大致分为如下几类。

(1) 稳定化剂

凡能抑制或延缓合成材料在贮存、运输、加工和应用过程中，受光、热、氧、微生物等影响产生的老化变质，旨在延长合成材料使用寿命的一类助剂称为稳定化剂，习惯上又有“防老剂”或“稳定剂”之称。它包括光稳定剂、热稳定剂、抗氧剂、防霉剂等。

(2) 加工体系助剂

合成树脂的加工成型过程中，常因发生热降解、黏度大及与加工设备之间存在摩擦等原因使制品质量下降或加工发生困难，为此常加入助剂以改善其加工性能，这一类的助剂称为加工改进助剂，包括润滑剂、脱模剂、软化剂、分散剂等。增塑剂虽也能起到改善树脂的加工性能的作用，但从其主要的应用来看，更多的是赋予树脂的可塑性和制品的柔性，因此未列在此类。

（3）力学性能改进剂

力学性能，包括断裂强度、拉伸强度、冲击强度、硬度、热变形性、刚性等，是合成树脂制品应用的关键指标，许多助剂对此具有改良和提高的作用。能够提高和改善高聚物材料力学性能的助剂归为此类，通常包括增强剂、填充剂、偶联剂、交联剂（橡胶加工上，习惯称为硫化剂）、硫化促进剂、硫化活性剂、防焦剂等。

（4）柔软化和轻质化助剂

柔软化和轻质化助剂是一类赋予高聚物制品柔软性和降低制品表面密度的助剂，包括增塑剂和发泡剂两种类型。

（5）表观性能改性剂

它是指用以改变高聚物制品的表面光泽、表面张力、表面电阻等表面性能和色彩、透明效果等感官性能的助剂。包括抗静电剂、增光剂、防黏结剂、透明剂和着色剂等。

（6）功能赋予剂

它是一类能增加或改变高聚物制品的某些功能的助剂。包括阻燃剂、红外线阻隔剂、转光剂、紫外线滤出剂、解降剂等。这些助剂类别大多为近年来出现的新功能助剂。随着高聚物材料和制品的应用领域的不断拓宽，对其功能的要求将更新更多，功能化助剂的范围还将继续扩大。

7.1.2 助剂在选用中需注意的问题

合成树脂的加工是离不开助剂的生产过程，助剂在其中不仅可以改善聚合物的加工条件、提高加工效率，而且可以改进产品性能、提高使用价值和寿命。为了更好地发挥助剂的作用，往往在加工过程中还需要多种助剂配合使用。因此助剂的使用是一项很复杂的技术，在选择和使用时应注意以下一些基本问题。

① 助剂和聚合物的配伍性　助剂与聚合物的配伍性是指聚合物和助剂之间的相容性以及在稳定性方面的相互影响。所添加的助剂必须长期稳定、均匀地存在于制品中才能发挥其应有的效能；这就要求聚合物与助剂之间有良好的相容性。如果相容性不好，助剂就容易析出，助剂析出后不仅失去作用而且影响制品的外观和手感。一般聚合物和助剂的相容性取决于它们结构的相似性，对于无机填充剂，由于它们和聚合物无相容性，因此要求细度小、分散性好。

② 助剂的耐久性　助剂的损失主要通过挥发、抽出和迁移三条途径。挥发性大小取决于助剂本身的结构；抽出性与助剂在不同介质中的溶解度直接相关；迁移性大小与助剂在不同聚合物中的溶解度有关。因此，选择助剂应根据产品的实际用途来进行选择。

③ 助剂对加工条件的适应性　主要是助剂的耐热性，使之在高聚物加工过程中不分解、不易挥发和升华，还要考虑助剂对高聚物加工设备和模具的腐蚀性。

④ 助剂必须适应高聚物产品的最终用途　选用助剂必须考虑制品的外观、气味、污染性、耐久性、电性能、耐候性、毒性、经济性等各种因素。

⑤ 助剂之间的协同作用和相抗作用　一种合成材料常常要同时使用多种助剂，这些助剂之间彼此会产生一定影响。如果相互增效，则起协同作用；如果彼此削弱各种助剂原有的效能，则起相抗作用。应尽量选用具有协同效应的助剂，同时避免助剂之间产生相抗效应。聚合物配方研究的目的之一就是充分发挥助剂之间的协同作用，得到最佳的效果。

想一想！（在本节中找出答案）

1. 增塑剂 DBP 的化学名称是______________________。
2. 灭火的基本原理可分为四种：__________、__________、__________、__________。灭火的基本措施有__________、__________、__________。
3. PVC 在加工时必须要加入__________剂。
4. 交联剂在橡胶工业中被称为__________。

7.2　典型合成材料助剂的分类及作用

7.2.1　增塑剂和增塑机理

（1）定义

凡添加到聚合物体系中，能使聚合物增加塑性的物质可称为增塑剂，它能够改善在成型加工时树脂的流动性，并使制品具有柔韧性的有机物质。它通常是一些高沸点、难以挥发的黏稠液体或低熔点的固体，一般不与塑料发生化学反应。

（2）分类

增塑剂的品种很多，在其研究发展阶段时期品种曾多达 1000 种以上。目前作为商品生产的增塑剂约 500 多种。增塑剂的分类方法很多。其中最常用的分类方法有四种。

① 按相容性的差异分为主增塑剂和辅助增塑剂　凡是能和树脂相容的增塑剂称为主增塑剂，或溶剂型增塑剂。它们的分子不仅能进入树脂分子链的无定形区；也能插入分子链的结晶区。它可以单独使用。而辅助增塑剂一般不能进入树脂分子链的结晶区，只能与主增塑剂配合使用。还有些价格低廉的辅助增塑剂（如氯化石蜡）又称为增量剂。

② 按作用方式分为内增塑剂和外增塑剂　内增塑剂指的是在树脂聚合过程中加入的第二单体，用以和单体进行共聚对聚合物改性。例如氯乙烯-醋酸乙烯共聚物比聚氯乙烯更加柔软。因此内增塑剂实际上是聚合物分子的一部分。外增塑剂一般为低分子量的化合物或聚合物，将其添加到需要增塑的聚合物中，可增加聚合物的塑性。

③ 按分子量的差异可分为单体型和聚合物型。

④ 按增塑剂的应用特性分为通用型和特殊性，后者可进一步分类，如耐寒增塑剂、耐热增塑剂、阻燃增塑剂等。

⑤ 按化学结构分类，这是最常用的分类方法，可分为苯二甲酸酯、脂肪族二元酸酯、脂肪族单酯、二元醇脂肪酸酯、磷酸酯等。

（3）增塑机理

① 增塑剂对非极性合成树脂的增塑机理　对于非极性合成树脂，主要是通过增塑剂分子对高聚物的渗透和溶胀作用，推开相邻的聚合物分子链段，降低其分子间作用力，使聚合物分子的黏度下降，可塑性增加。显然，增塑剂用量越多，对聚合物的"稀释"或"隔离"作用越强，聚合物的黏度下降越多，增塑效果越大。

② 增塑剂对极性合成树脂的增塑机理　对于极性合成树脂，因其分子结构中存在着极性基团，使聚合物分子链间的作用力增加。当加入极性增塑剂时（见图 7-1），增塑剂分子的极性部分将定向地排列于聚合物分子链的极性部分，对分子链的极性基起到包围隔离作用，从而屏蔽高聚物分子链极性基之间的相互作用，

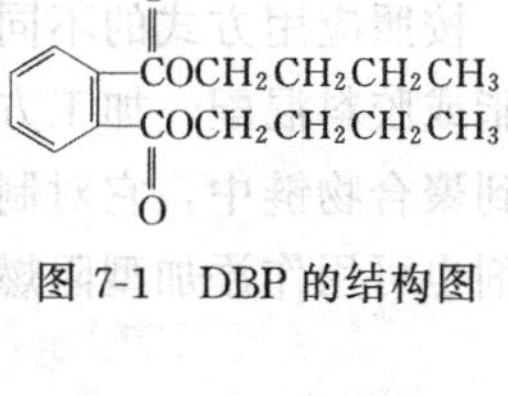

图 7-1　DBP 的结构图

减小分子链之间的作用力，阻碍了分子链间的敛集，使分子链的运动性增强。因此，极性增塑剂的增塑机理主要不是“稀释”作用，而是靠它的极性基与树脂的极性基相互作用，所以增塑效果与极性增塑剂的物质的量成正比。这是增塑剂分子中的极性部分和非极性部分对增塑效果均起作用，极性部分使增塑和被增塑的两种物质很好地混溶，非极性部分则把高聚物分子的极性基屏蔽起来。极性增塑剂对极性合成树脂的增塑机理如图 7-2 所示。

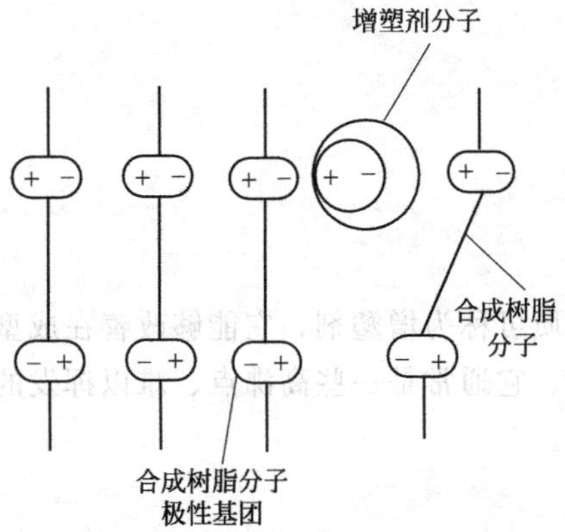

图 7-2　极性合成树脂增塑示意图

另外，对于结晶高聚物，加入增塑剂相当于在聚合物分子间中引入了其他结构类型不同的分子，使得聚合物分子的规整性降低，导致聚合物的结晶度、熔融温度降低，达到增塑的目的。

（4）增塑剂结构与增塑性能的关系

① 增塑剂结构与聚合物的结构的类似性　增塑剂与聚合物具有相似的化学结构，就能达到较好的增塑效果。反之相容性差，容易从制品中析出，不能达到增塑的目的。

② 增塑剂极性部分的酯型机构　绝大多数增塑剂都含有 1～3 个酯基，一般随着酯基数目的增加，相容性、透明性就会更好。当具有多个酯基时，如果相邻的两个酯基靠得越近，则相容性下降。

③ 增塑剂非极性部分的分子量大小　一般，随着非极性部分碳原子数目的增加，增塑剂的耐寒性和耐挥发性提高，但相容性、塑化效果等降低。当碳原子数目相同时，支链烷烃与直链烷烃相比，其塑化效果、耐寒性、耐老化性和耐挥发性均较差。并且，随着支链数目的增加，这种倾向变得更加明显。

④ 非极性部分和极性部分的比例（A_P/P_O）　非极性部分和极性部分的比例对增塑剂的性能有很大的影响，其定性关系见表 7-1。

表 7-1　增塑剂的 A_P/P_O 与性能的关系

A_P/P_O 值	低→高	A_P/P_O 值	低→高
相容性	高→低	低温柔软性	低→高
塑化效率	高→低	挥发性	高→低
热稳定性	低→高	耐油性	高→低
增速糊黏度稳定性	低→高	耐肥皂水性	低→高

⑤ 分子量大小　增塑剂分子量的大小要适当，分子量较大的增塑剂耐久性好，但塑化效率低。

7.2.2　阻燃剂和阻燃机理

（1）定义与分类

阻燃剂又称为难燃剂、耐火剂或防火剂。它是能够增加合成树脂制品耐燃性的物质。含有阻燃剂的树脂制品大多数是具有自熄性或不燃性的。

按照应用方式的不同阻燃剂可分为添加型阻燃剂和反应型阻燃剂。添加型阻燃剂直接与树脂或胶料混配，加工方便，适应面广。主要用于热塑性树脂；反应型阻燃剂常作为单体键合到聚合物链中，它对制品性能影响小且阻燃效果持久。多用于热固性树脂。某些反应型阻燃剂也可用作添加型阻燃剂。

反应型阻燃剂比添加型阻燃剂的品种和用量少，目前仅用于环氧、聚酯、聚氨酯等树脂中。添加型阻燃剂的分类如下。

① 无机阻燃剂　有三氧化二锑、水合氧化铝［即 $Al(OH)_3$］、氢氧化镁等。其中三氧化二锑本身无阻燃效果，当有卤化物存在时才显示阻燃效果。水合氧化铝是发展最快的阻燃剂，因为价格低廉又可作填充剂，既可以增加添加量又可以达到良好的阻燃效果。但当加工温度高于 200℃时水合氧化铝放出结晶水会使制品产生气孔。

② 卤系阻燃剂　作为阻燃剂的有机卤化物，由于卤素性质不同，其阻燃性也不相同，阻燃效果的顺序是溴＞氯＞碘＞氟。溴化物的阻燃效果最好。主要品种有卤代烃和卤芳烃及其衍生物等，如含氯最高的氯化石蜡（含氯 70%）、四溴乙烷、六溴苯、十溴联苯醚、全氟环戊癸烷、氯化苯乙烯等。

③ 含磷化合物　有机磷化物是重要的阻燃剂，阻燃效果比含卤化合物要好，添加磷含量1%的阻燃剂效果，相当于添加溴含量阻燃剂的在聚烯烃中为 6%，在聚酯中为 4%～5%，聚氨酯中为 6%。重要的含磷阻燃剂有磷酸三甲酚酯、磷酸三苯酯、磷酸三辛酯、磷酸二苯一辛酯等。

④ 含卤磷酸酯　该阻燃剂同时含有卤和磷，在阻燃过程中发挥良好的协同作用，阻燃效果比含磷化合物更好。重要的品种有三(β-氯乙基)磷酸酯、三(2,3 二氯丙基)磷酸酯、三(2,3 二溴丙基)磷酸酯、三(多卤环己烷)磷酸酯等。

(2) 阻燃机理

燃料、氧和温度是维持燃烧的三个基本要素。因此灭火的基本措施就是中断这三个因素中的一个或几个，即控制可燃物、隔绝助燃物、消除点火源、阻止火势蔓延。

但是如果干扰上述三因素中的一个或几个，则能达到阻燃的目的。

聚合物典型燃烧过程如图 7-3 所示。

阻燃剂就是通过利用吸热作用、覆盖作用、抑制链反应和释放不燃气体的窒息作用中的一个或几个原理共同作用来实现阻燃的。

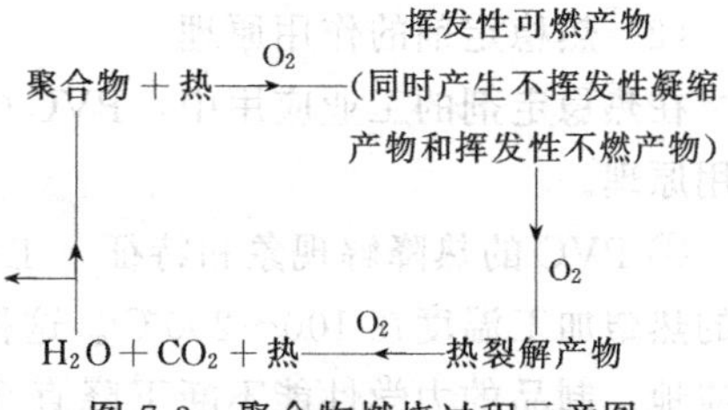

图 7-3　聚合物燃烧过程示意图

① 吸热作用　任何燃烧在较短的时间所放出的热量是有限的，如果能在较短的时间吸收火源所放出的一部分热量，那么火焰温度就会降低，辐射到燃烧表面和作用于将已经气化的可燃分子裂解成自由基的热量就会减少，燃烧反应就会得到一定程度的抑制。在高温条件下，阻燃剂能发生强烈的吸热反应，吸收燃烧放出的部分热量，降低可燃物表面的温度，有效地抑制可燃性气体的生成，阻止燃烧的蔓延。$Al(OH)_3$ 阻燃剂的阻燃机理就是其结合水蒸气时大量吸热的特性，提高其自身的阻燃能力。

② 覆盖作用　在可燃材料中加入阻燃剂后，阻燃剂在高温下能形成玻璃状或稳定泡沫覆盖层，隔绝氧气，具有隔热、隔氧、阻止可燃气体向外逸出的作用，从而达到阻燃目的。如含磷化合物阻燃剂受热时能产生结构更趋稳定的交联状固体物质或碳化层。碳化层形成后，一方面能阻止聚合物进一步热解，另一方面能阻止其内部的热分解产生物进入气相参与燃烧过程。

③ 抑制链反应　根据燃烧的链反应理论，维持燃烧所需的是自由基。阻燃剂可作用于气相燃烧区，捕捉燃烧反应中的自由基，从而阻止火焰的传播，使燃烧区的火焰密度下降，

最终使燃烧反应速率下降直至终止。如含卤和卤系阻燃剂，它的蒸发温度和聚合物分解温度相同或相近，当聚合物受热分解时，阻燃剂也同时挥发出来。此时含卤阻燃剂与热分解产物同时处于气相燃烧区，卤素便能够捕捉燃烧反应中的自由基，从而阻止火焰的传播，使燃烧区的火焰密度下降，最终使燃烧反应速率下降直至终止。

④ 不燃气体窒息作用　阻燃剂受热时分解出不燃气体，将可燃物分解出来的可燃气体的浓度冲淡到燃烧下限以下。同时对燃烧区内的氧浓度也具有稀释的作用，阻止燃烧的继续进行，达到阻燃的作用。

7.2.3 热稳定剂及其作用原理

(1) 定义和分类

热稳定剂是一种能防止聚合物在热影响下产生降解作用的物质，对容易产生热降解的聚合物，在成型时必须添加热稳定剂，提高其耐热性能，才能使其在成型中不分解，并保持制品在贮存和使用中的热稳定性。使用热稳定剂最多的是 PVC，因为 PVC 必须加热到 160℃才能塑化成型，可是加热到 100℃时 PVC 就要开始分解，120～130℃就会急速降解，因此 PVC 加工中必须加入热稳定剂。

目前广泛应用的热稳定剂主要类别如下。

① 碱性铅盐类　是带有 PbO 的无机酸（硫酸、亚磷酸）或有机酸（苯甲酸、马来酸）的铅盐。如三碱性硫酸铅、二碱性邻苯二甲酸铅等。

② 金属皂类　多为脂肪酸（月桂酸、硬脂酸等）的二价金属（钡、镉、铅、钙、锌、镁等）盐。如硬脂酸钡、硬脂酸锌等。

③ 有机锡化物　一般为带有两个烷基的有机酸、硫醇的锡盐，如二丁基月桂酸锡等。

④ 辅助热稳定剂　环氧化合物（含环氧基的酯或油等）、亚磷酸酯等。

⑤ 复合热稳定剂　几种稳定剂的复合物，如液体钡、镉、锌金属皂复合稳定剂。

(2) 热稳定剂的作用原理

在热稳定剂的工业应用中，PVC 中的用量最大，现就以 PVC 为例描述一下热稳定剂的作用原理。

① PVC 的热降解现象和特征　工业生产 PVC 加热 100℃时即发生脱 HCl 反应，而在通常的热塑加工温度在 100～200℃。这种情况下就会出现物料颜色不断加深直至黑化的现象，相应地，制品的力学性能不断下降直至失去使用价值。PVC 的热降解具有以下重要的动力学特征：a. 降解产物 HCl 随温度的升高迅速加快；b. 降解产物 HCl 对降解本身具有促进作用，是一自催化反应过程；c. 氧气或空气加速降解；d. 金属离子，尤其是 Fe、Zn、Cd 等金属离子对 PVC 降解具有强烈的促进作用。

② 热稳定剂的作用原理

a. 捕捉 PVC 降解时生成的 HCl　PVC 在降解时放出的 HCl 对继续脱 HCl 有催化作用，所以捕捉 HCl 可以防止这种催化作用的发生。碱性铅盐类中的盐类（如 PbO）有很强的捕捉 HCl 的能力，金属皂、有机锡、环氧化合物、亚磷酸酯都具有这种作用。反应式如下：

盐类：$PbO + HCl \longrightarrow PbCl_2 + H_2O$

金属皂：$(RCOO)_2M + 2HCl \longrightarrow 2RCOOH + MCl_2$

有机锡：$R_2Sn(OCOR')_2 + HCl \longrightarrow R_2SnCl_2 + 2R'COOH$

环氧：

亚磷酸酯：$(RO)_3P + HCl \longrightarrow RCl + (RO_2)\!\!-\!\!\overset{\overset{\displaystyle H}{|}}{P}\!\!=\!\!O$

b. 置换不稳定的氯原子 PVC 分子中常带有不稳定氯原子，如叔碳原子结合的氯原子、烯丙基氯原子以及支链上的氯原子等。这些不稳定的氯原子都是引起降解的中心，稳定剂的作用就是把不稳定的氯原子置换后形成稳定结构。如金属皂的酯化作用：

$$—CH_2—CH{=}CH—\overset{\overset{\textstyle |}{|}}{\underset{\underset{\textstyle Cl}{|}}{CH}}— \ + (RCOO)_2M \longrightarrow —CH_2—CH{=}CH—\overset{}{\underset{\underset{\displaystyle O}{\underset{\displaystyle \|}{\underset{\displaystyle C—C—R}{|}}}}{CH}}— \ + RCOOMCl$$

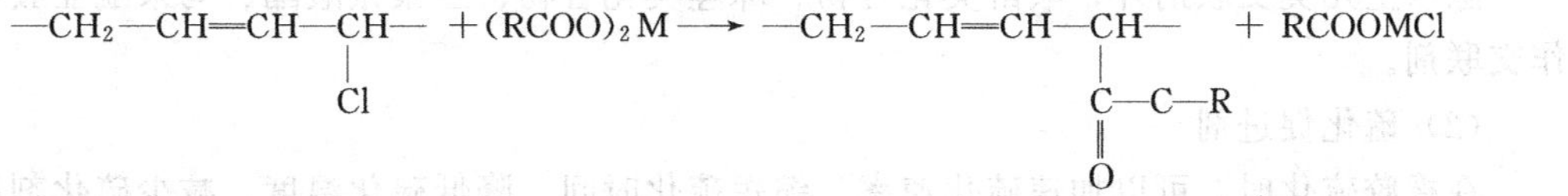

亚磷酸酯的酯化作用：

$$—CH_2—CH{=}CH—\overset{\overset{\textstyle |}{|}}{\underset{\underset{\textstyle Cl}{|}}{CH}}— \ + P(OR)_3 \longrightarrow —CH_2—CH{=}CH—\overset{\overset{\textstyle |}{|}}{\underset{\underset{\textstyle (RO)_2P{=}O}{|}}{CH}}— \ + RCl$$

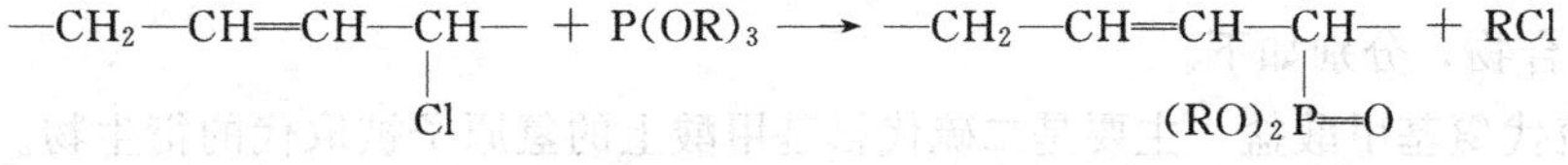

c. 与共轭双键反应，破坏大共轭体系的形成 聚合物在降解前后分子结构中常存在双键，它也往往成为降解的中心，当 PVC 大分子连续脱除 HCl 就会形成按共轭形式排列的双键结构，使聚合物变色，随着共轭双键的增多，树脂的颜色由黄到棕色以至黑色。加入稳定剂则能阻断并缩短共轭多烯链段，从而减轻其着色性。

d. 钝化起催化降解作用的金属离子。

e. 捕捉自由基，阻止氧化反应 加入稳定剂能与自由基发生反应，生成稳定的化合物。如有机锡稳定剂的捕捉反应：

$$—CH_2—\overset{\displaystyle \cdot}{C}H—CH_2— \ + (C_4H_9)_2Sn(OCOCH_3)_2 \longrightarrow —CH_2—\overset{\overset{\textstyle |}{|}}{\underset{\underset{\textstyle C_4H_9}{|}}{CH}}—CH_2— \ + C_4H_9\overset{\displaystyle \cdot}{S}n(OCOCH_3)_2$$

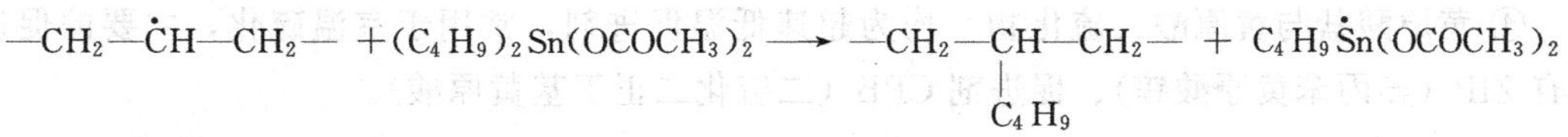

7.2.4 硫化体系助剂

将线型高分子转变成体型（三维网状结构）高分子的过程称为"交联"或"硫化"，凡能使高分子化合物引发交联的物质就称为交联剂（也称硫化剂）。除某些热塑性橡胶外，天然橡胶与各种合成橡胶几乎都需要进行"硫化"。某些塑料，特别是某些不饱和树脂，也需要进行交联。

（1）交联剂

交联剂按其作用不同可分为交联引发剂、交联催化剂（包括交联潜行催化剂）、交联固化剂等。但通常交联剂按化学结构可分为如下几类。

① 有机过氧化物 主要用于聚烯烃与不饱和聚酯以及天然橡胶、硅橡胶等，主要品种有烷基过氧化氢（ROOH）、二烷基过氧化物（ROOR）、二酰基过氧化物、过羧酸酯、过氧化酮等。

② 胺类 主要是含有两个或两个以上氨基的胺类，如乙二胺、己二胺、三(1,2-亚乙基)四胺、四(1,2-亚乙基)五胺、亚甲基双邻氯苯胺等。用于氟橡胶、聚氨酯橡胶的硫化剂以及环氧树脂固化剂。

③ 硫黄以及有机硫化物 目前，用硫黄作为交联剂使橡胶硫化仍然是橡胶大分子链进行交联的主要方法，有机硫化物在硫化温度下能析出硫，使橡胶进行硫化，故又被称为硫黄给予体。有机硫化物常用的品种有二硫化吗啡啉和脂肪族醚的多硫化物 $[\!—\!(CH_2CH_2OCH_2CH_2—S—S—S—S)_x\!]$ 等。

④ 醌类 醌类有机物常用作橡胶硫化剂，特别适用于丁基橡胶。常用的品种有对醌二肟和二苯甲酰对醌二肟等。

⑤ 树脂类 通常为烷基苯酚甲醛树脂，如对叔丁基苯酚甲醛树脂（相对分子质量 550～750）、对叔辛基苯酚甲醛树脂（相对分子质量 900～1200）等。它们是橡胶的有效硫化剂，特别适用于丁基橡胶。溴甲基苯酚甲醛树脂也可用于橡胶硫化。

除以上几类交联剂外，酸酐类化合物、咪唑类化合物、三聚氰酸酯、马来酰亚胺也可用作交联剂。

（2）硫化促进剂

在橡胶硫化时，可以加速硫化速率、缩短硫化时间、降低硫化温度、减少硫化剂用量以及改善硫化胶的力学性能的助剂称为硫化促进剂，简称促进剂。目前使用的硫化促进剂基本采用有机化合物，分别如下。

① 二硫代氨基甲酸盐 主要是二硫代氨基甲酸上的氢原子被取代的衍生物。这类促进剂活性高、硫化速率快。可在常温硫化，一般用于快速硫化好或低温硫化，用量约 0.5%～1%。

② 秋兰姆 秋兰姆系指具有下述结构的化合物：

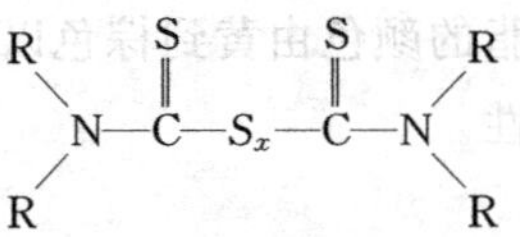

（x 为硫原子数目，可以为 1，2 或 4）

③ 噻唑类 指分子中含有噻唑环结构的促进剂，常见的品种有促进剂 M（2-硫醇基苯并噻唑）、促进剂 MZ（2-硫醇基苯并噻唑锌盐）、促进剂 DM（二硫化二苯并噻唑）。

④ 黄原酸盐与黄原酸二硫化物 均为超速低温促进剂，常用于室温硫化，主要的促进剂有 ZIP（异丙苯黄原酸锌）、促进剂 CPB（二硫化二正丁基黄原酸）。

⑤ 次磺酰胺类 指含有—SNH_2 基团的化合物，通式为 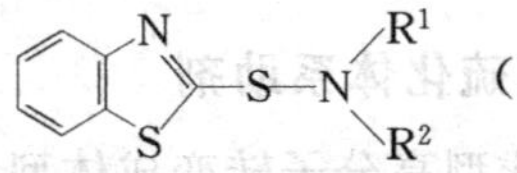（R^1、R^2 可以是氢、烷基、芳基或环己烷），其特点是有良好的后效性，在硫化温度下活性高，但不焦烧，在合成橡胶的硫化中大量使用，在促进剂中占有相当重要的影响。

7.2.5 其他常用合成材料助剂

（1）抗氧剂

合成树脂在加工、贮存和使用过程中，不可避免地会与氧接触，发生氧化降解，从而使高聚物材料的强度降低，外观发生变化，物理、化学、力学性能变坏，甚至不能使用。为了抑制和延缓这一过程，通常加入抗氧剂，这是防止高聚物材料氧化降解的最有效和最常用的方法。

抗氧剂是一些很容易与氧作用的物质，将它们加入到合成材料中，使氧先与它们作用来保护合成树脂免受或延迟氧化。

抗氧剂的应用范围很广，品种繁多。目前，抗氧剂按照化学结构来进行分类，分为胺类、酚类、含硫化合物、含磷化合物、有机金属盐类等。

① 酚类抗氧剂 所有抗氧剂中不污染、不变色性最好的一类，可分为单酚、双酚和多酚。

② 胺类抗氧剂 主要用于橡胶制品的抗老化，比酚类抗氧剂效果好，可作链终止剂或过氧化物分解剂。

③ 含磷化合物 主要指亚磷酸酯类化合物。亚磷酸酯作为氢过氧化物分解剂和自由基捕捉剂在树脂中发挥抗氧作用。是一类辅助抗氧剂。主要的磷类抗氧剂还有亚磷酸盐和亚磷酸盐络合物。典型的品种如抗氧剂168、抗氧剂TNPP、Ultranox626等。

④ 硫代酯抗氧剂 它也是一类辅助抗氧剂，主要是硫代二丙酸酯类，一般由硫代二丙酸和脂肪酸进行酯化而成。代表品种为硫代二丙酸月桂醇酯（DLTDP）和硫代二丙酸十八碳醇酯（DSTDP）。

（2）光稳定剂

加入高分子材料中能抑制或减缓光氧化过程的物质称为光稳定剂或紫外光稳定剂。常用的光稳定剂根据其稳定机理的不同可分为紫外线吸收剂、光屏蔽剂和紫外线猝灭剂、自由基捕获剂等。

紫外线吸收剂是目前应用最广的一类光稳定剂，按其结构可分为水杨酸酯类、二苯甲酮类、苯并三唑类、取代丙烯腈类、三嗪类等，工业上应用最多的是二苯甲酮类和苯并三唑类。

猝灭剂主要是金属络合物，如二价镍金属络合物等，常和紫外线吸收剂并用，起协同作用。

光屏蔽剂是指能够吸收或反射紫外线的物质，通常多为无机颜料或填料，主要有炭黑、二氧化钛、氧化锌、锌、钡等。

自由基捕获剂是一类具有空间位阻效应的哌啶衍生物类光稳定剂，主要为受阻胺类，其稳定效能比上述的光稳定剂高几倍，是目前公认的高效光稳定剂。

（3）活性剂

活性剂能够增加促进剂的活性，因而可以减少促进剂的用量或缩短硫化时间，同时可以提高硫化胶的交联度。活性剂分为无机活性剂和有机活性剂。如氧化锌、氧化镁、氧化铅、活性剂NH-1（二硫化二苯并噻唑-氯化锌-氯化镉络合物）、活性剂NH-2（二硫化二苯并噻唑-氯化锌络合物）等。

（4）防焦剂

焦烧是指橡胶加工过程中产生的早期硫化现象，防焦剂的作用就是防止胶料焦烧，提高操作安全性，延长胶料、胶浆的贮存期。通常使用的防焦剂主要是有机酸类、亚硝酸化合物和硫代酰亚胺化合物三类。

此外，根据合成材料的使用要求不同，添加在制品内的助剂还有很多，如制造防震、吸音的泡沫塑料，需要在树脂配方中加入发泡剂；在要求电绝缘性高的仪器仪表树脂制品中要加入抗静电剂等。合成树脂的添加剂种类很多，需要配方人员根据高聚物的性能、制品的使用要求和使用场所，按照不同助剂的性能和作用，经多次实验才能实现合理运用。

想一想！（在本节中找出答案）

1. 写出能够发生酯化反应的化合物。至少写出2组。

① ____________＋____________＝______________

② ____________＋____________＝______________

2. 邻苯二甲酸二辛酯生产工艺有__________种，分别是______________________________
______________________________。

7.3 邻苯二甲酸二辛酯的生产工艺

7.3.1 酯化反应

邻苯二甲酸二辛酯属于苯二甲酸酯类增塑剂，它是由邻苯二甲酸酐与辛醇在催化剂存在下发生酯化反应制得。

(1) 酯化反应的反应类型

酯化反应通常指醇或酚和含氧的酸类（包括有机和无机酸）作用生成酯和水的过程，其实就是在醇或酚羟基的氧原子上引入酰基的过程，亦可称 *O*-酰化反应。产物酯的种类很多，广泛应用于香料、医药、农药、增塑剂和溶剂等领域。酯化的方法也很多，由于醇和酚均为易得原料，可与酰化剂作用，完成酯化反应，其通式为：

$$R'OH+RCOZ \rightleftharpoons RCOOR'+HZ \quad (7\text{-}1)$$

R′可以是脂肪族或芳香族烃基，即醇或酚。RCOZ 为酰化剂，其中的 Z 可以代表 OH、X、OR″、NHR′等。生成羧酸酯分子式中的 R 或 R′相同或者是不同的烃基。酯化反应可以根据实际需要选用羧酸、羧酸酐、酰氯等作为酰化剂。除了最常用的醇或酚的酯化外，还可以选用酯交换，腈或酰胺和醇的酯化法，以及烯、炔类的加成酯化法等，制取各种酯类化合物。它们的反应式如下：

酸 $$R'OH+RCOOH \rightleftharpoons RCOOR'+H_2O \quad (7\text{-}2)$$

酐 $$R'OH+(RCO)_2O \longrightarrow RCOOR'+RCOOH \quad (7\text{-}3)$$

酰氯 $$R'OH+RCOCl \rightleftharpoons RCOOR'+HCl \quad (7\text{-}4)$$

酯交换 $$RCOOR'+R''OH \rightleftharpoons RCOOR''+R'OH \quad (7\text{-}5)$$

$$RCOOR'+R''COOH \rightleftharpoons R''COOR'+RCOOH \quad (7\text{-}6)$$

$$RCOOR'+R''COOR''' \rightleftharpoons RCOOR'''+R''COOR' \quad (7\text{-}7)$$

腈 $$R'OH+RCN+H_2O \longrightarrow RCOOR'+NH_3 \quad (7\text{-}8)$$

酰胺 $$R'OH+RCONH_2 \longrightarrow RCOOR'+NH_3 \quad (7\text{-}9)$$

烯酮 $$R'OH+CH_2{=}CO \longrightarrow CH_3COOR' \quad (7\text{-}10)$$

炔 $$CH{\equiv}CH+RCOOH \longrightarrow CH_2{=}CHCOOR \quad (7\text{-}11)$$

醚 $$CH_3OCH_3+CO \longrightarrow CH_3COOCH_3 \quad (7\text{-}12)$$

醛 $$RCHO+HOOCCH_2COOR' \longrightarrow RCH{=}CHCOOR' \quad (7\text{-}13)$$

工业上制备邻苯二甲酸酯增塑剂常采用的方法是羧酸酐法。

(2) 酸酐法及工艺影响因素

① 酸酐法　酸酐法适用于较难反应的酚类化合物及空间位阻较大的叔羟基衍生物的直接酯化反应。其反应见式(7-3)，反应中生成的羧酸不会使酯发生水解，所以这种酯化反应可以进行完全。酸酐可与叔醇、酚类、多元醇、糖类、纤维素及长碳链不饱和醇（沉香醇、香叶草醇）等进行酯化反应，例如乙酸纤维素酯及乙酰基水杨酸（即阿司匹林）就是用乙酸酐进行酯化大量生产的。

② 工艺影响因素

a. 催化剂　用酸酐进行酯化反应可用酸性或碱性催化剂加速反应。如硫酸、高氯酸、氯化锌、三氯化铁、吡啶、无水乙酸钠、对甲苯磺酸或叔胺等，其中以硫酸、吡啶和无水乙酸钠最为常用。

强酸的催化作用认为可能是氢质子首先与酸酐生成酰化能力较弱的酰基正离子，酰基正离子再与醇反应生成酯：

$$(RCO)_2O + H^+ \rightleftharpoons (RCO)_2\overset{+}{O}H \rightleftharpoons R\overset{+}{C}O + RCOOH \tag{7-14}$$

$$R\overset{+}{C}O + R'OH \longrightarrow RCOOR' + H^+ \tag{7-15}$$

吡啶的催化作用一般认为是吡啶与酸酐形成活性络合物：

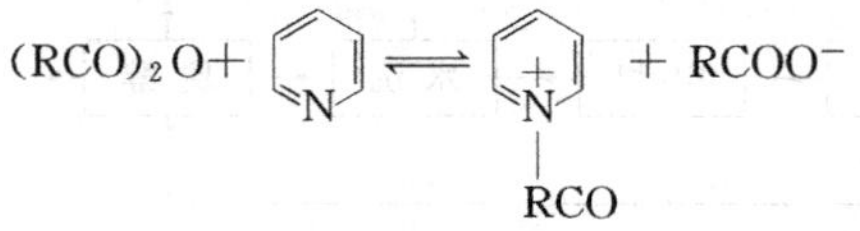

(7-16)

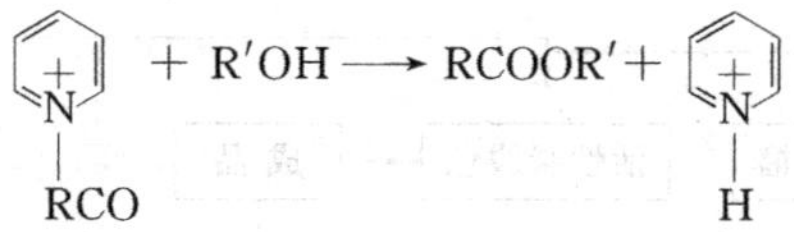

(7-17)

但是酸性催化剂的活性一般比碱性催化剂的活性要强。酯化反应所用的催化剂及其他的反应条件主要是根据醇或酚中羟基的亲核活性和空间位阻的大小而定。

b. 醇的结构的影响　醇和酸酐酯化反应的难易程度与醇的结构关系较大，反应速率的一般的规律是伯醇＞仲醇＞叔醇。表 7-2 中乙酐与醇的酯化数据也充分说明了影响规律。

表 7-2　乙酐与各种醇的酯化反应速率常数

ROH	反应速率常数/min^{-1}	相对速率(以 CH_3OH 为 100)
CH_3OH	0.1053	100
CH_3-CH_2OH	0.0505	47.9
$CH_3-CH_2-CH_2OH$	0.0480	45.6
n-$CH_3-(CH_2)_5-CH_2OH$	0.0393	37.3
n-$CH_3-(CH_2)_6-CH_2OH$	0.0245	28.2
$CH_2{=}CH-CH_2OH$	0.0287	27.2
$C_5H_5-CH_2OH$	0.0280	26.6
$(CH_3)_2-CHOH$	0.0148	14.1
$(CH_3)_3-COH$	0.00001	0.8

常用的酸酐除乙酸酐和丙酸酐，还有二元酸酐，如苯二甲酸酐、顺丁烯二酸酐、琥珀酸酐等。这类二酸酐和醇共热，就能按下式首先生成单烷基酯：

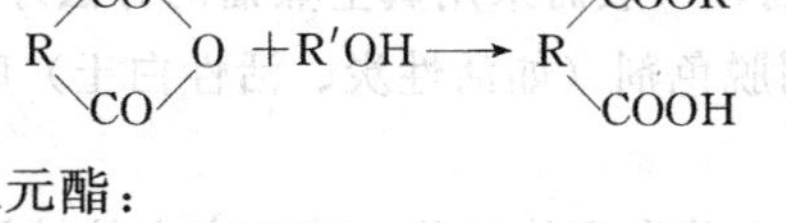

(7-18)

然后再进一步酯化生成二元酯：

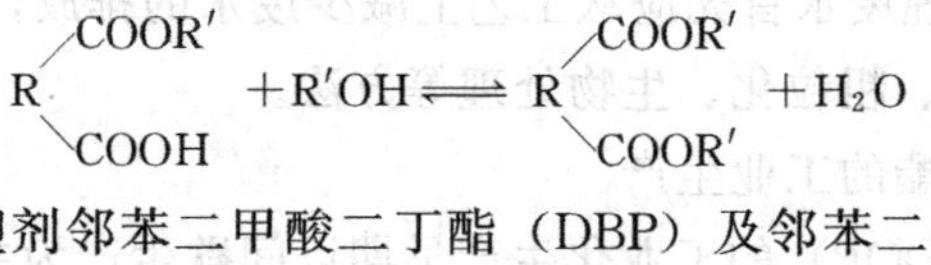

(7-19)

工业上大规模生产增塑剂邻苯二甲酸二丁酯（DBP）及邻苯二甲酸二辛酯（DOP）就是以邻苯二甲酸酐和过量的醇在硫酸催化下进行酯化的。

7.3.2　邻苯二甲酸二辛酯的生产工艺

邻苯二甲酸二辛醇的主要制备方法是采用苯酐和 2-乙基己醇（习惯上称为辛醇）进行

酯化反应制得。依据反应式(7-18)、式(7-19)可知，第一步反应是不可逆的，常温即可反应；而第二步反应则是可逆反应，必须在催化剂和加热条件下才可反应。目前，它的生产工艺有间歇法、半连续式和连续式等几种。反应时可用过量醇作为水剂。生产过程一般包括以下几个工序，参见图7-4，说明如下。

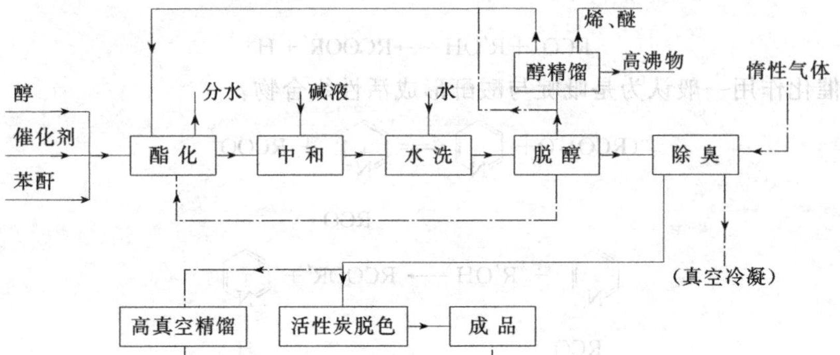

图7-4 邻苯二甲酸酯增塑剂生产流程

(1) 生产工序

① 酯化 原料与催化剂等可同时加入反应器，使两步反应在同一设备内完成。也可将两步分在两个反应器内分别进行。而在后一个反应器内加入催化剂，但都可采用间歇酯化或连续酯化反应装置。反应是否是采用连续操作，很大程度上取决于生产规模，即反应器的产量。规模不大时，间歇操作比较有利。

② 中和 中和时可能发生的化学反应有：纯碱与酸性催化剂的反应；纯碱与酸性催化剂和醇生成酯的反应；纯碱与邻苯二甲酸单酯的反应；纯碱与酯的皂化反应。因此应严格控制反应温度。避免皂化反应，中和时另一个应该防止的现象是乳化。中和的方式也有间歇和连续两种，主要为连续中和，一般采用串联梯式装置。

③ 水洗 为除去粗酯中夹带的碱液、钠盐等杂质，如防止粗酯在后续工序高温作业时引起泛酸和皂化，将粗酯水洗。水洗的操作方法与中和类似。若采用的是非酸性催化剂或无催化剂的工艺，可不需要进行中和与水洗。

④ 醇回收 俗称脱醇，常用减压水蒸气蒸馏的方法。国内脱醇装置一般有一至两台预热器和一台脱醇塔。

⑤ 精制 采用酸性催化剂，一般需采用真空蒸馏的方法才能得到高质量的绝缘级产品。对于一般要求产品，通常采用脱色剂（如活性炭、活性白土）吸附杂质，再经压滤将吸附剂分离出来的方法。

⑥“三废”处理 治理废水首先应从工艺上减少废水的排放，其次才是处理。国内废水处理一般采用过滤、隔油、粗粒化、生物处理等方法。

(2) 邻苯二甲酸二辛酯的工业生产

邻苯二甲酸二辛酯（DOP）的工业化生产早期以间歇生产为主。到20世纪60年代出现半连续化工艺。即酯化部分为间歇，酯化以后各工序改为连续式。目前国内外已采用连续化工艺，根据酯化设备结构可分为塔式和阶梯式两种类型。在催化剂应用上也由传统的酸性催化剂发展到非酸性催化剂和无催化剂。

① 酸性催化剂　是传统的酯化催化剂，常用的有硫酸、对甲苯磺酸、磷酸、偏磷酸、亚偏磷酸、苯磺酸、十二烷基苯磺酸、萘磺酸和氨基磺酸等。

② 非酸性催化剂　主要包括铝酸盐、氧化钛、钛酸酯、氧化锑、羧酸铋。

下面以非酸性催化剂连续化生产 DOP 为例，如图 7-5，介绍邻苯二甲酸二辛酯的工业生产的工业生产过程。

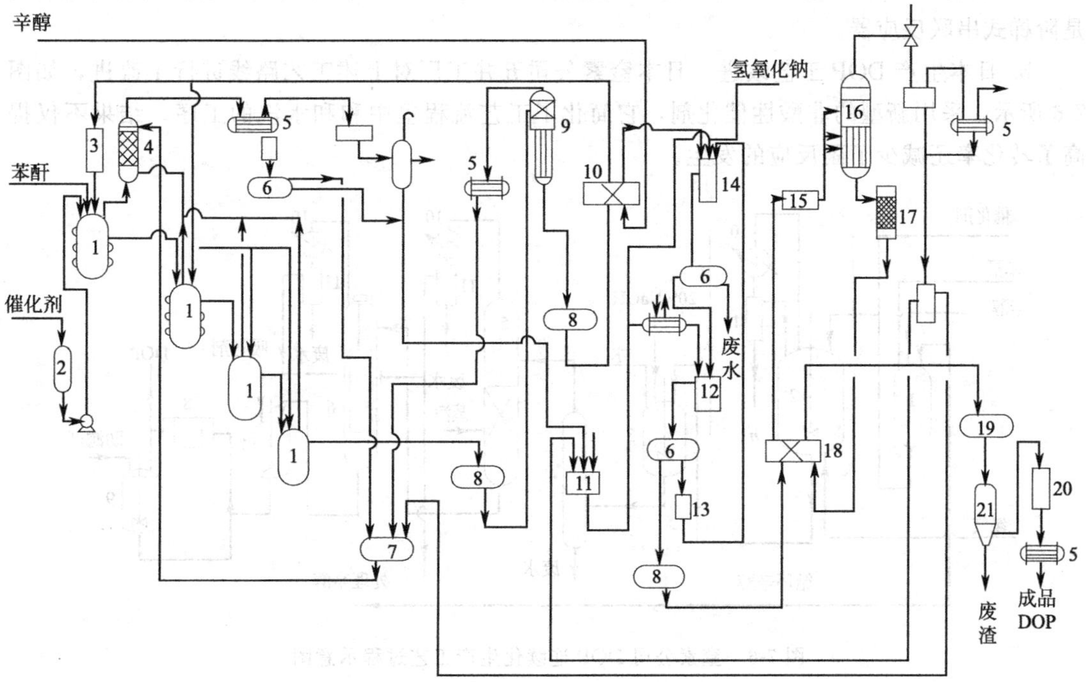

图 7-5　非酸性催化剂连续化生产 DOP

1—酯化反应器；2—催化剂贮槽；3—醇加热器；4—填料塔；5—冷凝器；6—分离器；7—循环醇贮槽；8—粗酯罐；9—降膜蒸发器；10—板式换热器；11—水收集罐；12—水洗釜，13—水槽；14—中和釜；15—加热器；16—汽提塔；17—干燥塔；18—换热器；19—搅拌釜；20—精过滤器；21—芬达过滤器

a. 工艺过程　将苯酐自管外网送到酯化反应釜。辛醇经板式换热器与来自降膜蒸发器的粗酯换热，再经醇加热器被加热到稍低于沸点后进入酯化反应釜，存于催化剂槽的催化剂经计量泵进入酯化反应釜。从酯化反应釜中溢流出的物料依次进入另外三个酯化釜继续酯化。

各酯化釜中的水与醇形成共沸物，离开反应釜后一起进入填料塔，其中一部分醇流回酯化反应釜中，另一部分出塔经冷凝器及冷却器进入分离器。在分离器中醇水分离，水从底部去中和工艺的水收集罐，醇从上部溢流至循环醇贮槽，经泵打回填料塔作回流液。

将粗酯罐的粗酯打入降膜蒸发器中，在真空条件下连续脱醇。醇从顶部排除、经冷凝后进入醇收集槽，重复使用；粗酯依次收集在粗酯罐中，送到板式换热器与来自原料罐区的辛醇进行换热，再去中和釜，与氢氧化钠水溶液中和，然后进入分离器中，分离出的废水由罐底排出送污水处理装置，分离出的有机相溢流至水洗釜，注入脱盐水进行水洗。混合液溢流至分离器中，分离出的水相进入水槽，酯相流到粗酯罐中。

将粗酯从罐用泵抽出经换热器、加热器加热后去汽提塔，进行真空汽提。从塔底流出经干燥塔在高真空下进一步提纯，经热交换后进入搅拌釜。在此与活性炭混合后，送到芬达过滤器进行粗过滤，滤液再进入精过滤器进行精过滤。滤液经冷却后送至产品罐。滤渣作为燃料烧掉。

如果采用酸式催化剂生产，它在工艺流程上与非酸性催化没有本质区别。仅仅是酯化反应器不相同。采用酸性催化剂时，选塔式酯化器；采用非酸性催化剂或不用催化剂时选用的是阶梯式串联反应器。

b. 日本生产 DOP 工艺改进　日本窒素公司五井工厂对上述工艺路线进行了改进，如图 7-6 所示，采用新型的非酸性催化剂，它简化了工艺流程里中和和水洗的工序。结果不仅提高了转化率还减少了副反应的发生。

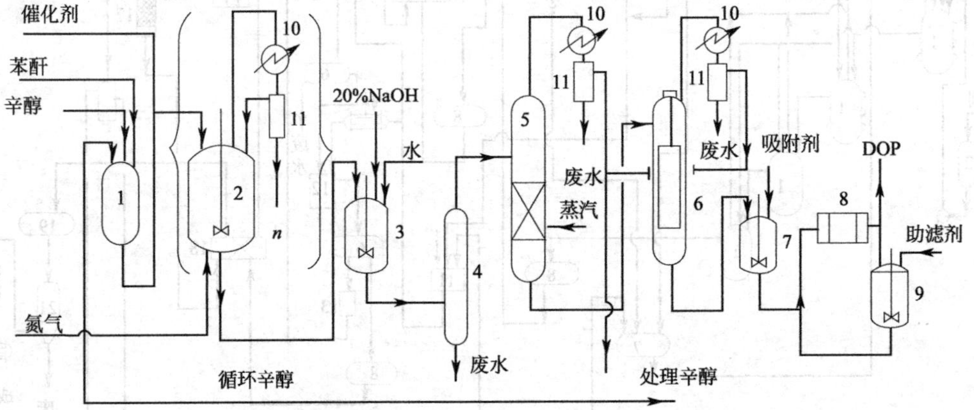

图 7-6　窒素公司 DOP 连续化生产工艺过程示意图

1—单酯反应器；2—阶梯式串联酯化器（$n=4$）；3—中和器；4—分离器；5—脱醇塔；6—干燥器（薄膜蒸发器）；7—吸附剂槽；8—叶片式过滤器；9—助滤剂槽；10—冷凝器；11—分离器

工艺过程：熔融苯酐和辛醇以一定的摩尔比（1∶2.2～1∶2.5）在 130～150℃先合成单酯，再经预热后进入四个串联的阶梯式酯化釜的第一级。第二级酯化釜温度控制不低于 180℃，最后一级酯化釜温度为 220～230℃，酯化部分用 3.9MPa 的蒸汽加热。邻苯二甲酸单酯到双酯的转化率为 99.8%～99.9%。另外为防止反应混合物在高温下长期停留而着色，以及强化酯化过程，在各级酯化釜的底部通入高纯度的氮气（氧含量$<10\mu L/L$）。

中和使用 20%NaOH 水溶液，用量为反应混合物酸值的 3～5 倍。当加入无离子水后碱液浓度仅为 0.3%左右。不再需要进行单独的水洗。

物料经脱醇（1.32～2.67kPa，50～80℃）、干燥（1.32，50～80℃）后送至过滤工序，采用特殊的吸附剂和助滤剂。吸附剂成分 SiO_2、Al_2O_3、Fe_2O_3、MgO 等，助滤剂（硅藻土）成分为 SiO_2、Al_2O_3、Fe_2O_3、CaO、MgO 等。该工序的主要目的是通过吸附剂和助滤剂的吸附和脱色作用，保证产品 DOP 的色泽和体积电阻率；两项指标，同时除去 DOP 中残留的微量催化剂和其他机械杂质。最后得到高质量的 DOP。

回收的辛醇一部分直接循环至酯化部分使用，另一部分需进行分馏和催化加氢处理。

(3) 工艺参数对生产的影响

① 反应温度的影响　温度升高可降低产品终点酸值（酸值反映的是酯化工序酯醇混合

物中单酯酸的含量，其反映的本质是酯化反应进行的程度）提高转化率，而且温度越高酯化反应速率也快。但实践证明，温度过高，酯化反应中的其他副反应也随之明显产生，酯化工序的粗酯色值将加深，从而可影响到成品的质量。反应温度在220～240℃都能取得较好的结果，一般最佳温度为230℃。

② 醇/酐比的影响　为了使酯化反应进行完全，反应釜必须保持适当的过量醇。醇过量起得是增加反应物浓度的作用，使反应向生成双酯的方向移动。醇过量同时与反应生成水形成共沸物，此共沸物又是系统中的带水剂，其蒸发过程同时将生成水带出系统。但是醇过量太多，容易引起系统超压以及向下工序输送所用机泵的困难（过量的醇在泵壳内大量汽化）。一般要求控制醇/酐比小于3。

③ 非酸性催化剂的用量　催化剂的作用在于降低反应的活化能，改变反应途径，加快反应速率，其稳定投入系统也是酯化反应的关键因素之一。在酯化反应中，非酸性催化剂加入量应控制在占总反应物的0.38%～0.42%。

④ 氮气保护　经验表明，酯化工序前一至二釜要保持稳定的氮气通入保护，作用在于一方面保持酯化系统的正压，避免空气进入系统影响产品色值；另一方面，保持酯化放空系统有一定流量的不凝气流以促进醇在系统内的流动，可避免系统防空管的堵塞或冬季冷凝水结冰现象。通入氮气量不可太大，否则极易引起反应釜系统超压，一般可控制每釜通入流量1～2m^3/h。

单元小结

本章从介绍合成材料助剂的分类入手，着重介绍了几种典型的合成材料助剂在树脂加工中的作用，和增塑剂合成中所涉及的酯化反应的反应类型和工艺影响因素。

1. 助剂是用于改善合成材料的加工性能，提高树脂的稳定性，赋予制品新的功能的一类添加剂。种类繁多，按照其合成材料中发挥的作用不同，可分为稳定化剂、加工体系助剂、机械性能改进剂、柔软化和轻质化助剂、表观性能改性剂和功能赋予剂六大门类。为了能更好地发挥助剂的作用，在合成树脂加工过程中，需要多种助剂按照一定选用原则配合使用。

2. 增塑剂是能够改善在成型加工时树脂的流动性，并使制品具有柔韧性的有机物质。添加在聚合物中，通过"稀释"、"隔离"、"屏蔽高聚物极性基团"的作用，从而达到增塑的目的。

3. 阻燃剂是增加合成树脂制品耐燃性的物质。它通过吸热作用、覆盖作用、抑制链反应和释放不燃气体的窒息作用来实现阻燃效果。

4. 热稳定剂是一种能防止聚合物在热影响下产生降解作用的物质。添加在易热降解的高聚物中，通过破坏热降解的成因，从而实现拓宽聚合物的加工温度的作用。

5. 硫化体系助剂，包括交联剂（硫化剂）和交联促进剂（硫化促进剂）两类。它是与高聚物反应或促进反应进程，实现将线型高分子转变成体型（三维网状结构）。

6. 在高聚物加工、贮存和使用过程中都存在老化现象。因此聚合物配方体系中，还应含有防老剂等。

7. 邻苯二甲酸二辛酯是一类重要的增塑剂。它是由邻苯二甲酸酐与辛醇在催化剂存在下发生酯化反应制得。酯化反应是可逆平衡反应，反应温度、物料的投料比、反应压力、催化剂都会对平衡产生影响。

8. 邻苯二甲酸二辛酯的工业生产包括酯化反应、中和、水洗、醇回收和精制5个工段。

习 题

1. 合成材料所用的助剂按照其功能分为哪几类？

2. 什么叫增塑剂？增塑剂的结构与增塑剂性能有什么关系？对PVC而言一个性能良好的增塑剂，其分子结构应具备什么？

3. 什么叫添加型阻燃剂、反应型阻燃剂？阻燃剂是怎样起阻燃作用的？

4. 以PVC为例，说明热稳定剂的作用机理。

5. 试述硫化体系助剂的分类，它们在橡胶加工过程中各起什么作用？

6. 论述邻苯二甲酸酯类增塑剂的通用生产工艺。在DOP生产中，酯化反应的机理及影响因素如何？

7. DOP生产中为何要采用N_2保护？

参 考 文 献

[1] 曾繁涤编．精细化工产品工艺学．北京：化学工业出版社，1997.

[2] 张洁等编．精细化工工艺教程．北京：石油工业出版社，2004.

[3] 张铸勇编．精细有机合成单元反应．上海：华东理工大学出版社，2003.

[4] 于红军编．高分子化学及工艺学．北京：化学工业出版社，2000.

[5] 王久芬编．高分子化学．哈尔滨：哈尔滨工业大学出版社，2004.

[6] 王本武．邻苯二甲酸二辛酯增塑剂酯化反应稳定控制．河北化工，2008，31（2）：52-53.

[7] 姚志臣等．邻苯二甲酸二辛酯增塑剂合成催化剂与工艺条件研究，精细石油化工进展，2006，7（11）：19-21.

[8] 张薇．邻苯二甲酸二辛酯生产工艺评述．湖南化工，1998，28（6）：7-8.

8 涂 料

涂料，我国传统称为“油漆”，是一种材料，这种材料可以采用不同的施工工艺涂覆在物体表面上，形成黏附牢固、具有一定强度、连续的固态薄膜。人类生产和使用涂料已有悠久的历史，涂料对人类社会的发展做出过重要贡献，而在今后将继续发挥更大的作用。涂料是化工材料中的一类，现代的涂料正在逐步成为一类多功能性的工程材料。不论是传统的以天然物质为原料的涂料产品，还是现代发展的以合成化工产品为原料的涂料产品，都属于有机化工高分子材料，所形成的涂膜属于高分子化合物类型。按照现代化工产品的分类，涂料属于精细化工产品，现代的涂料工业是化学工业中的一个重要行业。

学习要求

(1) 理解涂料的分类和命名原则。

(2) 了解涂料的主要种类及其生产工艺，掌握醇酸树脂涂料、环氧树脂涂料、聚氨酯树脂涂料、丙烯酸树脂等涂料的用途。

(3) 掌握乳胶剂的特性和制备工艺。

想一想！（完成答案）

1. 在涂料配方中，__________决定了涂膜最基本的物理化学性能。
2. 色漆与清漆的区别在于__________________。

8.1 概述

8.1.1 涂料的定义及作用

涂料是指用特定的施工方法涂覆到物体表面，经固化使物体表面形成美观而具有一定强度的连续性保护膜、或者形成具有某种特殊功能的涂膜的一种精细化工产品。如油漆、防火漆、防锈漆等。

涂料的主要作用有以下五个方面：保护作用、装饰作用、色彩标志、特殊用途、其他作用（抗水、抗油、抗静电、抗皱等）。

8.1.2 涂料的组成

涂料的种类繁多，但各种涂料一般由以下 4 种组分构成，在不同的涂料品种中，有些组分可以省略。

(1) 成膜物质

成膜物质是组成涂料的基础，它具有黏结涂料中其他组分形成涂膜的功能。它对涂料和涂膜的性质起决定性的作用。

涂料成膜物质具有的最基本特征是它能经过施工形成薄层的涂膜，并为涂膜提供所需要的各种性能。它还要与涂料中所加入的必要的其他组分混溶，形成均匀的分散体。具备这些特征的化合物都可用为涂料成膜物质。它们的形态可以是液态，也可以是固态。

（2）颜料

颜料是有颜色的涂料即通称色漆的一个主要组分。颜料使涂膜呈现色彩，并使涂膜具有一定的遮盖被涂物件的能力，以发挥其装饰和保护作用。颜料还能增强涂膜的力学性能和耐久性能。颜料按其来源可分为天然颜料和合成有机颜料两类。按其化学成分可分为无机颜料和有机颜料。按其在涂料中所起的作用可分为着色颜料、体质颜料、防锈颜料和特种颜料。

（3）助剂

助剂也称为涂料的辅助材料组分，它是涂料的一个组成部分，但它不能单独自己形成涂膜，它在涂料成膜后可作为涂膜中的一个组分而在涂膜中存在。

根据助剂对涂料和涂膜的作用，现代涂料所使用的助剂可分为以下4个类型。

① 对涂料生产过程发生作用的助剂，如消泡剂、润湿剂、分散剂、乳化剂等。

② 对涂料贮存过程发生作用的助剂，如防结皮剂、防沉淀剂等。

③ 对涂料施工过程发生作用的助剂，如催干剂、流平剂、防流挂剂等。

④ 对涂料涂膜性能发生作用的助剂，如增塑剂、消光剂、防霉剂、阻燃剂、防静电剂、紫外光吸收剂等。

（4）溶剂

溶剂组分的作用是使涂料的成膜物质溶解或分散为液态，以便易于施工成薄膜，而当施工后又能从薄膜中挥发至大气中，从而使薄膜形成固态的涂膜。溶剂组分通常是可挥发性液体，习惯上称之为挥发分。现代涂料的溶剂包括水、无机化合物和有机化合物。

8.1.3 涂料的分类及命名

涂料发展到今天，可以说是品种繁多，用途十分广泛，性能各异。涂料的分类方法很多，通常有以下几种分类方法。

① 按涂料的形态可分为水性涂料、溶剂性涂料、粉末涂料、高固体分涂料等；

② 按施工方法可分为刷涂涂料、喷涂涂料、辊涂涂料、浸涂涂料、电泳涂料等；

③ 按施工工序可分为底漆、中涂、漆（二道底漆）、面漆、罩光漆等；

④ 按功能可分为装饰涂料、防腐涂料、导电涂料、防锈涂料、耐高温涂料、示温涂料、隔热涂料等；

⑤ 按用途可分为建筑涂料、汽车涂料、飞机涂料、家电涂料、木器涂料、桥梁涂料、塑料涂料、纸张涂料等。

GB 2705—81 中，对涂料的命名有如下原则规定。

（1）命名原则

涂料全名＝颜色或颜料名称＋成膜物质名称＋基本名称。

例如红醇酸磁漆、白硝基磁漆。对某些有专门用途和特性的产品，必要时可以在成膜物质后面加以说明。

（2）涂料的型号

涂料的型号分三部分：第一部分是成膜物质，第二部分是基本名称，用两位数字表示。第三部分是序号，用阿拉伯数字表示，以便区别同类品种间的组成。第二部分与第三部分之间有一短划，它的作用是把基本名称与序号隔开。例如 C04-2，C 代表成膜物质是醇酸树脂，04 代表磁漆，2 是序号。关于涂料的基本名称和编号详见附录 A、附录 B。

（3）辅助材料型号

辅助材料型号分为两部分：第一部分是种类，第二部分是序号，由一个汉语拼音字母和

1～2位阿拉伯数字组成，字母与数字之间有一短划。字母表示辅助材料类别代号。数字为序号，用以区别同一类辅助材料的不同品种。例如G-2，G为催干剂，2为序号。辅助材料代号见表8-1。

表8-1 辅助材料代号

序 号	1	2	3	4	5
代 号	X	F	G	T	H
辅助材料名称	稀释剂	防潮剂	催干剂	脱漆剂	固化剂

想一想！（完成答案）

在市场上有一些不法厂商将溶剂法生产的醇酸树脂漆假冒乳胶漆销售，想想看它们的合成工艺上最根本的不同是什么？

答案：____。

8.2 常用涂料的特点及生产工艺路线

8.2.1 醇酸树脂涂料特点及生产工艺路线

（1）醇酸树脂涂料的特点

醇酸树脂涂料是以醇酸树脂为主要成膜物质的涂料的总称。这里所说的醇酸树脂是由脂肪酸（或其相应的植物油）、二元酸及多元醇经缩聚反应而成的树脂。常用的多元醇有甘油、季戊四醇、三羟甲基丙烷等；常用的二元酸有邻苯二甲酸酐（即苯酐）、间苯二甲酸等。醇酸树脂涂料具有耐候性、附着力好和光亮、丰满等特点，且施工方便。但涂膜较软，耐水、耐碱性欠佳，醇酸树脂可与其他树脂配成多种不同性能的自干或烘干磁漆、底漆、面漆和清漆，广泛用于桥梁等建筑物以及机械、车辆、船舶、飞机、仪表等。

（2）醇酸树脂涂料的分类

醇酸树脂涂料按加入油的种类不同，可分为干性油醇酸树脂（亚麻油或脱水蓖麻油）和不干性油醇酸树脂（蓖麻油、棉籽油或椰子油等）两类树脂。干性油醇酸树脂直接涂刷成薄层，在室温与氧作用下转化成连续的固体薄膜，可制成自干型与烘干型的清漆及磁漆。不干性油醇酸树脂则不能直接用作涂料，而是与其他种类树脂混合作用。

醇酸树脂根据树脂中油脂（或脂肪酸）和苯酐的含量，即醇酸树脂油度的大小，可分为短油度醇酸树脂、中油度醇酸树脂、长油度醇酸树脂和极长油度醇酸树脂四大类，见表8-2。

表8-2 醇酸树脂品种

树 脂 品 种	油的含量/%	苯酐含量/%
短油度醇酸树脂	35～45	>35
中油度醇酸树脂	46～55	30～35
长油度醇酸树脂	56～70	20～30
极长油度醇酸树脂	>70	<20

油度的计算公式：

$$\text{油度(或苯二甲酸酐)}=\frac{\text{油(或苯二甲酸酐)用量}}{\text{树脂理论产量}}\times 100\%$$

树脂的理论产量等于苯二甲酸酐用量、甘油（或其他多元醇）用量、脂肪酸（或油）用量之和减去酯化所产生的水量。

油度的计算方法举例如下。

［例］ 已知一醇酸树脂涂料的配方：

亚麻仁油	100g	氧化铅	0.015g
甘油(98%)	43g	二甲苯	200g
邻苯二甲酸酐(99.5%)	74.5g		

求：油度（树脂含量油）

解 反应式如下：

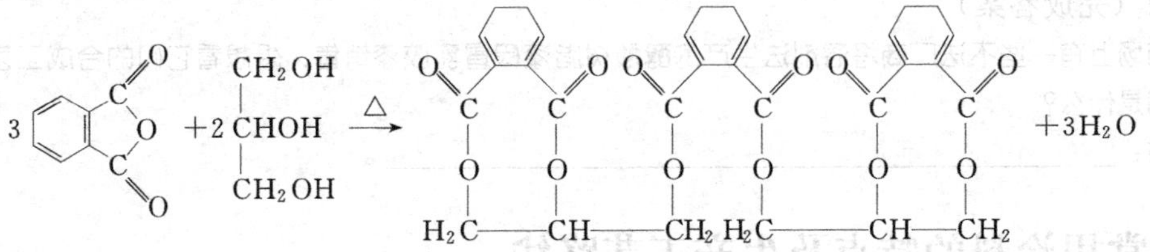

在反应过程中，苯酐消耗2%，亚麻仁油和甘油消耗不计，甘油超量加入，3mol苯酐视为全部反应而副产3mol水。

所以酯化出来的水量为苯酐量的54/444＝12%。（3mol苯酐的相对分子质量为444，3mol水的相对分子质量为54）。

实际反应的苯酐量为：(74.5－74.5×2%)×99.5%＝73（g）

实际反应的甘油量为：43×98%＝42（g）

酯化失去水量为：73×12%＝9（g）

所以生成醇酸树脂的质量为：100＋73＋42－9＝206（g）

树脂含油量（油度）为：

$$\frac{\text{油脂投料量}\times 100\%}{\text{油脂投料量}+\text{苯酐投料量}(1-2\%)\times\text{苯酐强度}(1-12\%)+\text{甘油投料量}\times\text{甘油纯度}}$$

$$=\frac{100\times 100\%}{100+74.5\times 98\%\times 99.5\%\times 88\%+43\times 98\%}$$

$$=49\%$$

醇酸树脂涂料按用途可分为通用醇酸树脂涂料、外用醇酸树脂涂料、醇酸树脂底漆和防锈漆、快干醇酸树脂涂料、醇酸树脂绝缘涂料、醇酸树脂皱纹涂料、水溶性醇酸树脂涂料七大类，见表8-3。

表8-3 醇酸树脂涂料的主要类型

涂料类型	所用醇酸树脂	特征和用途
通用醇酸树脂涂料	甘油、苯酐制成的中油度油(干性油或不干性油)改性醇酸树脂	综合性能好、用途广、适用于机械、电机、建筑、军事等工业的涂装
外用醇酸树脂涂料	长油度季戊四醇、苯酐制成的醇酸树脂	自干、耐候性和耐久性好，用于桥梁及户外涂装
醇酸树脂底漆和防锈漆	中油度干性油改性醇酸树脂	附着力好，防锈力强，用作各种金属、木材等的底漆和防锈漆
快干醇酸树脂涂料	苯乙烯改性醇酸树脂	快干、适用于连续化生产的机械产品的涂装
醇酸树脂绝缘涂料	苯酐或间苯二甲酸制成的醇酸树脂	耐热、绝缘(F级)，用于电机等的涂装
醇酸树脂皱纹涂料	中油度干性油改性醇酸树脂	皱纹清晰、装饰性好，用于仪器仪表等涂装
水溶性醇酸树脂涂料	苯酐或偏苯三酸酐制成的水溶性醇酸树脂	附着力、耐久性好，用于汽车、机械、仪表等的电沉积涂装

(3) 醇酸树脂生产工艺路线

工业上生产醇酸树脂，根据原料不同，可分为醇解法、酸解法和脂肪酸法三种。脂肪酸法用的是脂肪酸、多元醇与二元酸，能互溶形成均相体系在一起酯化，缺点是脂肪酸通常系由油加工制造，增加了生产工序，提高了成本。而醇解法是用多元醇先将油加以醇解，使之在与二元酸酯化时形成均相体系，制备醇酸树脂。醇解法的工艺简单、操作平稳易控制，原料对设备的腐蚀性小，生产成本也较小。

醇酸树脂从工艺过程上可分为溶剂法和熔融法。在缩聚体系中加入共沸液体以除去酯化反应生成的水的方法，称为溶剂法；不加共沸液体则称为熔融法。溶剂法的优点是所制得的醇酸树脂颜色较浅，质量均匀，产率较高，酯化温度较低且易控制，设备易清洗等。但熔融法设备利用率高，比溶剂法安全。目前在醇酸树脂的工业生产中，其工艺路线仍以醇解法和溶剂法为主。

工艺操作过程见图 8-1。

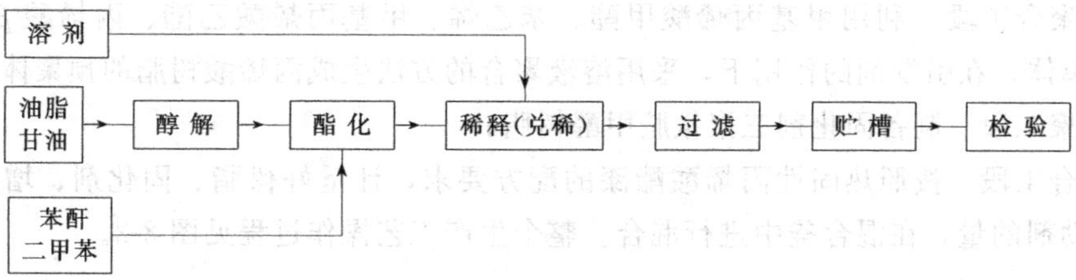

图 8-1 溶剂法制备醇酸树脂工艺流程

8.2.2 丙烯酸涂料特点及生产工艺路线

以丙烯酸树脂为主要成膜物质的涂料称为丙烯酸树脂漆，它可分为热塑性和热固性两大类。热塑性丙烯酸漆为挥发性涂料，依靠溶剂挥发干燥成膜。热固性丙烯酸漆属交联型漆，它含有可起交联反应的官能团，当溶剂挥发后，树脂自身或与其他树脂交联固化成膜，工业上使用的官能团有羟基、羧基、酰胺基和环氧基。丙烯酸树脂漆具有优良的色泽，保色、保光以及耐热，耐化学品等性能，均属良好。广泛用于汽车、航空、医疗器械、仪器仪表、木器家具等。

(1) 热塑性丙烯酸酯涂料

这种涂料除了成膜物质丙烯酸酯外，还包含溶剂、增塑剂、颜料等，有时还加入其他树脂来改型。热塑性树脂漆常见的品种有清漆、磁漆和底漆。

① 丙烯酸酯清漆　以丙烯酸酯为主要成膜物质，加入适量的其他树脂和助剂，根据需要来配制。例如皮革制品需要优良的柔韧性，就需加入适量的增塑剂。丙烯酸树脂清漆的特点是干燥快，漆膜无色透明，耐水性强于醇酸树脂清漆。

② 丙烯酸酯磁漆　它由丙烯酸树脂加入溶剂、助剂与颜料碾磨可制得。但在选择颜料时，如采用含羧基的丙烯酸酯配制磁漆时，不能用碱性较强的颜料，否则会发生胶凝作用甚至影响贮存稳定性。在高速列车上应选用丙烯酸树脂磁漆，它比醇酸树脂磁漆检修间隔大，污染小、耐碱性好，并能干燥迅速。

③ 丙烯酸酯底漆　丙烯酸酯底漆常温干燥快，附着力好，特别适用于各种挥发性漆（如硝基漆）配套做底漆。丙烯酸酯底漆对金属底材附着力很好，尤其是浸水后仍能保持良好的附着力。

（2）热固性丙烯酸酯漆

这类丙烯酸树脂的分子链上必须含有能进一步发生反应的官能团。按照固化的机理热固性丙烯酸酯漆可分为自固型和加入交联剂固化型两大类。后者由于加入交联剂品种的不同可制成一系列产品。

热固性丙烯酸酯漆涂于物体表面后，在加热条件下，树脂内的活性基团发生交联反应形成网状结构。这样形成的涂膜光泽好，硬度高，耐候性优异，主要用于汽车、仪表等物品的装饰。

（3）热固性丙烯酸酯漆的生产工艺路线

随着人们对汽车的购买力的增加，热固性丙烯酸酯漆的需求量也在逐年增加。目前在热固性丙烯酸酯漆的工业生产中，通常采用带有羟基的丙烯酸树脂与三聚氰胺甲醛树脂制备。整个生产工艺分为共聚合工段、带有羟基的丙烯酸树脂和三聚氰胺与甲醛的缩合工段以及按配方要求混合固化剂、增塑剂、助剂、颜料工段。

① 共聚合工段　利用甲基丙烯酸甲酯、苯乙烯、甲基丙烯酸乙酯、丙烯酸β-羟丙酯、丙烯酸等单体，在引发剂的作用下，采用溶液聚合的方法生成丙烯酸树脂的预聚体；

② 缩聚工段　制备固化剂三聚氰胺甲醛树脂；

③ 混合工段　按照热固性丙烯酸酯漆的配方要求，计量好树脂、固化剂、增塑剂、颜料和其他助剂的量，在混合釜中进行混合。整个生产工艺操作过程见图 8-2。

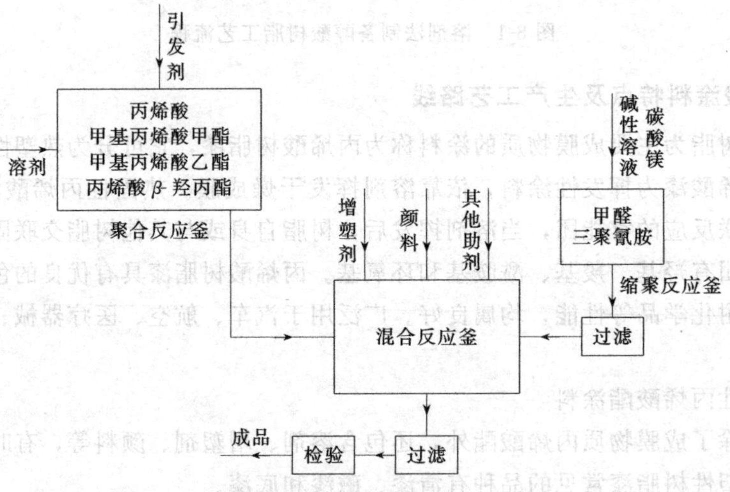

图 8-2　热固性丙烯酸酯漆工艺流程

8.2.3　环氧树脂涂料、聚氨酯涂料的特点

（1）环氧树脂涂料

环氧树脂涂料是以环氧树脂为主要成膜物质的涂料，环氧树脂既可以作为胶黏剂，也可以作为涂料，由于其具有很多独特的性能，品种繁多，因而发展较快，产量也很大。环氧树脂本身是热塑性树脂，大多数环氧树脂是由环氧氯丙烷和二酚基丙烷在碱作用下缩聚而成的高聚物，简称双酚 A 型环氧树脂，其平均相对分子质量一般在 300～7000。将其与固化剂或植物油脂肪酸反应，交联成网状结构的大分子，才能显示出各种优良的性能。其分子结构如下：

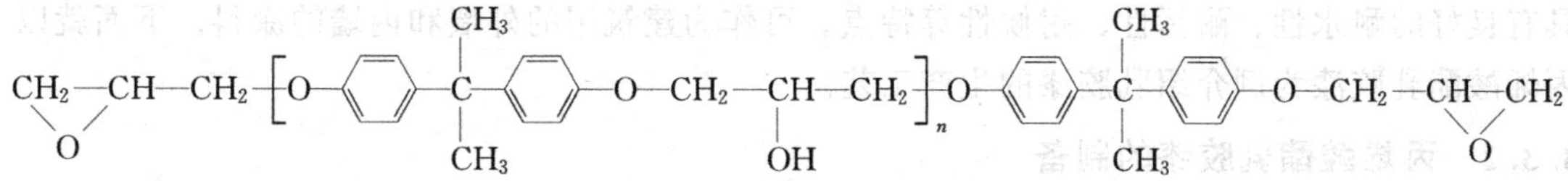

由于环氧树脂在结构中有羟基、环氧基、醚键等极性基团，因而具有很强的黏合力，这是环氧树脂漆十分突出的特点。环氧树脂中有稳定的苯环、醚键，加之固化后交联密度较高，所以具有很好的化学稳定性，能耐酸、碱和有机溶剂。另外，环氧树脂漆的绝缘性也很好。缺点因含有苯环结构，耐候性差，易粉化。

环氧树脂漆的品种很多。目前，国内外环氧树脂及其改性树脂制造的涂料品种和应用领域大体相同。其主要应用领域如石油化工、食品加工、钢铁、机械、交通运输、电力电子、海洋工程、地下设施和船舶工业等都大量使用环氧涂料。主要应用的七个方面有：防腐蚀涂料、舰船涂料、电气绝缘涂料、食品罐头内壁涂料、水性涂料、地下设施防护涂料和特种涂料。

(2) 聚氨酯涂料

聚氨酯涂料是以聚氨酯树脂为主要成膜物质涂料的总称。聚氨酯是聚氨基甲酸酯的简称，通常是由多异氰酸酯和多羟基化合物通过逐步加聚反应制得：

$$\sim\sim N{=}C{=}O + \sim\sim OH \longrightarrow \sim\sim N(H){-}C({=}O){-}O\sim\sim$$

由于聚氨酯分子中具有强极性氨基甲酸酯基团，因此赋予聚氨酯漆类多种优异性能。

① 漆膜坚硬耐磨、光亮丰满、附着力好；

② 耐化学腐蚀、耐油、耐溶剂性、耐热性都很好；

③ 良好的电性能，易作漆包线和电信器材涂料；

④ 可与多种树脂并用，配制成多种类型的聚氨酯涂料；

⑤ 可室温固化，也可加热固化。

聚氨酯涂料的上述优点使之在石油、化工、机电、航空船舶等领域都得到了广泛的应用。涂饰物件包括金属、木材、橡胶、皮革、织物、塑料等多方面。

聚氨酯涂料也有其不足之处，由于含活性氢，耐老化性能差，因而漆膜的保光保色性较差，由于含异氰酸酯基，因此需在无水、干燥的条件下施工，同时它还具有价格较高，原料异氰酸毒性较大的缺点。

想一想！（完成答案）

乳胶漆中含量最多的溶剂对人体有害吗？为什么？答案：______________________。

8.3 乳胶漆的生产工艺

8.3.1 概述

乳胶漆又称为合成树脂乳液涂料，是有机涂料的一种，是以合成树脂乳液为基料加入颜料、填料及各种助剂研磨配制而成的一类水性涂料。其组分中有机溶剂含量低，只有2%。是一种绿色环保型涂料。目前乳胶漆的品种主要有聚醋酸乙烯乳胶漆、乙-苯乳胶漆、苯-丙乳胶漆、纯丙烯酸酯乳胶漆、叔碳酸酯乳胶漆等。近年来，还出现了高弹性和高耐候性的有机硅单体、有机氟单体改性丙烯酸乳胶漆。这些品种目前多应用于建筑上。丙烯酸酯乳胶漆具有良好的耐水性、耐污性、耐候性等特点。可作为建筑用的外墙和内墙的涂料。下面就以丙烯酸酯乳胶漆为例介绍乳胶漆的生产工艺。

8.3.2 丙烯酸酯乳胶漆的制备

(1) 生产乳胶漆常用的分散研磨设备

乳胶漆的分散设备常用的是高速分散机，对于高速分散仍无法解聚的颜料等聚集体还要进行研磨。常用的研磨设备有砂磨机、三辊研磨机、球磨机、胶体磨等。

① 砂磨机 它对颗粒细而又易分散的合成颜料、粗颗粒或微粒化的天然颜料或填料等易流动的漆浆都是高效的分散设备。

② 球磨机 适用于分散易流动的悬浮分散体系。对分散粗颗粒的颜料、填料和细颗粒及难分散的合成颜料有突出的效果。

③ 三辊研磨机 易于加工细又难分散的合成颜料及细度要求在5～10μm的高细度产品，适于生产高黏度色浆和厚浆型产品，生产能力一般较低。

④ 高速分散机 该设备的优点是：结构简单；混合、分散、调和过程均可使用；清洗方便，生产效率高。其缺点是：由于它是一种低剪切力的分散设备，只能用于易分散的颜料以及其他超细粉料。

⑤ 胶体磨 它使用方便，研磨的浆料数量可多可少，研磨后容易清洗，还可以连续化生产，稠度高的浆料也能通过，但研磨细度较难达到要求。

(2) 丙烯酸酯乳胶漆的生产工艺

丙烯酸酯乳胶漆的生产包括树脂的合成工艺和制漆工艺两个部分。

① 原材料规格及用量见表8-4。

表8-4 丙烯酸树脂乳液原材料及用量比

序	材料名称	用量/%	序	材料名称	用量/%
1	甲基丙烯酸甲酯	30～35	6	水	55～75
2	甲基丙烯酸丁酯	28～30	7	过硫酸铵(10%溶液)	4.5～6.5
3	丙烯酸丁酯	18～25	8	十二烷基苯磺酸钠	0.2～0.3
4	丙烯酸甲酯	8～12	9	吐温-60	0.3～0.4
5	丙烯酸	5～9	10	消泡剂BYK	适量

② 工艺过程 利用甲基丙烯酸甲酯、甲基丙烯酸丁酯、丙烯酸丁酯、丙烯酸等单体，在引发剂的作用下，采用乳液聚合的方法生成丙烯酸树脂乳液，过滤后，送入混合釜；合成的乳液为乳白色呈蓝相，固体分为45%～50%，pH为2～5。

制漆工艺：a. 将水（最好用去离子水，地下水不能使用）和多种助剂（包括分散剂、润湿剂、流平剂、防腐防霉剂、成膜助剂、缓冲剂、消泡剂、防锈剂等）计量好，放入高速分散机内搅拌均匀；再加入颜料、补强剂等进行充分混合。

b. 将混合料浆用砂磨机或三辊研磨机等进行研磨使其完全分散，制成细浆料。

c. 将制好的细浆料分批慢速加入到丙烯酸乳液中，最后加入增稠剂及色浆调配乳胶漆的稠度和颜色。混合均匀的乳胶漆浆经过滤，检验合格后即可入库。

(3) 工艺操作要点

乳胶漆的成膜物质是树脂乳液，是一种热塑性树脂，它是靠分散相-水分的挥发在空气中自然干燥成膜。因此树脂乳液的性质决定了最终产品的性能。树脂乳液的性质是由所选的单体种类、用量、合成工艺条件及各种助剂所决定的。

① 单体性质及用量对乳液的影响　合成丙烯酸树脂的单体有黏性单体（软单体）、内聚单体（硬单体）和改性单体（官能团单体），其中软单体贡献黏附性和柔软性，常见的有丙烯酸乙酯、丙烯酸丁酯、丙烯酸2-乙基己酯；硬单体贡献内聚力和强度，常见的有（甲基）丙烯酸甲酯、苯乙烯、醋酸乙烯酯等；官能团单体（带有如环氧基等活性基团）的引入可赋予聚合物一些特殊的反应特性，常见的有（甲基）丙烯酸、（甲基）丙烯酸羟乙酯、甲基丙烯酸缩甘油酯、*N*-羟甲基丙烯酸铵等。由于不同的单体性质不同，因此，合成乳胶漆软、硬单体的选择和用量比例的不同对乳液的性能有不同的影响。要据实际要求进行选择和配比。

② 乳化剂的影响　乳化剂是乳液聚合的体系中的重要组分，在乳液聚合过程中起着举足轻重的作用，它对乳液聚合反应中的聚合速率、聚合度、乳胶粒数目及直径、合成聚合物乳液的稳定性具有重大的意义。

在制备乳胶漆工艺中，通常采用阴离子型表面活性剂和非离子型表面活性剂混合使用。如十二烷基苯磺酸钠和吐温-60的混合使用。乳化剂的用量要适当，乳化剂用量过大，产生的泡沫多，对生产、施工不利，需要更多的消泡剂，影响涂膜的耐水性和耐冲刷性；用量太少，单体不足以被乳化而分散水中，易产生絮凝现象，乳液不稳定，涂膜成膜性差。

③ 引发剂的影响　丙烯酸酯类乳液聚合体系中的引发剂多为过硫酸铵、过硫酸钾及过硫酸钠等水溶性硫酸盐。随着引发剂用量的增加，聚合速率和转化率增加，生成的聚合物分子量下降，乳液稳定性、胶膜的剥离强度、内聚力和耐水性下降。引发剂用量少，反应速率慢，生成的树脂的分子量大，分布范围窄，但游离（剩余）单体含量大，对环境和人的健康不利。引发剂的用量通常为单体总量的0.4%～0.8%。

④ 成膜助剂的影响　作为乳胶漆的成膜助剂有醇类、醚类、醇醚类等溶剂。例如乙二醇、二乙二醇甲醚、一缩二乙二醇甲醚等，用量为漆量的2%～8%，用量太多，涂膜不易干燥，耐候性下降，对环境影响很大。

⑤ 分散介质——水的影响　乳液聚合应采用去离子水或蒸馏水，一般占单体总量的50%～70%，用水量太大，会影响设备的利用率，用水量太小，乳液浓度高，乳液不稳定，且体系黏度大，会影响体系的传热效率。

⑥ 反应温度的影响　当引发剂浓度一定时，温度升高，聚合速率增大，聚合物的平均分子量下降。乳液聚合丙烯酸树脂的温度一般为混合单体-水的共沸回流温度，一般在75～90℃。接近终点时温度可升至90～95℃。

⑦ 搅拌强度的影响　对丙烯酸酯乳液聚合来说，搅拌强度不能太高，否则会使乳胶粒数目减少，乳胶粒直径增大和聚合速率降低，同时会产生乳液的凝胶，甚者导致破乳。

单 元 小 结

本章从介绍涂料的定义入手，主要讨论了涂料的命名和组成，并分别介绍了典型的4类涂料（醇酸树脂涂料、丙烯酸树脂涂料、环氧树脂涂料和聚氨酯涂料）的特点、用途和工艺合成路线。

1. 涂料主要由四种组分构成，分别是成膜物质、颜料、助剂和溶剂，其中成膜物质是组成涂料的基础，它具有黏结涂料中其他组分形成涂膜的功能。它对涂料和涂膜的性质起决定性的作用。

2. 涂料的命名在中华人民共和国国家标准GB 2705—81中，有原则规定。这个规定是：

涂料全名＝颜色或颜料名称＋成膜物质名称＋基本名称。

3. 醇酸树脂涂料是以醇酸树脂（脂肪酸与二元醇或多元醇的缩聚产物）为主要成膜物质的涂料的总称。目前在醇酸树脂的工业生产中，其工艺路线仍以醇解法和溶剂法为主。

4. 丙烯酸涂料是以丙烯酸树脂为成膜物质的涂料的总称。有热塑性和热固性两大类。其工艺路线有通过缩聚反应制备丙烯酸树脂和混合调漆两个工段。

5. 环氧树脂涂料既可以作为涂料也可以作为胶黏剂，因其良好特性（黏附性、耐溶剂性、电绝缘性），广泛用于电子工业、建筑、机械和化工防腐蚀涂装等领域。

6. 聚氨酯涂料是以聚氨酯树脂为主要成膜物质涂料的总称。聚氨酯是聚氨基甲酸酯的简称，它通常是由多异氰酸酯和多羟基化合物通过逐步加聚反应制得。

7. 乳胶漆由于它是一类水性涂料，因其组分中有机溶剂含量低，而成为绿色环保型涂料。其工艺过程包括成膜物质的乳液聚合、助剂的研磨加工和调漆3个工序。乳胶漆的最终产品性能是由所选单体的种类、用量、各种助剂的性质以及加工过程的控制所决定的。

习　题

1. 什么叫涂料？涂料的作用有哪些方面？
2. 按成膜物质分类，涂料分为哪几类？
3. 按GB T 2705—2003，对涂料命名原则是如何规定的？
4. 已知某一醇酸树脂的配方为：豆油（碱漂）120kg，甘油（99%）45kg，苯酐（99.5%）80kg，黄丹0.020kg，溶剂二甲苯250kg，求此醇酸树脂的油度（设反应过程中，苯酐损耗2%，其他损耗不计），属于哪个油度范围的醇酸树脂？
5. 试述热固性丙烯酸酯漆的生产工艺。
6. 试述聚氨酯漆有哪些特点？
7. 乳胶漆有哪些特点？影响其生产质量的因素有哪些？

参　考　文　献

[1] 涂料工艺编委会编．涂料工艺（上）．北京：化学工业出版社，1997.
[2] 张洁等编．精细化工工艺教程．北京：石油工业出版社，2004.
[3] 刘德峥编．精细化工生产工艺学．北京：化学工业出版社，2000.
[4] 曾繁涤编．精细化工产品工艺学．北京：化学工业出版社，1997.
[5] 耿耀宗编．现代水性涂料工艺·配方·应用．北京：中国石化出版社，2003.
[6] 陈春．丙烯酸酯乳胶漆的制备．表面技术，2002，31（1）：63-65.
[7] 李维盈等．丙烯酸酯乳液影响因素的研究．北京工业大学学报，2002，28（2）：150-154.
[8] 张贻鑫．乳胶漆生产工艺流程简述．装饰装修材料，2002，10：76-77.

9 精细化工生产中的废水处理

精细化工范围较广，品种繁多，包括了染料、农药、制药、香料、涂料、感光材料和日用化工等约40个行业，在我国国民经济中占有相当大的比重。但是，随着精细化工生产规模的发展和扩大，生产过程中对自然环境的水体污染也日益加剧，对人类健康的危害也日益普遍和严重。由于精细化工废水中的污染物大多属于结构复杂、有毒、有害和生物难降解的有机物质，治理难度大且成本高，已成为化工废水治理中的难点和重点。

学习要求

(1) 了解精细化工废水处理的基本概念。

(2) 掌握废水处理的基本方法和基本原理。

(3) 了解典型精细化工过程废水处理方法。

(4) 掌握有关清洁生产的基本概念。

想一想！（完成答案）

1.《中华人民共和国环境保护法》是____年__月__日第____届全国人民代表大会常务委员会第____次会议通过。

2. 联合国已将每年的____________定为“世界水日”，提醒人们注意水资源的开发、管理和保护。

9.1 概　述

9.1.1 精细化工废水的特点及治理原则

精细化工废水具有以下特点：废水成分复杂，多数废水COD浓度高，色泽深，气味大。水质稳定性差；含有大量的难以生化降解的物质，可生化性差；多数呈现强酸强碱性，有的含盐量高，腐蚀性大；废水内含较多的化工原料及中间体等宝贵资源，可回收价值高。因此无论哪个行业，哪种精细化学品，其生产废水的治理均应符合下列原则：

① 采用无废少废、节能、降耗、清洁的生产工艺技术，重点抓好源头污染预防，最大可能地减少生产过程中的污染物的产生量和排放量。实行清洁生产，这是治理废水最有效和最根本的途径。

② 清污分流，提高水的重复利用率，实现水的闭路循环。

③ 尽可能从废水中富集回收有用物质，实现废物无害化与资源化相结合。

④ 发展先进实用的废水预处理技术，为提高集中深度处理装置的规模效益创造良好的条件。

⑤ 建立和健全企业环境保护管理制度，提高员工环境意识和保护环境的积极性。

9.1.2 精细化工废水的分类

(1) 按照来源分类

① 工艺废水　由生产过程中生成的浓废水（如蒸馏残液、结晶母液、过滤母液等），这

类废水一般含有的污染物含量较多，有的含盐浓度较高，有的还具有毒性，不易生物降解，对水体污染影响较大。

② 洗涤废水　如产品或中间产物的精制过程中的洗涤水，间歇反应时反应设备的洗涤用水。这类废水的特点是污染物浓度较低，但水量较大，因此污染物的排放总量也较大。

③ 地面冲洗水　地面冲洗水中主要含有散落在地面上的溶剂、原料、中间体和生产成品。这部分废水的水质水量往往与管理水平有很大关系，当管理较差时，地面冲洗水的水量较大，且水质也较差，污染物总量会在整个废水系统中占有相当的比例。

④ 冷却水　这类废水一般均是从冷凝器或反应釜夹套中放出的冷却水。只要设备完好没有渗漏，冷却水的水质一般较好，应尽量设法冷却后回用，不易直接排放。直接排放一方面是资源的浪费，另外也会引起热污染。一般来说，冷却水回用后，总是有一部分要排放出去的，这部分冷却水与其他废水混合后，会增加处理废水的体积。

⑤ 跑、冒、滴、漏及意外事故造成的污染废水　生产操作的失误或设备的泄漏会使原料、中间产物或产品外溢而造成污染，因此在对废水治理的统筹考虑中，应当有事故的应急措施。

⑥ 二次污染废水　这类废水一般来自于废水或废水处理过程中可能形成的新的废水污染源，如预处理过程中从污泥脱水系统中分离出来的废水，从废气处理塔中排出的废水。

(2) 按照行业分类

有制药废水、染料废水、日用化工废水等。

(3) 按照废水中含有的污染物种类分类

有烃类废水、卤烃废水、含醇废水、含醚废水、含醛废水、含酮废水、羧酸废水、酯类废水、含酚废水、醌类废水、酰胺废水、含腈废水、硝基废水、胺类废水、有机硫废水、有机磷废水、杂环化合物废水、聚乙烯醇废水、氨氮废水、含盐废水等。

(4) 按照水质或生物降解性能分类

有溶剂型废水、高浓度生物易降解废水、低浓度生物易降解废水、含有毒有害物质废水等。

9.1.3 废水的水质指标

(1) 有毒有害物质的量

有毒物质对人类会产生较大的伤害，一般认为，铜、铅、铬、汞、砷、氟、氰等化合物对人体及水生生物均有一定毒性。因此国家对含有有毒物质的废水排放有严格的要求。例如苯胺类废水要求苯胺类不大于1mg/L。总砷量不大于0.5mg/L。

(2) 废水中有机污染物的宏观指标

对于有毒的有机污染物，国家已经制定了各类排放标准。但是，有机物的数目很多，不可能一一规定排放标准，另外如果对废水中的有机物质一一进行定性分析，既耗费时间，又耗费药品。因此除了对毒性较大的有机物质制定排放标准外，其他的有机物质均用有关的宏观指标来检测和控制。常用的宏观指标有下列四种。

① 化学需氧量（COD）　它是指1L废水中能被氧化的物质在被化学氧化剂氧化时，所需氧的相当量，以mg/L作为单位。废水中的有机物质愈多，其COD值也越高，二者之间呈正比例关系。用重铬酸钾法测量的化学需氧量记为COD_{Cr}。

② 总需氧量（TOD）　是指在特殊的燃烧器中，以铂为催化剂，在900℃温度下使一定量水样汽化，其中有机物燃烧，再测定气体载体中氧的减少量，作为有机物完全氧化所需要

的氧量。所得结果与COD值有一定的关系。

③ 总有机碳（TOC） 以有机物中的主要元素——碳的量来表示，称为总有机碳。TOC的测定类似于TOD的测定。在950℃的高温下，使水样中的有机物汽化燃烧，生成CO_2，通过红外线分析仪，测定其生成的CO_2之量，即可知总有机碳量。由于TOC的测定采用高温燃烧，因此能将有机物全部氧化，它比BOD_5或COD更能直接表示有机物的总量。因此常被用来评价水体中有机物污染的程度。

④ 生物需氧量（BOD） 生物需氧量又称生化耗氧量，是表示水中有机物等需氧污染物质含量的一个综合指标，其单位以mg/L表示。其值越高，说明水中有机污染物质越多，污染也就越严重。污染物由于在分解过程中消耗氧气，故亦称需氧污染物质。若这类污染物质排入水体过多，将造成水中溶解氧缺乏，同时，有机物又通过水中厌氧菌的分解引起腐败现象，产生甲烷、硫化氢、硫醇和氨等恶臭气体，使水体变质发臭。

污水中各种有机物得到完全氧化分解的时间，总共约需100d，为了缩短检测时间，一般生化需氧量以被检验的水样在20℃下，五天内的耗氧量为代表，称其为五日生化需氧量，简称BOD_5。由于COD值粗略地表示了水中所有有机物化学氧化时的需氧量，而BOD_5值表示了水中可以生物氧化降解的有机物降解时的需氧量，因此COD与BOD_5的差值可以粗略地表示废水中生物不可降解部分的有机物的需氧量。而BOD_5/COD的比值则可以大致表示废水中的可生化降解特性，一般认为，当BOD_5/COD大于0.3～0.35时，即是可生化降解物质，各种有机物质的BOD_5/COD比值参见附录C。

(3) 废水中无机污染物指标

① pH 因为适宜于生物生存的pH范围往往是非常狭小，并且生物对此也非常敏感，因此pH对废水是一个重要指标。

② 氮的化合物 废水中的氮的化合物的量称为总氮量。

③ 磷的化合物 磷的化合物对藻类及其他微生物非常重要，过量的磷化物会促进有害藻类的繁殖。

④ 硫的化合物 水体中含有的硫酸盐，它在厌氧菌的作用下还原成硫化物及硫化氢，将造成水管的腐蚀，当硫化物的浓度大于200mg/L时，还会导致生化过程失败。

(4) 气体含量指标

水体中常含有溶解的空气，其中溶解氧浓度越高，表示水质越好。在一般的废水中，特别是腐化的水中常存在硫化氢及甲烷气体。

9.1.4 废水的排放标准

为贯彻《中华人民共和国环境保护法》和《中华人民共和国海洋环境保护法》，控制水污染，保护江河、湖泊、运河、渠道、水库和海洋等地面水以及地下水水质的良好状态，保障人体健康，维护生态平衡，促进国民经济和城乡建设的发展，国家环境保护局和国家技术监督局发布了GB 8978—1996《污水综合排放标准》。

该标准与国家行业排放标准实行不交叉执行的原则，造纸工业执行《造纸工业水污染物排放标准》(GB 3544—92)，船舶执行《船舶污染物排放标准》(GB 3552—83)，船舶工业执行《船舶工业污染物排放标准》(GB 4286—84)，海洋石油开发工业执行《海洋石油开发工业含油污水排放标准》(GB 4914—85)，纺织染整工业执行《纺织染整工业水污染物排放标准》(GB 4287—92)，肉类加工工业执行《肉类加工工业水污染物排放标准》(GB 13457—92)，合成氨工业执行《合成氨工业水污染物排放标准》(GB 13458—92)，钢铁工业执行《钢铁工业水污染物排放标准》(GB 13456—92)，航天推进剂使用执行《航天推进剂水污染物排放标准》(GB 14374—93)，兵器工业执行《兵器工业水污染物排放标准》(GB 14470.1～14470.3—93 和 GB 4274～4279—84)，磷肥工业执行《磷肥工业水污染物排放标准》(GB 15580—95)，烧碱、聚氯乙烯工业执行《烧碱、聚氯乙烯工业水污染物排放标准》(GB 15581—95)，其他水污染物排放则均执行 GB 8978—1996《污水综合排放标准》。

新增加国家行业水污染物排放标准的行业，按其适用范围执行相应的国家水污染物行业标准，不再执行 GB 8978—1996《污水综合排放标准》。

(1) GB 8978—1996《污水综合排放标准》的标准分级

排入 GB 3838Ⅲ类水域（划定的保护区和游泳区除外）和排入 GB 3097 中二类海域的污水，执行一级标准。排入 GB 3838 中Ⅳ、Ⅴ类水域和排入 GB 3097 中三类海域的污水，执行二级标准。排入设置二级污水处理厂的城镇排水系统的污水，执行三级标准。排入未设置二级污水处理厂的城镇排水系统的污水，必须根据排水系统出水受纳水域的功能要求，分别执行一级标准和二级标准的规定。

GB 3838 中Ⅰ、Ⅱ类水域和Ⅲ类水域中划定的保护区，GB 3097 中一类海域，禁止新建排污口，现有排污口应按水体功能要求，实行污染物总量控制，以保证受纳水体水质符合规定用途的水质标准。

(2) GB 8978—1996《污水综合排放标准》的标准值

GB 8978—1996《污水综合排放标准》将排放的污染物按其性质及控制方式分为两类。第一类污染物，不分行业和污水排放方式，也不分受纳水体的功能类别，一律在车间或车间处理设施排放口采样，其最高允许排放浓度必须达到本标准要求（采矿行业的尾矿坝出水口不得视为车间排放口）。第二类污染物，在排污单位排放口采样，其最高允许排放浓度必须达到本标准要求。

该标准按年限规定了第一类污染物和第二类污染物最高允许排放浓度及部分行业最高允许排水量，分别为：1997 年 12 月 31 日之前建设（包括改、扩建）的单位，水污染物的排放必须同时执行附录 D、附录 E、附录 F 的规定。1998 年 1 月 1 日起建设（包括改、扩建）的单位，水污染物的排放必须同时执行附录 D、附录 G、附录 H 的规定。建设（包括改、扩建）单位的建设时间，以环境影响评价报告书（表）批准日期为准划分。

9.1.5 绿色化学与技术进步

(1) 绿色化学的提出及其含义

绿色化学，也称作可持续化学、环境无害化学、环境友好化学、清洁化学。这一概念概括地说就是："绿色化学是一种给予能力的或可操作的科学，利用它可使经济和环境的发展协调的进行。"也就是说它是利用一套原理能在化学产品的设计、开发和加工过程中都能减少或消除使用对人类健康和环境有害的物质。绿色化学的目的在于不再使用有毒、有害的物质，也不再产生废物，不再处理废物。真正使原材料在加工过程中合理利用能源、降低生产成本。

(2) 绿色化学是清洁生产的重要组成部分

生产过程是一个复杂的物质转化的输入输出系统，绿色化学认为生产过程在制造满足要求的产品的同时，因具有较少的输入和较高的输出，并尽量减少废物，消减或消除污染，使生产过程达到有效的利用输入，且具有优化输出的结果，如图 9-1 所示。

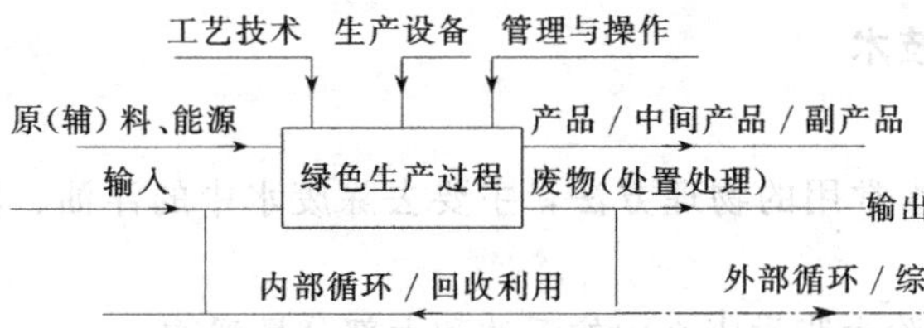

图 9-1 绿色生产过程的基本途径

(3) 绿色化学对技术进步的要求

① 采用环境友好的催化剂 要发展环境友好的绿色化学，其中新的催化方法是关键，开发无污染物排放的新工艺以及有效地治理废渣、废液、废气的污染过程，都需要开发使用新型的无毒、无害的催化剂。

② 采用无毒无害的介质 在精细化工生产过程中往往需要使用大量的溶剂。使用量最大、最常见的溶剂主要有石油醚、苯类芳香烃、醇、酮、卤代烃等，这些有机溶剂绝大多数都是易挥发、有毒、有害的。因此开发采用无毒无害的溶剂，也是绿色化工中的一项重要内容。目前，无公害溶剂主要研究方向有水与超临界水、超临界二氧化碳等。

③ 强化绿色化工的过程与设备 生产过程的集成化，以及优化控制和超声波和微波等新技术在精细化工界的应用正是朝着强化绿色化工的过程与设备方向发展。

④ 采用环境友好的化工材料 所谓环境友好的化工材料是那些具有良好使用性能，并对资源和能源消耗少，对生态环境污染小，再生利用率高或可降解循环利用，在制备、使用、废弃直到在循环利用的整个过程中都与环境协调共存的一类材料。

⑤ 采用清洁的能源 目前清洁能源的生产途径有：a. 采用清洁燃油，利用重整清洁化技术、催化裂化汽油清洁化技术、异构化汽油技术、烷基化汽油技术等实现燃料清洁化；b. 采用天然气、液化石油气、含氧化合物、氢气等代替现有汽油、柴油消耗；c. 燃料电池的应用。

想一想！（完成答案）

1. 除日用化工厂会排出含脂废水，还有哪些类型的企业也排放含脂废水?

答案：________________。

2. 哪些有机物属于脂类化合物?（至少写出 5 种）

答案：______________________。

9.2 日用化工厂含脂废水的处理

9.2.1 概述

日用化工生产厂，因其主要产品为油酸、硬脂酸、固体酸、焦油、化妆品系列、膏霜系列、肥皂等，主要原材料为豆油、动物油脂、棕榈油等。而成为含脂类的废水主要产生源。

含脂类废水由于含有大量的脂肪酸、甘油、表面活性剂物质、油脂等呈现良好的乳化性和亲和性，能导致水体 COD、BOD 的升高，如果这些物质未经处理直接进入江河湖海水体，则危害水体生态系统，严重污染周围环境。在污水排放系统中长碳链脂肪酸及油脂的积累还会导致排水管道的水力容量损失（或排水管道堵塞）。

9.2.2 含脂类废水的处理技术

(1) 物理法处理

隔油、气浮是含脂类废水常用的物理方法，主要去除废水中的浮油、乳化油和悬浮物等。一般作为预处理。

① 隔油　隔油主要是去除含脂类废水中的浮油和大部分悬浮物。

② 气浮法　该法对于去除含脂类废水中的乳化油有特殊功效。其原理是设法使水中产生大量的微气泡，以形成水、气及被去除物质的三相混合体，在界面张力、气泡上升浮力和静水压力差等多种力的共同作用下，促进微细气泡黏附在被去除的油滴上后，因黏合体密度小于水而上浮到水面，从而使水中油粒被分离去除。也可先投加混凝剂，它能使气浮法的除油效率提高一倍。

(2) 化学法处理

常用于处理含脂类废水的化学法主要有水解、化学沉淀等，主要是去除废水中的油、脂肪等脂类。

① 碱性水解和酶水解　使用碱性物质或酶水解以减少废水中的脂肪颗粒，常作为含脂类废水的预处理。通常采用石灰、NaOH、胰脂肪酶、细菌酶等，其中石灰最具有经济实用性，但是会产生大量的废渣。

② 混凝处理　向废水中投加混凝剂，使其中的胶粒物质发生凝聚和絮凝而分离出来，以净化废水的方法。混凝系凝聚作用与絮凝作用的合称。常用的混凝剂有铝盐、铁盐等，其中聚合硫酸铁混凝处理含脂类废水效果较好。

(3) 生物处理

① 好氧生物处理　一般好氧微生物的最适宜 $pH=6.5\sim8.5$；当 $pH<4.5$ 时，真菌将占优势，引起污泥膨胀。

a. 活性污泥法　在生化反应器或曝气池中，让有机污染物与活性污泥形成“混合液”，并人工曝气数小时。利用池中微生物（主要为细菌）使废水中的有机物在水中溶解氧氧化成较小分子的过程。所谓曝气过程就是通过氧气的作用将水体中的物质析出的一个过程。

b. 生物膜法　生物膜法是利用附着生长于某些固体物表面的微生物（即生物膜）进行有机污水处理的方法。生物膜是由高度密集的好氧菌、厌氧菌、兼性菌、真菌、原生动物以及藻类等组成的生态系统，其附着的固体介质称为滤料或载体。

② 厌氧生物处理　厌氧工艺处理废水的优势在于它能处理较高浓度的有机废水而不必稀释进水浓度。目前厌氧处理工艺较多采用升流式厌氧污泥床（UASB），厌氧生物滤池（AF）和厌氧折流板反应器（ABR）等。

9.2.3 实际工艺操作举例

(1) 项目概述

某日用化工厂，废水进水水质如表 9-1 所示。

表 9-1　某日化厂废水水质指标

污染物名称	COD	BOD_5	SS	pH	NH_4-N	色度	动植物油
污染物浓度/(mg/L)	1350	500	500	9.2	20	1600	40

注：色度单位为稀释倍数。

要求处理后废水排放执行 GB 8978—1996《污水综合排放标准》中一级标准，主要污染指标如表 9-2 所示。

表 9-2 GB 8978—1996《污水综合排放标准》中水质排放标准

污染物名称	COD	BOD_5	SS	pH	NH_4-N	色度	动植物油
污染物浓度/(mg/L)	≤100	≤20	≤70	6～9	≤15	50	≤20

注：色度单位为稀释倍数。

针对此类废水特点并结合经济效益，可采用物理处理与生物处理方法相结合的处理工艺。即采用气浮法＋厌氧处理＋好氧处理相结合来处理废水。

(2) 工艺流程

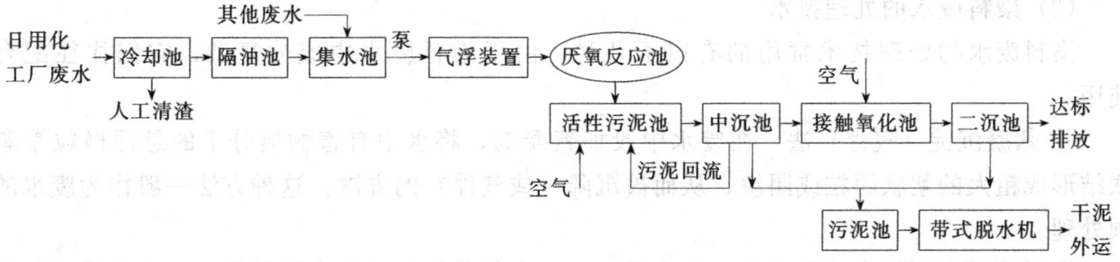

图 9-2 日用化工厂废水处理流程

根据工艺流程图，日用化工厂废水排出经冷却池冷却至常温析出大量浮渣，通过隔油池，隔离悬浮的脂类浮油，然后用泵抽入气浮反应设备预处理，去除污水中油脂成分及部分悬浮物和一部分高分子物质。气浮处理后的废水进入厌氧反应池中进行厌氧分解，去除大部分 COD 并将难生物降解的大分子分解为易生物降解的小分子物质。

经厌氧分解后的废水自流进入二级好氧池，分为活性污泥池、中沉池、接触氧化池三部分，在接触氧化池内安装半软性填料，底部安装微孔曝气器。经过鼓风充氧的废水与污泥充分接触，在微生物的作用下，废水得到净化。二级好氧池的出水自流进入二沉池。二沉池出水达标排放。

厌氧反应池、中沉池和二沉池的剩余污泥除部分回流外，其余排至污泥浓缩池中，经浓缩后用螺杆泵抽入带式脱水机脱水，干污泥定期外运清理，滤出液流回集水池。

想一想！(完成答案)

试写出 3 种已知的酸性染料以及生产这些染料时所涉及的酸的名称。

答案：____。

9.3 染料生产厂酸性染料废水的处理

染料一般是通过氯化、偶合、乙基化、缩合、氧化还原、重氮化等化学反应制得的，因此染料废水中含有大量的卤化物、硝基物、氨基物、苯胺及酚类等有毒物质。还含有氯化物、硫化物、硫酸盐以及硫酸、硝酸、盐酸。因此染料生产废水，不仅 COD、盐度和酸度高，而且色度高达几十倍，污染物结构复杂，生物可降解能力较低，直接排放对环境有较大危害。

9.3.1 染料生产厂酸性染料废水的处理技术

(1) 降低酸度

生化处理废水是最经济实用的方法，但染料废水中的酸量高达 20%，其中绝大多数是硫酸。因此治理染料废水首先是将废水的 pH 得升高到合适微生物生存的条件。降低酸度的方法有两种。

① 加废铁屑降低酸度，同时可制得硫酸亚铁。原理如下：

$$Fe+H_2SO_4 = FeSO_4+H_2\uparrow \quad 4Fe+10HNO_3 = 4Fe(NO_3)_2+NH_4NO_3+3H_2O$$

$$Fe_2O_3+3H_2SO_4 = Fe_2(SO_4)_3+3H_2O$$

$$Fe_3O_4+4H_2SO_4 = FeSO_4+Fe_2(SO_4)_3+4H_2O$$

② 加入石灰降低酸度，同时可制得石膏。其原理如下：

$$CaO+H_2SO_4 = CaSO_4+H_2O \quad CaO+2HNO_3 = Ca(NO_3)_2+H_2O$$

$$CaO+H_2O = Ca(OH)_2$$

(2) 染料废水的处理技术

染料废水的处理技术常用的有以下几种，由于染料废水中成分复杂，它们往往配合使用。

① 絮凝沉淀（气浮）法　在废水中投加絮凝剂，将水中有害物质分子的悬浮微粒聚集联结形成粗大的絮状团粒或团块，从而被沉降（或气浮）的方法。这种方法一般作为废水的预处理。

常用的絮凝剂最多的是铝盐，如硫酸铝、聚合氯化铝等；其次是铁盐，如硫酸铁、氯化铁、氯化硫酸铁及聚合硫酸铁等；也可以使用铁铝混合盐，如聚合氯化铁铝。在废水处理中，为了提高处理效果，还往往使用有机絮凝剂。有机絮凝剂按其电性可分为阴离子型、阳离子型、两性离子型及非离子型。

② 吸附法　吸附法是利用多孔性固体物质，如活性炭、硅聚物、高岭土、工业炉渣、离子交换树脂、碳纤维等。它们具有较高的比表面积，可通过分子间范德华力，对废水中的染料及污染物进行有效的吸附，从而达到净化的方法。然后选择洗脱剂，对吸附剂进行再生处理。

③ 电化学法——电解法　采用石墨、钛板等作极板，以 NaCl、Na_2SO_4 或水中原有盐分作导电介质，对染料废水通电电解，分别在阴阳两极发生氧化还原反应，阴阳两极产生 O_2、Cl_2、H_2 气体或生成不溶于水的沉淀物，使废水得以净化。另外还可以依靠产生的气态氧或 NaClO 的氧化作用及 H_2 的还原作用破坏有害分子结构使其分解为生物易降解的分子。这种方法不仅可以处理染料生产废水，还可以用于处理含重金属离子的废水和农药生产废水，见表 9-3、表 9-4。

表 9-3　电化学法处理五种染料废水的效果

染料种类	浓度/(g/L)	共存电解质/(g/L)	流入速度/(L/min)	电解时间/min	脱色率/%
直接红 D39	0.6	Na_2SO_4 6 NaCl 6	0.8	10	93
酸性红 A11	0.6	NH_4Cl 1.8 阳离子表面活性剂 0.2	0.8	10	67
碱性红 B13	0.6	CH_3COOH 0.3 Na_2SO_4 0.5 CH_3COONa 0.2 NH_4Cl 0.3	0.8	10	66
分散蓝	0.6	NaCl 5	0.8	10	99
还原性红 R11	0.12	NaCl 5	0.8	10	80

表 9-4 电化学法处理化工废水的效果

废水类型	含酚废水	含硫废水	含有机磷肥水
污染物浓度/(g/L)	苯酚 0.25～0.6	COD_{Cr} 180	有机磷化合物(按磷计)1～1.5
投加物量/(g/L)	NaCl 20	NaCl 25～50	NaCl 300～305
电解槽结构	无隔膜	石棉隔膜	有隔膜
阳极材料	石墨	石墨	石墨
电流密度/(A/dm^2)	1.5～6	2	
耗电量/($kW \cdot h/m^3$)	25	300	248
出水中污染物浓度/(mg/L)	0.8～4.3	COD_{Cr} 400	

④ 化学氧化法 该法主要用于分解破坏废水中难以分离，或无明显使用价值的有机和无机污染物的方法。它利用臭氧、氯及其氧化物，如次氯酸钠、二氧化氯、过氧化氢等，将染料废水中的某些有机物基团氧化被分解。

随着高新技术的发展，一种新型高效的废水处理技术——超临界水氧化法（SCWO 法）已经问世。超临界水具有溶解非极性有机物的能力，在足够的压力下，它与有机物、氧或空气完全互溶。可顺利地进行均相氧化反应，99.99%以上的有机物被其迅速氧化成二氧化碳和水，且杂原子也能被氧化。

⑤ 光催化氧化法 一般采用 $ZnO\text{-}CuO\text{-}H_2O_2\text{-}Air$ 复合体系进行光降解，它是利用紫外光（UV）使半导体激发产生电子空穴，破坏染料分子中的共轭发色体系和分子结构。

⑥ 生物法 利用水中微生物的厌氧（好氧）新陈代谢作用，分解水中的有害有机物的方法。

生物法除上一节介绍的好氧生物法的活性污泥法、生物膜法以外，还有生物接触氧化法、深井曝气法以及近些年新开发的生物处理新技术 SRS 法和 AB 法。

a. 生物接触氧化法 该法兼有生物膜法与活性污泥法的特点，好氧微生物附着生长在某介质表面上，形成生物膜，再配以人工曝气，即为生物接触氧化法。此工艺过程如下：

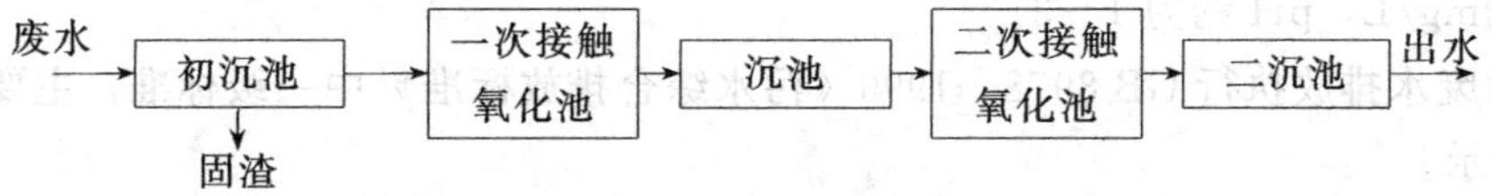

生物接触氧化法与活性污泥法相比，前者电耗降低 40%～50%，且运行稳定，处理效率高，出水水质好，污泥量也少，运行费用较低。

b. 深井曝气法 深井曝气是英国 ICI 公司于 20 世纪 60 年代末开发的高效生物处理法，井深约 50～150m，直径为 0.5～2.0m。由于高池水压力的充氧作用和气液接触时间的增加，致使水中饱和溶解氧浓度明显提高。尤其适用于高浓度、难降解有机废水的处理。

c. SBR 法 SBR 法包括硝化与反硝化两个过程。在好氧条件下，亚硝酸菌和硝酸菌将废水中的氨氧化成亚硝酸盐，同时生成酸，随后亚硝酸盐再进一步氧化成硝酸盐，此过程称为硝化。在缺氧条件下，反硝化菌从硝化所产生的硝酸盐中夺取氧，放出氮气，同时生成碱，此过程称为反硝化。这种方法脱氮、脱磷效果显著。

硝化与反硝化作用可用下式表示：

硝化：

$$NH_4^+ + \frac{3}{2}O_2 \xrightarrow{\text{亚硝酸菌}} NO_2^- + H_2O + 2H^+$$

$$NO_2^- + \frac{1}{2}O_2 \xrightarrow{\text{硝酸菌}} NO_3^-$$

反硝化：

$$NO_2^- + 3H \xrightarrow{\text{反硝化菌}} \frac{1}{2}N_2 + H_2O + OH^-$$

$$NO_3^- + 5H \xrightarrow{\text{反硝化菌}} \frac{1}{2}N_2 + 2H_2O + OH^-$$

d. 吸附絮凝-生物降解法（简称 AB 法） AB 法是由 A（吸附絮凝段）和 B（生物氧化段）两个曝气池串联而成，A 段与 B 段回流系统严格分开，且一般不设初沉池。A 段微生物以细菌为主，其泥龄短（0.3～0.5d），繁殖速度快，它主要靠污泥的吸附絮凝作用去除水中的有机物，它是 AB 工艺的主体，而 B 段原生物居多。其工艺流程如图 9-3。

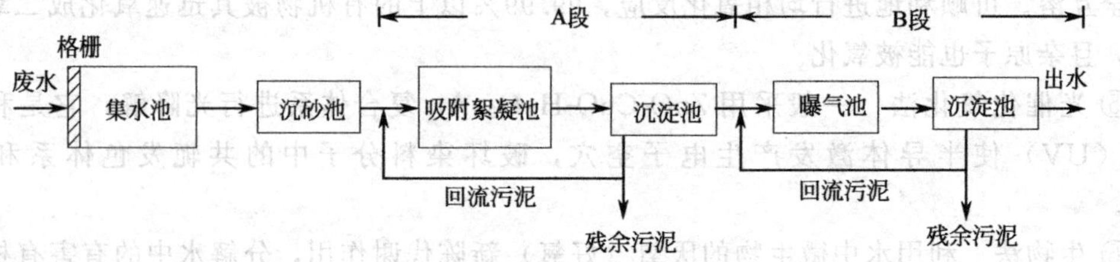

图 9-3 AB 法工艺流程

9.3.2 实际工艺操作举例

(1) 项目概述

某染料厂主要生产酸性分散染料，在生产中排放的废水呈淡黄色，其中含硫酸 14%～40%，硝酸及盐酸 2%～3%，染料及相关杂质 5%～8%，废水色度 30 万～40 万，COD 为 5000～8000mg/L，pH 约为 1～3。

处理后废水排放执行 GB 8978—1996《污水综合排放标准》中一级标准，主要污染指标见表 9-5 所示。

表 9-5 染料生产厂废水 GB 8978—1996《污水综合排放标准》中规定指标

污染物名称	COD	BOD_5	SS	pH	苯胺类	色度	硝铵类
污染物浓度/(mg/L)	≤100	≤100	≤20	6～9	≤1.0	50	2.0

针对废水特点采用结合经济效益，现采用预处理（降低酸度）＋电化学法＋絮凝沉淀＋厌氧处理＋好氧处理相结合来处理废水。

(2) 工艺流程

工艺流程如图 9-4 所示，来自酸性染料车间的废水先在反应池内与经过预先处理的废铁屑（废铁）反应，降低废水的酸度，并得到一定品质的硫酸亚铁产品，反应后废水（滤液）

通过泵注入调节池，与其他废水被送往调节池用石灰石继续中和，提高废水的 pH 达 7 左右，中和后经过滤，固渣焙烧得产品石膏板，滤液经调节池（保证水质的稳定性）由污水泵输送到电化学分解塔和絮凝沉降池，去除废水中一部分 COD 和悬浮颗粒。絮凝处理后的废水进入厌氧反应池中进行厌氧分解，去除大部分 COD 并将难生物降解的大分子分解为易生物降解的小分子物质。

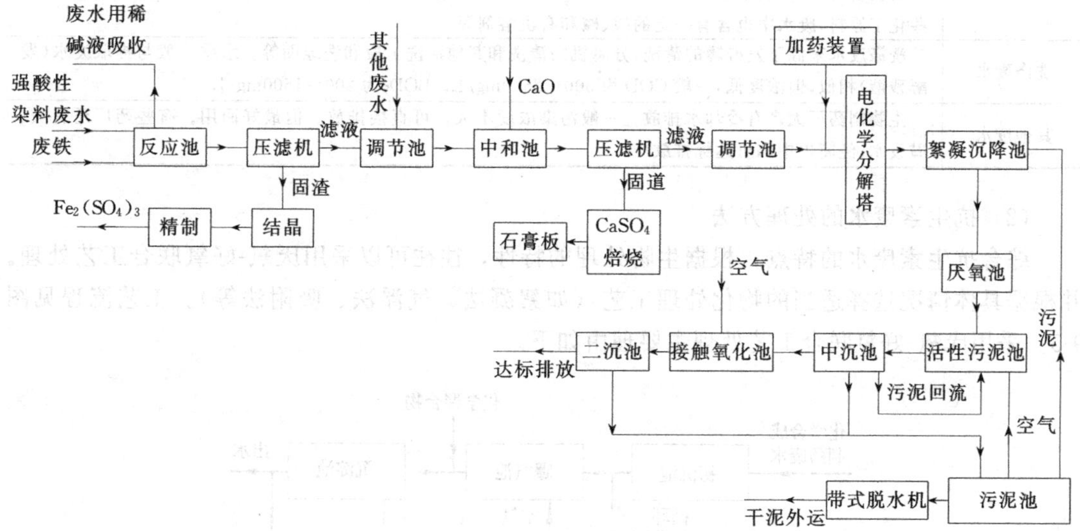

图 9-4 酸性染料废水处理工艺流程

厌氧分解后的废水自流进入好氧池，好氧池分为活性污泥池、中沉池、接触氧化池三部分，在接触氧化池内安装半软性填料，在微生物的作用下，废水得到净化。二级好氧池的出水自流进入二沉池。二沉池出水达标排放。

厌氧反应池、中沉池和二沉池的剩余污泥除部分回流外，其余排至污泥浓缩池中，经浓缩后抽入带式脱水机脱水，干污泥定期外运清理。

想一想！（完成答案）

写出 3 种已知的抗生素药物的名称。想想抗生素在水体中有哪些危害？

答案：______________________________

9.4 含医药产品废水的处理

随着医药工业的发展，制药废水已成为严重的污染源之一。制药工业废水主要包括四种：抗生素工业废水；合成药物生产废水；中成药生产废水，各类制剂生产过程的洗涤水和冲洗废水。由于药物种类繁多，在药物生产过程中，需要使用多种原料，生产工艺又复杂，因而废水组成也十分复杂。其处理难度较大。

9.4.1 抗生素废水水质及处理方法

（1）抗生素废水的水质

抗生素废水主要包括发酵废水、酸碱废水、有机溶剂及洗涤废水等，其中发酵废水中的有机物浓度较高，COD 达 10^4mg/L，而且废水中残余抗生素对微生物具有抑制作用，使生物处理效率降低。此外，该类废水悬浮物含量高、色度高。其具体水质见表 9-6。

表 9-6 抗生素废水特征

废水来源	主要特征
发酵废水	发酵废水是经提取有用物质后的发酵残液，所以有时也叫提取废水，含大量未利用的有机组分及其分解产物。该类废水中如果不含最终产品，BOD_5一般在4000～13000mg/L之间。当发酵过程不正常，发酵罐内出现杂菌现象时，将导致整个发酵过程失败。因此为保证下一步的正常生产，必须将废发酵液与污染菌丝体一起排放到废水中，从而增大废水中有机物及抗生素类药物的浓度，使废水中COD、BOD_5值出现波动高峰，一般废水的BOD_5可高达$(2\sim3)\times10^4$mg/L。另外，在发酵过程中由于工艺需要采用一些化工原料，废水中也含有一定的酸、碱和有机溶剂等
洗涤废水	洗涤废水来源于发酵罐的清洗，分离机的清洗和其他清洗工段和洗地面等。水质一般与提取废水（发酵残液）相似，但浓度低，一般COD为500～2500mg/L。BOD_5为200～1500mg/L
其他废水	生物制药厂大多有冷却水排放。一般污染浓度不大。可直接排放。但最好回用。有些药厂还有酸、碱废水，经简单中和可达标排放

(2) 抗生素废水的处理方法

综合抗生素废水的特点，根据生物处理的特性，往往可以采用厌氧-好氧联合工艺处理。并根据具体情况选择适当的物化处理工艺（如絮凝法、气浮法、吸附法等）。工艺流程见图9-5。采用厌氧-好氧联合工艺处理主要理由如下。

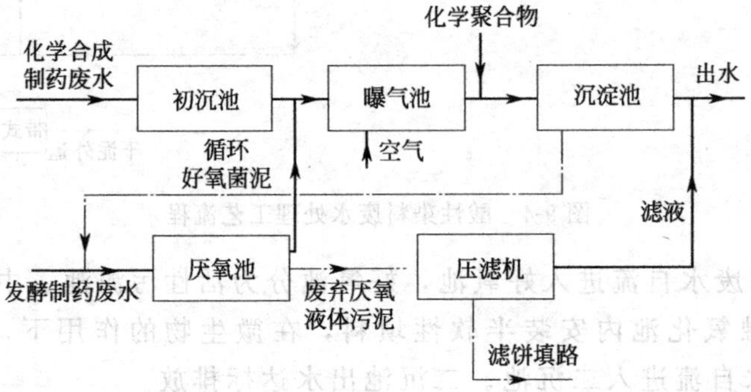

图 9-5 抗生素废水处理工艺流程

① 厌氧微生物能进行好氧微生物所不能进行的解毒作用。例如芳香烃或较大的苯环在好氧环境下趋向于聚合，但在厌氧环境下却能有效的降解，利用这一点可以在厌氧环境下利用厌氧微生物的生命活动打破芳烃环及较大的苯环结构，使其变成小分子，并破坏其抑菌作用，提高废水的生物处理能力。

② 反应过程中厌氧消化比好氧处理更敏感、更具效率。

③ 厌氧法能直接分解、处理高浓度的有机废水，但出水残留COD、BOD_5浓度往往较高，色泽较深，且带有臭味，而好氧法则可以在一定程度上克服这些缺点。故一般多将好氧和厌氧法联合使用。

9.4.2 化学制药等其他类制药废水水质及处理方法

(1) 化学制药等其他类制药废水水质

医药工业废水主要来自于原料药的生产。该废水的特点为COD高，BOD较其他废水低，以硝基苯和其他杂环化合物污染为主。另外中成药废水由于其生产工段包含洗中草药、提取与制剂、洗瓶等工段，其废水中含有各种天然有机污染物，其主要成分多为糖类、有机酸、苷类、蒽醌、木质素、生物碱、单宁、蛋白质、鞣质、淀粉和它们的水解产物等。水质波动加大，其COD含量最高可达6000mg/L，BOD_5最高可达2500mg/L。

(2) 化学制药等其他类制药废水水质处理方法

化学制药废水由于其内成分较复杂，处理方法必须采用物化工艺和生化工艺相结合。

前面已为大家介绍了一些物化处理方法，下面重点介绍反渗透法处理污染废水技术。

反渗透法是利用半透膜将浓、稀溶液隔开，以压力差作为推动力，施加超过溶液渗透压的压力，使其改变自然渗透方向，将浓溶液中的水压渗到稀溶液一侧。可实现废水浓缩净化的目的。其原理如图 9-6 和图 9-7 所示。

图 9-6 左侧为较浓的盐水溶液，右侧为淡水溶液，自然的渗透过程是水由较稀溶液通过渗透膜流向较浓溶液，当溶液液位上升到图中所示位置，物质交换达到平衡。这就是渗透效应。

而反渗透则是利用外来压力将水分子从较浓溶液经过反渗透膜压迫流向较稀溶液。如图 9-7，半透膜对于流体就像一块栅栏板，只允许特定物质（溶剂）通过，而其他物质（溶质）部分或全部被截留。因此利用反渗透原理，就可以达到分离溶液内成分的目的。例如：将水和溶解物质的分离。

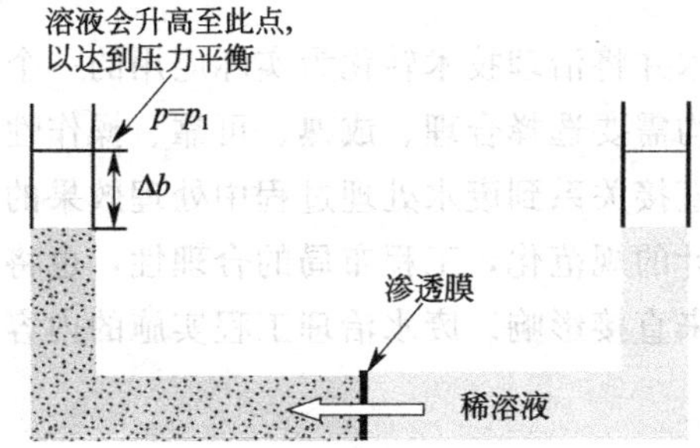

图 9-6　自然的渗透过程

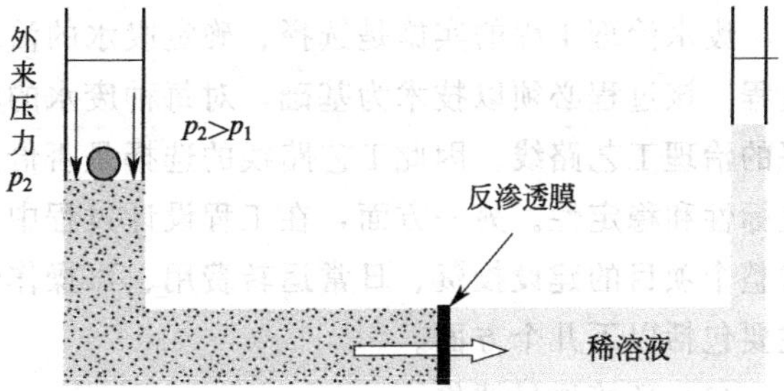

图 9-7　反渗透过程

9.4.3 实际工艺操作举例

目前，制药废水处理实际工程大多数是以生化处理为主，物化处理为辅的工艺技术路线，通过生化处理去除有机物，用物化处理作预处理脱除有害于生物处理的污染物或去除生物处理难以降解的污染物。部分制药厂废水处理工程简介见表 9-7。

表 9-7　部分制药厂废水处理工程

工　艺	工 程 概 况	处 理 效 果
兼氧-接触氧化-气浮法	浙江仙居制药厂废水治理工程：生产甾体类激素为主的化学合成制药企业，现有品种 15 种，经常生产的有双烯、强的松、米非司酮、成品醋酸龙、黄体酮、安宫黄体酮、炔诺酮等产品	水量：$300m^3/d$ 进水：$COD_{Cr}=5500mg/L$ $BOD_5=2200mg/L$ 出水：$COD_{Cr}<240mg/L$， $BOD_5<80mg/L$
煤灰吸附两级好氧生物工艺	武汉健民制药厂废水处理工程：废水主要来自液体制剂车间和固体制剂大楼等部门，其中包括制酊膏糖浆时容器洗涤水、装瓶时洒漏液体、煎煮残液、洗药水、洗瓶水、地板冲洗水等。	水量：$300m^3/d$ 进水：$COD_{Cr}=828mg/L$ $BOD_5=456mg/L$ SS=330mg/L，pH=6.25 出水：达标排放，生物相当丰富
水解酸化生物接触氧化工艺（格栅预处理）	哈尔滨制药四厂废水处理工程：以生产片剂为主。产品有乙酰螺旋霉素、去痛片、解热止痛片、强力脑清素片、胃必治片、安乃近片、交沙霉素片、新速效感冒片等。废水水质变化较大，主要来自生产车间设备清洗水、刷罐水、地板冲洗水及厂区的生活污水。废水中含有大量难降解有机物及有毒有害物质	水量：$175m^3/d$ 进水：$COD_{Cr}=1000mg/L$ $BOD_5=250mg/L$ SS=700mg/L，pH=6～9 油类=16mg/L 出水：$COD_{Cr}\leqslant 2100mg/L$ $BOD_5\leqslant 30mg/L$ SS≤70mg/L，油类≤10mg/L pH=6～9

续表

工 艺	工 程 概 况	处 理 效 果
高效混凝气浮二级生化处理工艺	甘肃兰药药业集团有限责任公司废水处理工程：主要产品有片剂、颗粒剂、胶囊剂、注射用粉针剂、水剂及植物化学提取药等200余种。生产中的废水成分复杂，且排放量大，废水中主要污染物为COD_{Cr}、BOD_5、石油类、硫化物等	水量：$1600m^3/d$ 进水：$COD_{Cr}=7000mg/L$ $BOD_5=5000mg/L$ $SS=768mg/L$，石油类$=56mg/L$ 硫化物$=19.2mg/L$ 出水：$COD_{Cr}\leqslant 27.4mg/L$ $BOD_5=56.0mg/L$ $SS=25.6mg/L$，石油类$=0.38mg/L$ 硫化物$=0.04mg/L$

9.5 精细化工废水治理工程的实施

9.5.1 概述

废水治理工程的实施是选择、确定废水的治理技术并将治理技术转化为实际应用的一个过程。该过程必须以技术为基础，对每种废水的治理均需要选择合理、成熟、可靠、操作性好的治理工艺路线。因此工艺路线的选择是否恰当将直接关系到废水处理过程中处理效果的达标性和稳定性。另一方面，在工程设计过程中，设计的规范化，工程布局的合理性，也将对整个项目的建设投资、日常运转费用、可操作性带来直接影响。废水治理工程实施的内容主要包括以下几个方面。

(1) 环境质量评价

环境质量评价的内容如下。

① 水污染源的调查　对水污染源的调查主要内容包括：污染源（排放口）的分布位置；污染物的种类、性质和排放浓度、数量等；排放方式和排放时间规律；污染治理设施的运转状况和工作效率。

② 废水排放流量的测定　在废水流量测定方面，目前已经掌握了根据流量大小，明渠和管道，固定设施和可移动设施等各种情况下采用的方法。可以根据实际监测环境进行有效选择。

(2) 治理方案的选择和确定

治理方案的选择和确定在废水治理项目实施过程中占有相当重要的地位。一般来讲，治理方案的确定意味着整个工程基本框架的确定。包括处理技术的确定，基本建设投资的确定，日常运转费用的确定等。对治理方案的选择和确定主要根据以下几个方面。

① 废水水质、水量的分析——为正确制定治理工艺提供保障。

② 国内外处理技术和成功经验的借鉴——不失为废水治理工程中的一条捷径。

③ 小试研究、中试研究——即使对设计方案的检验，也是为工程设计提供可靠参数。

④ 制定技术方案。

(3) 工程设计

废水治理项目的设计是根据水质、水量及对废水的处理要求，结合处理现场的实际条件，设计出的一整套适合特定废水治理的设施和设备。对每个污水处理工程所采用的工艺路线、处理装置均不相同。但就设计本身而言，又具有普遍性。下面介绍一些在污水处理过程中常用的处理设施和设备。

① 格栅　格栅是由一组平行的金属栅条制成的框架，斜置在进水渠道上或泵站集水池的进水口处，用以拦截污水中大块的呈悬浮或漂浮状态的污染物，防止堵塞水泵或管道。格栅通常是废水处理的第一道设施。

根据污物的清除方式，有人工清除格栅和机械清除格栅两类。

人工清除格栅见图 9-8，主要应用在中小型污水处理站，所需截留的污染物较少。

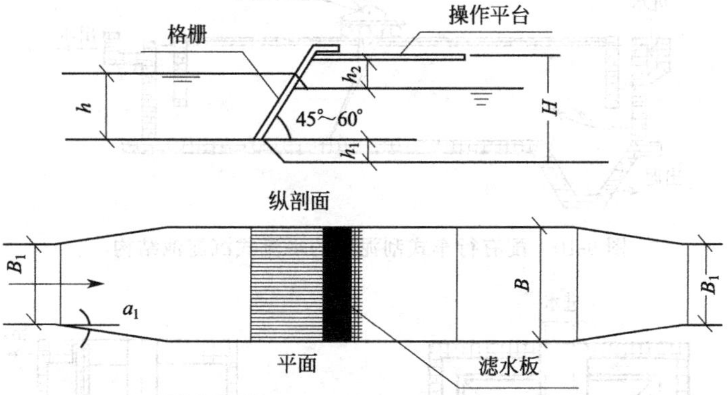

图 9-8　人工清除格栅示意图

机械清除格栅见图 9-9，它属于履带式机械格栅的一种。格栅链条作回转循环转动，齿耙固定在链条上，并伸入栅隙间。这种格栅设有水下导向滑轮，利用链条的自重自由下滑，齿耙在移动过程中将格栅上截留的悬浮物清除掉。在比较大型的污水处理厂均设置机械清除格栅。

② 集水池　它为汇集废水而设置，帮助提高水位，可减少后续构筑物埋深度，降低基建费用。

③ 调节池　调节池是为了均衡废水的水质水量。在工厂里各个车间的生产废水，其排出的废水水量和水质一般来说是不均衡的，生产时有废水，不生产时就没有废水，甚至在一日之内或班产之间都可能有很大的变化，特别是精细化工行业的废水，如果清浊废水不分流，则工艺浓废水与轻污染废水的水质水量变化很大，这种变化对废水处理设施设备的正常操作及处理效果是很不利的，甚至是有害的。因此废水在进入主要污水处理系统前，都要设置一个有一定容积的废水集水池，将废水贮存起来并使其均质均量，以保证废水处理设备和设施的正常运行。

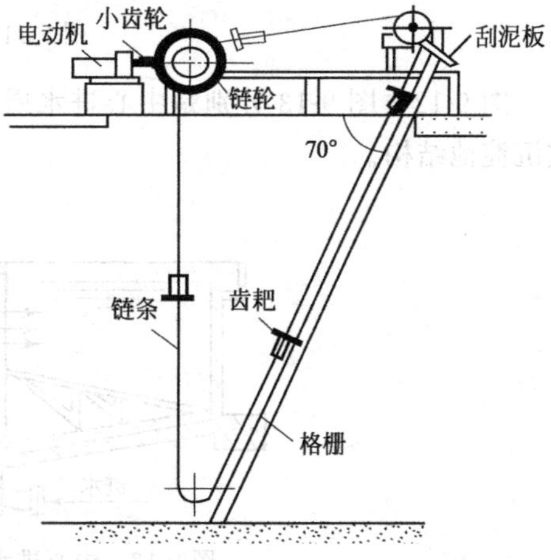

图 9-9　履带式机械清除格栅示意图

调节池一般设有水质均化的曝气系统、潜水搅拌机等。建筑中调节池可与集水池合并集水调节。

④ 沉淀池　沉淀池是废水处理过程中最普遍的处理设施，沉淀池既可以作为废水处理的一部分，也可以作为后续生化出水进行泥水分离的场所。

沉淀池的分类及特点如下。

a. 按废水中固体物去除的方法可分为自然沉淀分离和混凝（絮凝）沉淀分离。

自然沉淀分离是利用重力作用使相对密度大于 1 的粗粒悬浮物沉降分离；混凝（絮凝）

沉淀分离是向废水中投加混凝剂（或絮凝剂），使胶体和粒径与其接近的悬浮固体凝聚沉淀。

b. 按沉淀池中水流的方向不同可分为平流式沉淀池、辐流式沉淀池和竖流式沉淀池。目前斜板、斜管式沉淀池的应用也相当普遍。图 9-10、图 9-11 分别是配有行车式刮泥机的平流式沉淀池和竖流式沉淀池结构图。

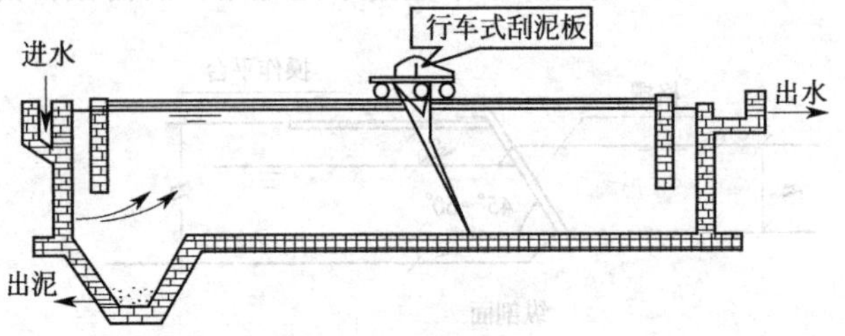

图 9-10 配有行车式刮泥机的平流式沉淀池结构

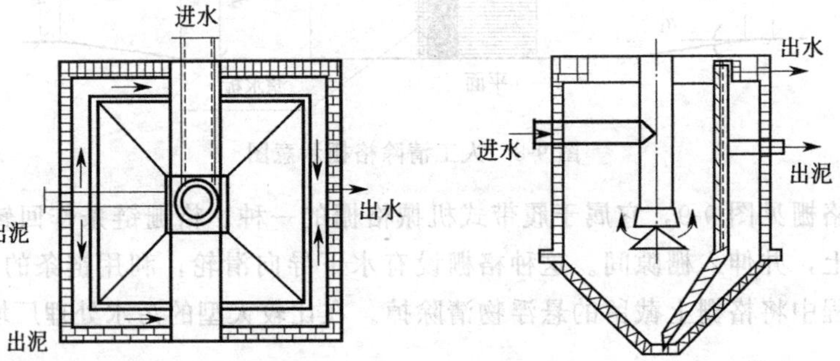

图 9-11 竖流式沉淀池结构

图 9-12、图 9-13 分别是中心进水周边出水的辐流式沉淀池和周边进水中心出水的辐流式沉淀池结构。

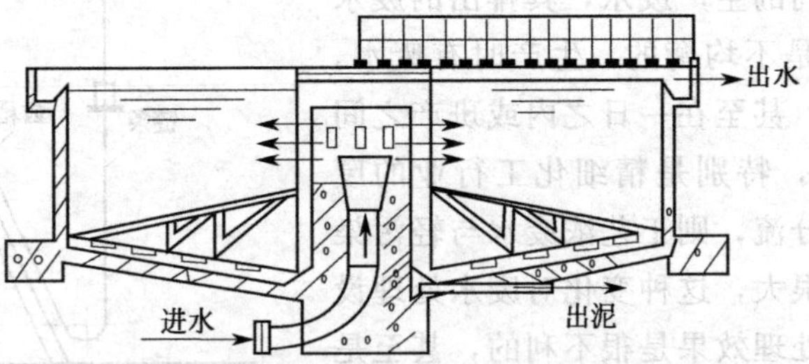

图 9-12 中心进水周边出水的辐流式沉淀池结构

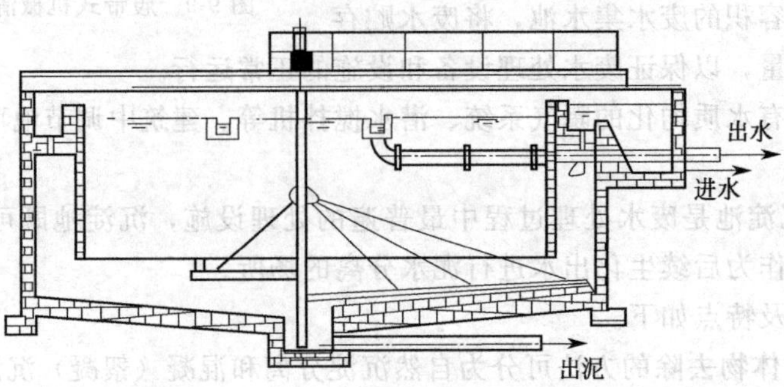

图 9-13 周边进水中心出水的辐流式沉淀池结构

图 9-14 所示为目前使用也比较多的斜板（斜管）沉淀池的结构。

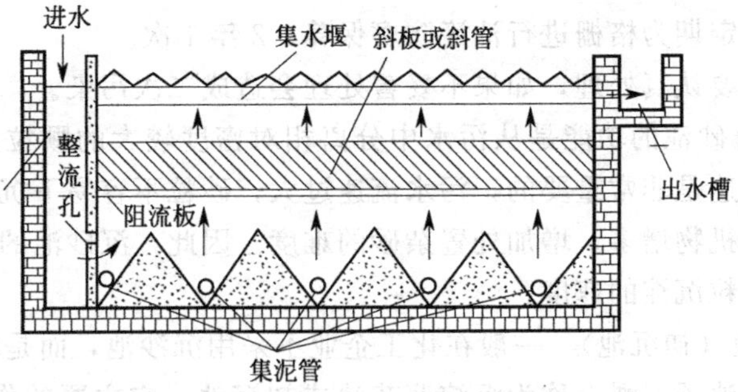

图 9-14　斜板（斜管）沉淀池的结构

⑤ 气浮池　气浮就是在废水中通入空气，使废水中的乳化油或细小固体颗粒黏附在空气泡上，随气泡一起浮到水面称为浮渣排除，从而使水得到净化的水处理方法。其一般的流程如图 9-15。

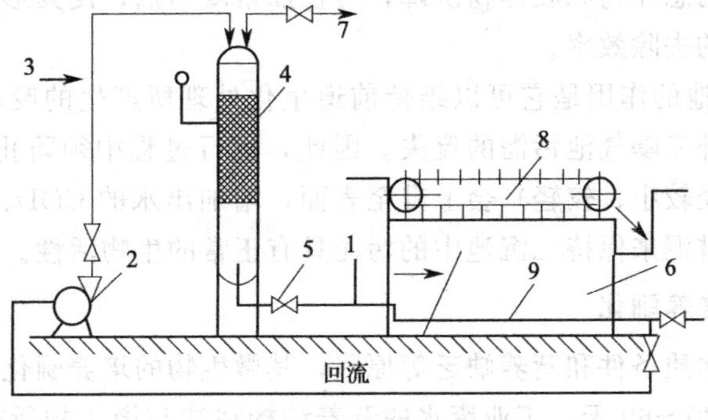

图 9-15　气浮池工作流程

1—原水进入；2—加压泵；3—空气进入；4—压力容气罐（含填料层）；
5—减压阀；6—气浮池；7—放气阀；8—刮渣机；9—集水管及回流清水管

⑥ 生化系统

a. 活性污泥池　也称曝气池，它主要由池体、曝气系统和进出水口三个部分组成。池内污水提供一定停留时间，满足好氧微生物所需要的氧量以及污水与活性污泥充分接触的混合条件。曝气方法主要有鼓风曝气和机械曝气。

b. 生物接触氧化池　结构与曝气池相同，但在池中设置填料，将其作为生物膜的载体。待处理的废水经充氧后以一定流速流经填料，与生物膜接触，生物膜与悬浮的活性污泥共同作用，达到净化废水的作用。

9.5.2　主要设施设备的运行管理

精细化工污水处理厂要取得良好的效果，要求进行科学管理，必须使各类设备经常处于良好的工作状态和保持应有的技术性能，正确地操作、保养、维修设备以保证废水处理系统高效、稳定运行，同时使运行费用（人力、材料、电耗等）尽可能降低，以达到最佳的经济、环保、社会效益。

① 集水池　一般污水处理系统都有泵站（房），泵前设有一定容积的集水池，其目的是调节废水流量和水泵泵送流量之间的平衡，这样水泵的启动次数可以减少，集水池有效容积

一般要求不小于水泵 5min 的流量；为了保护水泵，集水池要定期清洗。

② 格栅　格栅的使用寿命，如果保养得好可使用 8～10 年，这就要求做到，格栅上的垃圾要及时清洗；定期为格栅进行油漆防腐保养，2 年 1 次。

清除出来的渣要认真处理，如果不妥善处理会造成二次污染。

③ 沉砂池　沉砂池的功能是从污水中分离相对密度较大的颗粒，如砂子等。在沉砂池中，控制污水的流速是非常重要的，污水流速过大，砂粒不容易下沉；污水流速过小，将使杂砂中易腐化的有机物增多，增加处置杂砂的难度。因此，沉砂池的流速应控制在只能使相对密度大的无机颗粒沉淀的速度，

④ 沉淀调节池（初沉池）　一般在化工企业不采用沉沙池，而是将沉淀池和水质调节池合放在一起，这种池子习惯上称为沉淀调节池或初沉池。它主要的作用是 a. 它可以去除漂浮物；b. 使细小的颗粒絮凝成较大的颗粒下沉予以去除；c. 使胶体物质絮凝成团并予以去除；d. 缓冲调节水质。

废水中的悬浮物可分为颗粒状和絮体状两类。大粒径的颗粒状悬浮物可依靠自身的重量沉降，小颗粒的悬浮物与絮体状的悬浮物先絮凝成大颗粒的絮体或团块沉降。因此，为了保证初沉池中细小颗粒的悬浮物和胶体物沉降，可投加絮凝药剂，使其形成较大较重的絮凝物下沉，以提高初沉池的去除效率。

⑤ 二沉池　二沉池的作用是它可以维持前道生化处理所产生的废水水质；排除剩余污泥和回流部分污泥以补充曝气池污泥的流失。因此，运行过程中须防止二沉池呈厌氧状态，否则下沉的污泥（粒径较小、较轻）会上升至表面，增加出水的 COD、BOD、SS 等，使水质下降。此外要定期排泥来保持二沉池中的污泥具有正常的生物活性。

9.5.3 活性污泥的培养驯化

由于工业废水的水质条件和营养缺乏等原因，其微生物的培养驯化往往比较困难。驯化周期比较长，一般在 30～60 天。工业废水的营养结构往往与微生物所需要的营养比例（即 C：N：P＝100：5：1）不相符合，因此在工业废水中需要投入缺少的营养物。

在曝气池内投入一些其他污水厂的浓缩污泥或脱水污泥（最好是同类产品生产厂的生物污泥），同时在池内投入微生物所需要的营养液或用面粉调制的糨糊进行闷曝，数小时后停止曝气，排水。如果是活性污泥池用污泥则将上清液放掉三分之一；如果是接触氧化池用污泥，则排水后水面液位不应低于填料框架。

然后，曝气池内开始进入一些工业废水，投入营养液或用面粉调制的糨糊（进水 COD_{Cr}控制在 300mg/L 左右）进行闷曝，每天进行 2 次。三天后，测试 COD 值，如果 COD 有 50％的去除率，可使进水中的 COD 增加至 500mg/L。3 天后如果 COD 的去除率达到60％～70％，假使要处理的 COD 在 1000mg/L，那这时可减少营养液或面粉糨糊而增加废水水量，一直到废水全部进入曝气池内达到设计要求。如果工业废水缺少 N 或 P，那么按比例根据水量每天补加投入。培养驯化结束后可转入正常运转。

单元小结

随着精细化工生产规模的发展和扩大，生产过程中对自然环境的水体污染也日益加剧，必须要加大措施做好精细化工废水的治理。

1. 精细化工废水成分复杂，水质稳定性差；含有大量的难以生化降解的物质，多数呈现强酸强碱性，有的含盐量高，同时它还含有较多的化工原料及中间体等宝贵资源，因此要

分清废水中的成分和废水来源。才能更有效地综合治理和利用精细化工废水。

2. 日用化工厂主要是含脂废水，治理方法一般采用气浮法＋厌氧处理＋好氧处理相结合。

3. 染料生产厂中排放的酸性废水，治理方法上，不能直接采用生化法。可采用加废铁和加入石灰先降低其酸度，再采用电化学法＋絮凝沉淀＋厌氧处理＋好氧处理相结合来处理废水。

4. 医药企业废水中以含抗生素废水的危害最大，在处理方法上，采用厌氧—好氧（AB法）联合工艺。

5. 废水治理工程的实施，必须以技术为基础，对每种废水的治理均需要选择合理、成熟、可靠、操作性好的治理工艺路线。路线、工艺设计施工好，还需要进行科学的管理，使各类设备经常处于良好的工作状态和保持应有的技术性能，才能最终实现精细化工污水处理的良好效果。

习　题

1. 名词解释：生化需氧量；化学需氧量；活性污泥；水体富营养化；物理吸附。

2. 试归纳精细化工废水的类别及相应的危害。

3. 简述BOD、COD、TOD、TOC的内涵，根据其各自的内涵判断这四者之间在数量上会有怎样的关系。

4. 什么是硝化反应和反硝化反应？

5. 设置沉砂池的目的和作用是什么？

6. 试归纳所学的废水物化处理方法和生化处理方法，它们所采用的处理设备有何异同点？

7. 判断题

① 活性污泥法要求水中营养盐的比例为COD∶N∶P＝100∶5∶1。

② 参与废水生物处理的生物种类很多，主要及常见的有细菌类、原生动物，没有藻类和后生动物。

③ 硝化作用是指硝酸盐经硝化细菌还原氨和氮的作用。

④ 曝气池供氧的目的主要是供给微生物分解有机物所需的氧。

⑤ 二沉池污泥腐败上浮，此时应增大污泥回流量。

参 考 文 献

[1] 李旭东，杨芸等编．废水处理技术及工程应用．北京：机械工业出版社，2003.

[2] 彭国富，张玲芝编．清洁生产与可持续发展的控制．北京：中国计量出版社，2001.

[3] 冯晓西，乌锡康编．精细化工废水治理技术．北京：化学工业出版社，2000.

[4] 陈金龙，陈群编．精细化工清洁生产工艺技术．北京：中国石化出版社，1999.

[5] 乌锡康主编．有机化工废水治理技术．北京：化学工业出版社，1999.

[6] 马青兰．医药废水处理工程实例．中国给水排水，2003，19（10）：94-95.

[7] 朱利中等．酸性染料废水的脱色方法的研究．水处理技术，1998，24（4）：294-298.

[8] 高旭光等．染料废水处理的有效工艺．重庆环境科学 2000，22（2）：25-26.

[9] 叶招莲等．催化氧化处理酸性染料废水．上海化工 2001，23：4-6.

[10] 晋冠平等．强酸性染料废水的治理及利用．环境保护，1996，10：18-19.

[11] 日用化工厂皂脚废水处理技术．中国高校科技与产业化，2000，10：53-53.

[12] 段艳平等．含脂类废水处理研究进展．工业水处理，2008，28（2）：16-19.

附录A 涂料类别代号

代　号	涂料类别	代　号	涂料类别
Y	油脂漆类	X	烯树脂漆类
T	天然树脂漆类	B	丙烯酸漆类
F	酚醛漆类	Z	聚酯漆类
L	沥青漆类	H	环氧漆类
C	醇酸漆类	S	聚氨酯漆类
A	氨基漆类	W	元素有机漆类
Q	硝基漆类	J	橡胶漆类
M	纤维素漆类	E	其他漆类
G	过氯乙烯漆类		

附录B 涂料基本名称代号

代号	基本名称	代号	基本名称
00	清油	45	饮水舱漆
01	清漆	46	油舱漆
02	厚漆	47	车间(预涂)底漆
03	调和漆	50	耐酸漆、耐碱漆
04	磁漆	52	防腐漆
05	粉末涂料	53	防锈漆
06	底漆	54	耐油漆
07	腻子	55	耐水漆
09	大漆	60	防火漆
11	电泳漆	61	耐热漆
12	乳胶漆	62	示温漆
13	水溶(性)漆	63	涂布漆
14	透明漆	64	可剥漆
15	斑纹漆、裂纹漆、橘纹漆	65	卷材涂料
16	锤纹漆	66	光固化涂料
17	皱纹漆	67	隔热涂料
18	金属(效应)漆 闪光漆	70	机床漆
20	铅笔漆	71	工程机械用漆
22	木器漆	72	农机用漆
23	罐头漆	3	发电、输配电设备用漆
24	家电用漆	77	内墙涂料
26	自行车漆	78	外墙涂料
27	玩具漆	79	屋面防水涂料
28	塑料用漆	80	地板漆、地坪漆
30	(浸渍)绝缘漆	82	锅炉漆
31	(覆盖)绝缘漆	83	烟囱漆
32	抗弧(磁)漆、互感器漆	84	黑板漆
33	(黏合)绝缘漆	86	标志漆、路标漆、马路划线漆
34	漆包线漆	87	汽车漆、车身
35	硅钢片漆	88	汽车漆、底盘
36	电容器漆	89	其他汽车漆
37	电阻漆、电位器漆	90	汽车修补漆
38	半导体漆	93	集装箱漆
39	电缆漆、其他电工漆	94	铁路车辆用漆
40	防污漆	95	桥梁漆 输电塔漆及其他(大型露天)钢结构漆
41	水线漆	96	航空、航天用漆
42	甲板漆、甲板防滑漆	98	胶液
43	船壳漆	99	其他
44	船底漆		

附录C 部分有机化合物的环境数据表

化合物名称	熔点/℃	沸点/℃	密度/(kg/L)	水中溶解度/(g/L)	动物半致死量 LD_{50}/(mg/kg)	COD/(g/g)	BOD/(g/g)	BOD/COD生物可降解性①	毒性/(mg/L)
一乙胺	−80.6	16.6	0.71	易	530～580	2.13	0.8	0.375＋	29
一甲胺	−92.5	−7.5	0.769	易	100～200	2.5		＋	
一氯乙酸	61	189	1.58	易	55.165	0.59	(0.3)	0.51＋	
一氯甲烷	−97.7	−24							500
乙二胺	8.5	117	0.898	互溶	1160	1.05	0.01 (1.0)	0.008＋	0.85
乙二胺四乙酸	240				2600				
乙二醇	−13	198	1.116	互溶	8540	1.29～1.5	1.15～0.67 (0.91)	0.84＋	＞10000
乙二醇二甲醚	69		0.8688		7000				
乙二醇二苯醚	14	244.7	1.1094		1000～2000				
乙二醇二醋酸酯	−41.5	190.2	1.1063		3430				
乙二醇单乙醚		135	0.93	互溶	3000	1.92	1.58	0.806＋	
乙二醇单丁醚	−40	170	0.903		1490	2.20	0.7～1.68	＋	
乙二醇单己醚	−50.1	208.1	0.8887		1480				
乙二醇单丙醚		151.3	0.9112	500～1000					
乙二醇单甲醚	−85	124	0.97	互溶	2460	1.69	0.12～0.50 (1.10)	0.655＋	＞10000
乙二醇单异丙醚			0.906		5000～10000				
乙二醇单叔丁基醚	−120	152.5	0.903	1480					
乙二醇醋酸酯		182	1.109		4125				875
乙二醛	15	50.4	1.14		800				
乙苯	−95	136.2	0.867	0.14	3500		1.73	—	12
乙苯胺(混合物)						0.378	0.048	0.127＋	
乙炔	−81.8	−84 升华	0.62	0.32			0	0-	
2-(乙氨基)乙醇	−8.8	169	0.9162		1480				
乙基二乙醇胺	−50	246～248	1.0156		4570				
2-乙基丁胺		125	0.776		3900				
2-乙基丁酸	−9.4	1900	0.9331		2200				
2-乙基丁醇		147.0	0.833		1850				
乙基丁醚	−103	92	0.7495		510				
2-乙基-1,3-己二醇	−40	243.2	0.9405		2710				
2-乙基己胺		169.2	0.7894		450				
2-乙基己基-2,3-环氧丙基醚		118	0.893			2.46	0.14		

续表

化合物名称	熔点/℃	沸点/℃	密度/(kg/L)	水中溶解度/(g/L)	动物半致死量LD_{50}/(mg/kg)	COD/(g/g)	BOD/(g/g)	BOD/COD生物可降解性①	毒性/(mg/L)
2-乙基己烯-2-醛						2.79	1.61	0.572+	
2-乙基己醇	−76	183.5	0.834	1	1060	2.95	(2.29)	0.78+	82
2-乙基己酸	−83	227.6	0.9105		3000				
乙基仲戊基酮	160～162		0.85						25
乙基吗啉		138	0.916		1780				
乙基香兰素	77				1590～2000				
2-乙基-2-(羟甲基)-1,3-丙二醇	58.5	295	1.0889		14100				
乙烯亚胺	−71	55～56	0.832	互溶	15				5.5
4-乙烯基吡啶		197～198	0.988		100～200				
乙腈	−44.9	81.6	0.783	互溶	612	1.56	1.4	0.898+	680
乙酰乙酸乙酯		180～181	1.02		4000				33
乙酰乙酸甲酯	−80	171.7	1.0747		3000				
乙酰水杨酸	135～138		1.35		1750				
乙酰丙酮	−23.2	139	0.976	125			0.1 (1.24)	+	67
N-乙酰对苯二胺	162	267						+	
乙酰吗啉	14	152	1.12		6130		0		
乙酰苯汞	153			4.37	100		0	—	
乙酰苯胺	114	305	1.21	5.64	>400		1.20	+	
乙酰胺	82.5	222	1.159	易	3000	1.08	0.63～0.74	0.583+	>10000
乙酰基乙醇胺	65	166	1.108				1.10		
乙酸	16.7	118.1	1.049	互溶	3300	1.07	0.34～0.88	0.805+	
乙酸乙二醇单甲醚酯	−65	114	1.005	互溶	1250			+	
乙酸乙烯酯	−100	73	0.937	25	1613		0.8	0.597+	6
乙酸乙酯	−8.36	77.2	0.901	80	5620	1.54～1.88	0.86 (1.57)	0.80+	
乙酸二甘醇单乙基醚酯	−11	218	1.01	互溶	11000	1.81	1.70	0.608+	
乙基二甘醇单丁基醚酯	−32.2	246.8	0.9810		11920				
乙酸丁酯	−73.5	126.1	0.882	14	3200	2.2	0.52	0.236+	115
乙酸-2-甲氧基乙酯	−65.1	144.5	1.0049		3400				
乙酸丙酯	−95	102	0.89	18.9	9000				170
乙酸戊酯	−75	148	0.879	1.8		2.34	0.31～0.9	0.132+	145～350
乙酸肉桂醇酯		265	1.0567		3300				
乙酸异丁酯	−98.9	118	0.871	6.35	3200～6400	2.20	0.67 (2.05)	0.932+	200
乙酸异丙酯	−73	90	0.877	18		2.02	0.26	0.129+	190

续表

化合物名称	熔点/℃	沸点/℃	密度/(kg/L)	水中溶解度/(g/L)	动物半致死量 LD_{50}/(mg/kg)	COD/(g/g)	BOD/(g/g)	BOD/COD生物可降解性①	毒性/(mg/L)
乙酸异戊酯	−78.5	142	0.872		16550				
乙酯苄酯	−51.5	213.5	1.057		2490				
乙酸环已酯		177	1.0						83
乙酸苯酯		196	1.01						115
乙酸叔丁酯		96	0.896						78
乙酸钙				39.8	4280	0.71	0.42	0.592＋	
乙酸钠				123		0.68	0.52	0.76＋	
乙醇胺	11	172	1.02	互溶	2140	1.27～1.31	0.78～0.93 (1.88)	0.61＋	6300
乙醛	−124	20.8	0.783	互溶	1930	1.82	0.91 (1.07)	0.59＋	
乙醛缩二乙醇	−100	102.7	0.8254		4600				
二乙汞					44		0	0−	
二乙胺	−45	50.3	0.711	互溶	648	2.95	1.3	0.445＋	

① ＋表示可降解，−表示不可降解。

附录D 第一类污染物最高允许排放浓度

单位：mg/L

序号	污染物	最高允许排放浓度	序号	污染物	最高允许排放浓度
1	总汞	0.05	8	总镍	1.0
2	烷基汞	不得检出	9	苯并[a]芘	0.00003
3	总镉	0.1	10	总铍	0.005
4	总铬	1.5	11	总银	0.5
5	六价铬	0.5	12	总α放射性	1Bq/L
6	总砷	0.5	13	总β放射性	10Bq/L
7	总铅	1.0			

附录E 第二类污染物最高允许排放浓度

（1997年12月31日之前建设的单位） 单位：mg/L

序号	污染物	适用范围	一级标准	二级标准	三级标准
1	pH	一切排污单位	6～9	6～9	6～9
2	色度(稀释倍数)	染料工业	50	180	—
		其他排污单位	50	80	—
		采矿、选矿、选煤工业	100	300	—
		脉金选矿	100	500	—
3	悬浮物(SS)	边远地区砂金选矿	100	800	—
		城镇二级污水处理厂	20	30	—
		其他排污单位	70	200	400
		甘蔗制糖、苎麻脱胶、湿法纤维板工业	30	100	600
4	五日生化需氧量(BOD_5)	甜菜制糖、酒精、味精、皮革、化纤浆粕工业	30	150	600
		城镇二级污水处理厂	20	30	—
		其他排污单位	30	60	300
		甜菜制糖、焦化、合成脂肪酸、湿法纤维板、染料、洗毛、有机磷农药工业	100	200	1000
		味精、酒精、医药原料药、生物制药、苎麻脱胶、皮革、化纤浆粕工业	100	300	1000
		石油化工工业(包括石油炼制)	100	150	500
5	化学需氧量(COD)	城镇二级污水处理厂	60	120	—
6	石油类	其他排污单位	100	150	500
7	动植物油	一切排污单位	10	10	30
8	挥发酚	一切排污单位	20	20	100
9	总氰化合物	一切排污单位	0.5	0.5	2.0
		电影洗片(铁氰化合物)	0.5	5.0	5.0
10	硫化物	其他排污单位	0.5	0.5	1.0
11	氨氮	一切排污单位	1.0	1.0	2.0
		医药原料药、染料、石油化工工业	15	50	—
		其他排污单位	15	25	—
12	氟化物	黄磷工业	10	20	20
		低氟地区(水体含氟量＜0.5mg/L)	10	10	20
13	磷酸盐(以P计)	其他排污单位	0.5	1.0	—
14	甲醛	一切排污单位	—	—	—
15	苯胺类	一切排污单位	1.0	2.0	5.0
16	硝基苯类	一切排污单位	2.0	3.0	5.0
17	阴离子表面活性剂(LAS)	合成洗涤剂工业	5.0	15	20
		其他排污单位	5.0	10	20
18	总铜	一切排污单位	5.0	1.0	2.0
19	总锌	一切排污单位	2.0	5.0	5.0
20	总锰	合成脂肪酸工业	2.0	5.0	5.0
		其他排污单位	2.0	2.0	5.0
21	彩色显影剂	电影洗片	2.0	3.0	5.0
22	显影剂及氧化物总量	电影洗片	3.0	6.0	6.0

续表

序号	污染物	适用范围	一级标准	二级标准	三级标准
23	元素磷	一切排污单位	0.1	0.3	0.3
24	有机磷农药(以P计)	一切排污单位	不得检出	0.5	0.5
25	粪大肠菌群数	医院[①]、兽医院及医疗机构含病原体污水	500个/L	1000个/L	5000个/L
		传染病、结核病医院污水	100个/L	500个/L	1000个/L
26	总余氯(采用氯化消毒的医院污水)	医院[①]、兽医院及医疗机构含病原体污水	<0.5[②]	>3(接触时间≥1h)	>2(接触时间≥1h)
		传染病、结核病医院污水	<0.5[②]	>6.5(接触时间≥1.5h)	>5(接触时间≥1.5h)

① 指50个床位以上的医院。

② 加氯消毒后须进行脱氯处理，达到本标准。

附录 F　部分行业最高允许排水量

（1997 年 12 月 31 日之前建设的单位）

序号	行业类别			最高允许排水量或最低允许水重复利用率
1	有色金属系统选矿			水重复利用率 75%
1	矿山工业	其他矿山工业采矿、选矿、选煤等		水重复利用率 90%（选煤）
1	矿山工业	脉金选矿	重选	16.0m^3/t（矿石）
1	矿山工业	脉金选矿	浮选	9.0m^3/t（矿石）
1	矿山工业	脉金选矿	氰化	8.0m^3/t（矿石）
1	矿山工业	脉金选矿	碳浆	8.0m^3/t（矿石）
2	焦化企业（煤气厂）			1.2m^3/t（焦炭）
3	有色金属冶炼及金属加工			水重复利用率 80%
4	石油炼制工业（不包括直排水炼油厂）加工深度分类：			
4	A. 燃料型炼油；			A＞500 万吨，1.0m^3/t（原油） 250～500 万吨，1.2m^3/t（原油） ＜250 万吨，1.5m^3/t（原油）
4	B. 燃料＋润滑油型炼油厂；			B＞500 万吨，1.5m^3/t（原油） 250～500 万吨，2.0m^3/t（原油） ＜250 万吨，2.0m^3/t（原油），
4	C. 燃料＋润滑油型＋炼油化工型炼油厂； （包括加工高含硫原油页岩油和石油添加剂生产基地的炼油厂）			C＞500 万吨，2.0m^3/t（原油） 250～500 万吨，2.5m^3/t（原油） ＜250 万吨，2.5m^3/t（原油）
5	合成洗涤剂工业	氯化法生产烷基苯		200.0m^3/t（烷基苯）
5	合成洗涤剂工业	裂解法生产烷基苯		70.0m^3/t（烷基苯）
5	合成洗涤剂工业	烷基苯生产合成洗涤剂		10.0m^3/t（产品）
6	合成脂肪酸工业			200.0m^3/t（产品）
7	湿法生产纤维板工业			30.0m^3/t（板）
8	制糖工业	甘蔗制糖		10.0m^3/t（甘蔗）
8	制糖工业	甜菜制糖		4.0m^3/t（甜菜）
9	皮革工业	猪盐湿皮		60.0m^3/t（原皮）
9	皮革工业	牛干皮		100.0m^3/t（原皮）
9	皮革工业	羊干皮		150.0m^3/t（原皮）
10	发酵酿造工业	酒精工业	以玉米为原料	150.0m^3/t（酒精）
10	发酵酿造工业	酒精工业	以薯类为原料	100m^3/t（酒精）
10	发酵酿造工业	酒精工业	以糖蜜为原料	80.0m^3/t（酒精）
10	味精工业			600.0m^3/t（味精）
10	啤酒工业（排水量不包括麦芽水部分）			16.0m^3/t（啤酒）
11	铬盐工业			5.0m^3/t（产品）
12	硫酸工业（水洗法）			15.0m^3/t（硫酸）
13	苎麻脱胶工业			500m^3/t（原麻）或 750m^3/t（精干麻）
14	化纤浆粕			本色：150m^3/t（浆） 漂白：240m^3/t（浆）
15	黏胶纤维工业（单纯纤维）	短纤维（棉型中长纤维、毛型中长纤维）		300m^3/t（纤维）
15	黏胶纤维工业（单纯纤维）	长纤维		800m^3/t（纤维）
16	铁路货车洗刷			5.0m^3/辆
17	电影洗片			5m^3/1000m（35mm 的胶片）
18	石油沥青工业			冷却池的水循环利用率 95%

附录G 第二类污染物最高允许排放浓度

（1998年1月1日后建设的单位） 单位：mg/L

序号	污染物	适用范围	一级标准	二级标准	三级标准
1	pH	一切排污单位	6～9	6～9	6～9
2	色度（稀释倍数）	一切排污单位	50	80	—
		采矿、选矿、选煤工业	70	300	—
		脉金选矿	70	400	—
3	悬浮物	边远地区砂金选矿	70	800	—
	（SS）	城镇二级污水处理厂	20	30	—
		其他排污单位	70	150	400
		甘蔗制糖、苎麻脱胶、湿法纤维板、染料、洗毛工业	20	60	600
4	五日生化需氧量(BOD_5)	甜菜制糖、酒精、味精、皮革、化纤浆粕工业	20	100	600
		城镇二级污水处理厂	20	30	—
		其他排污单位	20	30	300
		甜菜制糖、合成脂肪酸、湿法纤维板、染料、洗毛、有机磷农药工业	100	200	1000
5	化学需氧量（COD）	味精、酒精、医药原料药、生物制药、苎麻脱胶、皮革、化纤浆粕工业	100	300	1000
		石油化工工业（包括石油炼制）	60	120	—
		城镇二级污水处理厂	60	120	500
		其他排污单位	100	150	500
6	石油类	一切排污单位	5	10	20
7	动植物油	一切排污单位	10	15	100
8	挥发酚	一切排污单位	0.5	0.5	2.0
9	总氰化合物	一切排污单位	0.5	0.5	1.0
10	硫化物	一切排污单位	1.0	1.0	1.0
11	氨氮	医药原料药、染料、石油化工工业	15	50	—
		其他排污单位	15	25	—
		黄磷工业	10	15	20
12	氟化物	低氟地区（水体含氟量<0.5mg/L）			
13	磷酸盐（以P计）	其他排污单位			
		一切排污单位			
14	甲醛	一切排污单位			
15	苯胺类	一切排污单位	1.0	2.0	5.0
16	硝基苯类	一切排污单位	2.0	3.0	5.0
17	阴离子表面活性剂（LAS）	一切排污单位	5.0	10	20
18	总铜	一切排污单位	0.5	1.0	2.0
19	总锌	一切排污单位	2.0	5.0	5.0
20	总锰	合成脂肪酸工业	2.0	5.0	5.0
		其他排污单位	2.0	2.0	5.0
21	彩色显影剂	电影洗片	1.0	2.0	3.0

续表

序号	污染物	适用范围	一级标准	二级标准	三级标准
22	显影剂及氧化物总量	电影洗片	3.0	3.0	6.0
23	元素磷	一切排污单位	0.1	0.1	0.3
24	有机磷农药(以P计)	一切排污单位	不得检出	0.5	0.5
25	乐果	一切排污单位	不得检出	1.0	2.0
26	对硫磷	一切排污单位	不得检出	1.0	2.0
27	甲基对硫磷	一切排污单位	不得检出	1.0	2.0
28	马拉硫磷	一切排污单位	不得检出	5.0	10
29	五氯酚及五氯酚钠(以五氯酚计)	一切排污单位	5.0	8.0	10
30	可吸附有机卤化物(AOX)(以Cl计)	一切排污单位	1.0	5.0	8.0
31	三氯甲烷	一切排污单位	0.3	0.6	1.0
32	四氯化碳	一切排污单位	0.03	0.06	0.5
33	三氯乙烯	一切排污单位	0.3	0.6	1.0
34	四氯乙烯	一切排污单位	0.1	0.2	0.5
35	苯	一切排污单位	0.1	0.2	0.5
36	甲苯	一切排污单位	0.1	0.2	0.5
37	乙苯	一切排污单位	0.4	0.6	1.0
38	邻二甲苯	一切排污单位	0.4	0.6	1.0
39	对二甲苯	一切排污单位	0.4	0.6	1.0
40	间二甲苯	一切排污单位	0.4	0.6	1.0
41	氯苯	一切排污单位	0.2	0.4	1.0
42	邻二氯苯	一切排污单位	0.4	0.6	1.0
43	对二氯苯	一切排污单位	0.4	0.6	1.0
44	对硝基氯苯	一切排污单位	0.5	1.0	5.0
45	2,4-二硝基氯苯	一切排污单位	0.5	1.0	5.0
46	苯酚	一切排污单位	0.3	0.4	1.0
47	间甲酚	一切排污单位	0.1	0.2	0.5
48	2,4-二氯酚	一切排污单位	0.6	0.8	1.0
49	2,4,6-三氯酚	一切排污单位	0.6	0.8	1.0
50	邻苯二甲酸二丁酯	一切排污单位	0.2	0.4	2.0
51	邻苯二甲酸二辛酯	一切排污单位	0.3	0.6	2.0
52	丙烯腈	一切排污单位	2.0	5.0	5.0
53	总硒	一切排污单位	0.1	0.2	0.5
54	粪大肠菌群数	医院①、兽医院及医疗机构含病原体污水	500个/L	1000个/L	5000个/L
		传染病、结核病医院污水	100个/L	500个/L	1000个/L
55	总余氯(采用氯化消毒的医院污水)	医院①、兽医院及医疗机构含病原体污水	<0.5②	>3(接触时间≥1h)	>2(接触时间≥1h)
		传染病、结核病医院污水	<0.5②	>6.5(接触时间≥1.5h)	>5(接触时间≥1.5h)
56	总有机碳(TOC)	合成脂肪酸工业	20	40	—
		苎麻脱胶工业	20	60	—
		其他排污单位	20	30	—

① 指50个床位以上的医院。

② 加氯消毒后须进行脱氯处理，达到GB 8978—1996《污水综合排放标准》。

注：其他排污单位：指除在该控制项目中所列行业以外的一切排污单位。

附录H 部分行业最高允许排水量

（1998年1月1日后建设的单位）

序号	行业类别				最高允许排水量或最低允许排水重复利用率
1	矿山工业	有色金属系统选矿			水重复利用率75%
		其他矿山工业采矿、选矿、选煤等			水重复利用率90%(选煤)
		脉金选矿	重选		16.0m^3/t(矿石)
			浮选		9.0m^3/t(矿石)
			氰化		8.0m^3/t(矿石)
			碳浆		8.0m^3/t(矿石)
2	焦化企业(煤气厂)				1.2m^3/t(焦炭)
3	有色金属冶炼及金属加工				水重复利用率80%
4	石油炼制工业(不包括直排水炼油厂) 加工深度分类： A. 燃料型炼油厂			A	＞500万吨，1.0m^3/t(原油) 250～500万吨，1.2m^3/t(原油) ＜250万吨，1.5m^3/t(原油)
	B. 燃料＋润滑油型炼油厂			B	＞500万吨，1.5m^3/t(原油) 250～500万吨，2.0m^3/t(原油) ＜250万吨，2.0m^3/t(原油)
	C. 燃料＋润滑油型＋炼油化工型炼油厂			C	＞500万吨，2.0m^3/t(原油) 250～500万吨，2.5m^3/t(原油) ＜250万吨，2.5m^3/t(原油)
	(包括加工高含硫原油页岩油和石油添加剂生产基地的炼油厂)				
5	合成洗涤工业	氯化法生产烷基苯			200.0m^3/t(烷基苯)
		裂解法生产烷基苯			70.0m^3/t(烷基苯)
		烷基苯生产合成洗涤剂			10.0m^3/t(产品)
6	合成脂肪酸工业				200.0m^3/t(产品)
7	湿法生产纤维板工业				30.0m^3/t(板)
8	制糖工业	甘蔗制糖			10.0m^3/t
		甜菜制糖			4.0m^3/t
9	皮革工业		猪盐湿皮		60.0m^3/t
			牛干皮		100.0m^3/t
			羊干皮		150.0m^3/t
10	发酵酿造工业	酒精工业	以玉米为原料		100.0m^3/t
			以薯类为原料		80.0m^3/t
			以糖蜜为原料		70.0m^3/t
			味精工业		600.0m^3/t
			啤酒行业(排水量不包括麦芽水部分)		16.0m^3/t
11	铬盐工业				5.0m^3/t(产品)
12	硫酸工业(水洗法)				15.0m^3/t(硫酸)
13	苎麻脱胶工业				500m^3/t(原麻) 750m^3/t(精干麻)
14	黏胶纤维工业	短纤维(棉型中长纤维、毛型中长纤维)			300.0m^3/t(纤维)
		长纤维			800.0m^3/t(纤维)
15	单纯纤维	化纤浆粕			本色：150m^3/t(浆)；漂白：240m^3/t(浆)

续表

序号	行业类别		最高允许排水量或 最低允许排水重复利用率
16	制药工业医药原料药	青霉素	$4700m^3/t$(氰霉素)
		链霉素	$1450m^3/t$(链霉素)
		土霉素	$1300m^3/t$(土霉素)
		四环素	$1900m^3/t$(四环素)
		洁霉素	$9200m^3/t$(洁霉素)
		金霉素	$3000m^3/t$(金霉素)
		庆大霉素	$20400m^3/t$(庆大霉素)
		维生素 C	$1200m^3/t$(维生素 C)
		氯霉素	$2700m^3/t$(氯霉素)
		新诺明	$2000m^3/t$(新诺明)
		维生素 B_1	$3400m^3/t$(维生素 B_1)
		安乃近	$180m^3/t$(安乃近)
		非那西汀	$750m^3/t$(非那西汀)
		呋喃唑酮	$2400m^3/t$(呋喃唑酮)
		咖啡因	$1200m^3/t$(咖啡因)
17	有机磷农药工业	乐果②	$700m^3/t$(产品①)
		甲基对硫磷(水相法)②	$300m^3/t$(产品)
		对硫磷(P_2S_5 法)②	$500m^3/t$(产品)
		对硫磷($PSCl_3$法)②	$550m^3/t$(产品)
		敌敌畏(敌百虫碱解法)	$200m^3/t$(产品)
		敌百虫	$40m^3/t$(产品)(不包括三氯乙醛生产废水)
		马拉硫磷	$700m^3/t$(产品)
		除草醚	$5m^3/t$(产品)
		五氯酚钠	$2m^3/t$(产品)
18	除草剂工业	五氯酚	$4m^3/t$(产品)
		2甲4氯	$14m^3/t$(产品)
		2,4-D	$4m^3/t$(产品)
		丁草胺	$4.5m^3/t$(产品)
		绿麦隆(以 Fe 粉还原)	$2m^3/t$(产品)
		绿麦隆(以 Na_2S 还原)	$3m^3/t$(产品)
19	火力发电工业		$3.5m^3$(MW·h)
20	铁路货车洗刷		$5.0m^3$/辆
21	电影洗片		$5m^3$/1000m(35mm 胶片)
22	石油沥青工业		冷却池的水循环利用率 95%

① 产品按 100%浓度计。

② 不包括 P_2S_5、$PSCl_3$、PCl_3原料生产废水。